道路橋床版の長寿命化技術

松井繁之［編著］ Shigeyuki Matsui

森北出版株式会社

まえがき

1950年代後半から始まったわが国の高度成長期と，それ以降も継続的に建設された多数の近代橋梁において，近年，種々の因子によって老朽化が進行している．そして，10数年後の2030年ごろには，供用期間50年を超過する橋梁がこれまでに建設された全橋梁数の半数を超える事態となるため，最近になって橋梁の長寿命化や維持管理の重要性がクローズアップされてきている．その中でもとくに，通行車両の走行荷重がタイヤを介して直接作用する床版においては，劣化・損傷が継続的かつ繰返し発生しており，時には重傷に至るケースも増加しつつあることから，再補修や補強よりも，取替えといった抜本的な対策が望まれる事態となってきている．

加えて，2012年12月に中央自動車道笹子トンネルの天井板落下事故が発生し，道路構造物の老朽化対策の遅れが指摘され，道路構造物に対する維持管理サイクルの整備を早急に行うよう督促する社会的雰囲気が高まった．このため，国土交通省は2013年11月に「インフラ長寿命化基本計画」を発表し，国や地方公共団体などが一丸となってインフラの戦略的な維持管理・更新などを推進することを宣言し，個別施設の長寿命化計画策定の基本方針を示すとともに，老朽化対策における新技術の開発・導入に対しても積極的に推進する姿勢を示した．そして，2014年5月には「国土交通省インフラ長寿命化計画（行動計画）」を発表し，インフラ各施設に対する具体的な取り組みの方向性を示した．また，2014年1月にはNEXCO 3社が，「高速道路資産の長期保全及び更新のあり方に関する技術検討委員会」の提言に基づいて道路構造物の大規模更新，大規模修繕計画を発表し，今後15年をかけて変状が著しい構造物に対し，順次，大規模更新および大規模修繕を実施することとなった．本計画では，橋梁床版の大規模更新（取替え）および大規模修繕費が，全事業費総額の60％以上を占めるものとなっており，このような状況は，高速道路だけではなく，一般国道，主要地方道についても同様である．このことからも，道路橋床版の更新技術や長寿命化技術の革新が強く望まれるところとなっていることがわかる．

道路橋が鉄道橋と大きく異なるのは，「床版」を有していることである．その床版には，小さい載荷面積で大きな輪荷重が作用し，かつ，その輪荷重が走り抜けることによって，床版コンクリートのひび割れの進行に伴う疲労劣化現象が誘発されている．さらに，雨水や塩化物の浸入，ならびに浸入した水分の凍結融解作用によって劣化が加速される．そして，時には中性化やアルカリシリカ反応などの材料的な問題も併発し，ここ30数年で，多数かつ多様な劣化・損傷現象を引き起こしてきた．これらに対する調査と研究の成果が蓄積されるに従い，道路橋示方書における床版の設計法が数次にわたり改訂されてきたが，床版の耐久性確保に対する合理的・総合的な技術革新がなされていたとは言い難い．

このような状況を踏まえて，著者らは，2007年10月に道路橋床版の設計，施工から維持管理に関する初の技術図書『道路橋床版』を刊行した．この書籍では，まず，道路橋における鉄筋コンクリート床版の劣化・損傷の現状とその要因を紹介するとともに，床版の劣化・損傷の進行過程を詳述し，RC床版の疲労損傷機構について解説を加えた．続いて，床版設計法の基本について解説したうえで，道路橋に使用されている各種床版の設計・施工法について詳述し，施工事例を紹介した．さらに，床版防水工をはじめとする道路橋床版に関する各種の維持管理技術や床版の各種補修・補強方法についても解説した．

しかしながら，『道路橋床版』発刊から7年が経過し，この間に発生した笹子トンネルの天井板落下事故に代表される構造物の劣化に対する前述のような社会的要請から，道路橋床版の更新技術や床版長寿命化のための新しい補修・補強技術に対する解説書の発刊が望まれる状況となってきた．

そこで，本書では，社会基盤構造物である橋梁の老朽化といった社会情勢下で，道路橋床版の長寿命化のための「イノベーション」をキーワードとして，コンクリートと鉄筋やほかの鋼材との複合体である床版を，床版の長寿命化を阻害する各種環境作用（とくに，水の浸入による劣化の促進作用）を受けて劣化損傷を誘発している部材としてとらえ直し，各種の荷重作用や環境作用による劣化損傷要因に対する損傷進行のメカニズムを水の浸入による劣化促進作用との関係で整理し直している．さらに，これらの理解の上に立って，床版への水の浸入防止のための構造的諸策，材料的諸策および維持管理上の諸策を紹介・解説し，床版長寿命化に資する新技術や新工法を創生・展開している．また，床版はその上を絶えず走行する輪荷重により過酷な環境下にあり，交番して作用するせん断力の影響下で，ひび割れ劣化の進行は避けられない現状にある．このため，本書では，ひび割れの発生・進展の抑制に有効なせん断補強の重要性についても触れている．

これらに加えて，損傷が著しく，補修，補強が困難な床版に対しては，大規模更新のための新技術や新工法についても詳述することによって，読者が損傷ランクの違う様々な床版の補修，補強あるいは取替えを適切に計画できるような構成とした．本書が，橋梁の維持管理や建設に携わる技術者，および将来の技術を担う研究者，学生に活用されることを期待する．

2016年8月

編者　松井繁之

「道路橋床版長寿命化」編集委員会構成

委員長 松井　繁之　大阪大学名誉教授・大阪工業大学客員教授

幹事長 石﨑　茂　㈱富士技建

幹　事

街道　浩	川田工業㈱	古市　亨	㈱維持管理工房
青木　康素	阪神高速道路㈱	真鍋　英規	㈱CORE技術研究所

委　員

三田村　浩	㈱サンブリッジ	今井　隆	㈱ビービーエム
奥田　和男	スリーエムジャパン㈱	久保　圭吾	㈱宮地鐵工所
定歳　道夫	Seven Tech Asia Pacific Pte. Ltd.		
谷倉　泉	(一社)施工技術総合研究所	羽入　昭吉	㈱ニチレキ
東山　浩士	近畿大学	真鍋　隆	㈱ケミカル工事
樅山　好幸	西日本高速道路エンジニアリング関西㈱		

編集幹事

第1章，第2章　石﨑
第3章，第4章　古市，青木
第5章，第6章　真鍋（英），街道
第7章，第8章　街道
第9章　石﨑

執筆者一覧

第1章　松井，石﨑
第2章　石﨑，東山，古市
第3章　三田村，谷倉，青木，奥田，定歳，羽入，古市
第4章　三田村，谷倉，古市，久保
第5章　真鍋（英）
第6章　街道，久保，真鍋（英）
第7章　真鍋（隆），三田村
第8章　街道，久保
第9章　樅山，今井，三田村，石﨑

目　次

第1章　序　論　1

1.1　床版の耐久性を阻害する要因 …… 1

1.1.1　床版劣化損傷の発現種別とその要因　1
1.1.2　床版の劣化進行過程と水の関係　2
1.1.3　輪荷重による疲労の劣化進行過程　3
1.1.4　疲労以外の劣化損傷要因と劣化進行のメカニズム　5

1.2　床版長寿命化に向けて …… 9

1.2.1　道路橋示方書におけるこれまでの改善事項と床版構造変化への対応　9
1.2.2　床版長寿命化達成に向けての課題　10
1.2.3　床版長寿命化のための諸技術の相互関係（床版長寿命化の技術曼荼羅）　11

第2章　疲労耐久性向上のための構造改良　12

2.1　長寿命化を目指す床版構造 …… 12

2.1.1　2 方向版の構造　12
2.1.2　桁端部の床版厚　15
2.1.3　圧縮側鉄筋の省略　15

2.2　床版の設計法（曲げ設計からせん断疲労設計へ）…… 17

2.2.1　道路橋示方書による床版の曲げ設計の基本　17
2.2.2　床版のせん断疲労設計　17

2.3　床版のせん断補強 …… 28

2.3.1　せん断補強方法　28
2.3.2　トラス鉄筋を用いた床版の構造　29

2.4　床版支持桁配置に関する提案 …… 32

2.4.1　車両走行位置の影響　32
2.4.2　疲労耐久性の評価　34
2.4.3　床版支持桁配置の提案　36

第3章 床版長寿命化のための水の制御 37

3.1 床版面への滞水防止対策 …… 37
3.1.1 滞水しない橋面構造 37
3.1.2 地覆・高欄部形状の改良 41
3.1.3 積雪寒冷地における床版上面の土砂化事例と対策 41

3.2 床版防水システム …… 43
3.2.1 床版防水システムの役割と性能評価基準 43
3.2.2 耐久性能確認試験 44
3.2.3 防水システムに要求される性能と課題 51
3.2.4 床版の長寿命化に向けて 57

3.3 橋面舗装における技術開発 …… 59
3.3.1 橋面舗装の変遷 59
3.3.2 橋面舗装の構造 60
3.3.3 橋面舗装の損傷と問題点 60
3.3.4 橋面舗装の耐久性向上のための技術 65

3.4 排水設備の構造改良 …… 72
3.4.1 排水桝の現状と改良事例 72
3.4.2 歩車道境界における排水構造の改良 74
3.4.3 水抜き孔の改良 74
3.4.4 寒冷地における排水計画 75
3.4.5 排水桝周辺部の維持管理 77

3.5 コンクリート打継目の止水対策 …… 78
3.5.1 コールドジョイント（ひび割れ）の止水対策 78
3.5.2 高欄・地覆の止水対策 82

第4章 床版材料に関する長寿命化技術 86

4.1 超高強度コンクリートの採用 …… 86
4.1.1 高強度材料を使用した床版の断面修復 86
4.1.2 高強度材料を使用した床版の開発 89
4.1.3 床版剛性の低下に対する懸念 93

4.2 長寿命化のための鉄筋材料 …… 94
4.2.1 エポキシ樹脂塗装鉄筋 95
4.2.2 ステンレス鉄筋 96
4.2.3 FRP ロッド 97

4.2.4 亜鉛めっき鉄筋　98
4.2.5 鋼の材質を変えた製品　100

第5章 PC 床版を用いた橋梁の高性能化と長寿命化　101

5.1 場所打ち PC 床版を用いた橋梁の構造改善 …… 101
5.1.1 場所打ち PC 床版を用いた上部構造　101
5.1.2 波形鋼板ウェブ橋　102
5.1.3 複合トラス橋　104
5.1.4 ストラット付き床版を有する PC 箱桁橋　105
5.1.5 場所打ち PC 床版を用いた複合橋の課題　107
5.2 プレキャスト PC 床版の省力化と耐久性向上 …… 107
5.2.1 プレキャスト PC 床版の耐久性向上を目指す試み　108
5.2.2 超高強度繊維補強コンクリートを用いたプレキャスト PC 床版　109

第6章 合成床版の構造改良と適用事例　111

6.1 鋼板・コンクリート合成床版 …… 111
6.1.1 せん断疲労設計法の提案　112
6.1.2 スタッドの高耐久化技術　115
6.1.3 底鋼板の溶接方法の改善　116
6.1.4 底鋼板の現場接合部の合理化　117
6.1.5 床版内部の非破壊検査技術　119
6.1.6 そのほかの改良技術　121
6.2 FRP 合成床版 …… 122
6.2.1 FRP 合成床版の特徴　122
6.2.2 耐食性を生かした桟橋構造への適用事例　124
6.2.3 床版打替えへの適用事例　126
6.3 ハーフプレキャスト PC 合成床版の活用による耐久性向上 …… 129
6.3.1 ハーフプレキャスト PC 合成床版の構造と変遷　129
6.3.2 大規模 PC 高架橋への PC 合成床版工法の適用　129
6.3.3 ハーフプレキャスト PC 合成床版の今後の展開　133

第7章 既設床版の補修技術 134

7.1 断面修復工法 …… 134
- 7.1.1 超速硬コンクリート 134
- 7.1.2 超高強度コンクリート 136
- 7.1.3 マクロセル腐食対策 142

7.2 床版増厚工法の課題と改善策 …… 145
- 7.2.1 床版増厚工法の概要 145
- 7.2.2 新旧コンクリート界面付着に関する問題点 147
- 7.2.3 新旧コンクリート界面における水平剥離部の補修工法 148
- 7.2.4 既設コンクリートとの接着面処理方法の改善 149

第8章 床版取替工法 153

8.1 プレキャスト床版による取替工法 …… 153
- 8.1.1 橋軸直角方向の現場継手 156
- 8.1.2 橋軸方向の現場継手の改善 157
- 8.1.3 合成桁橋における既設上フランジと床版の一体化取替工法 158

8.2 歩道用 FRP 拡幅床版 …… 161
- 8.2.1 床版上載タイプ 162
- 8.2.2 ブラケット支持桁タイプ 163
- 8.2.3 FRP 拡幅床版上の舗装 164

第9章 橋梁長寿命化のための桁端部の構造改良 166

9.1 橋梁全体の長寿命化のために …… 166

9.2 維持管理を容易にする桁端構造 …… 166
- 9.2.1 橋梁桁端部の構造的環境 166
- 9.2.2 桁端部における点検空間および作業空間の確保 167
- 9.2.3 桁遊間の確保 167
- 9.2.4 ジャッキ設置スペースの確保 168

9.3 桁端部の損傷と防食 …… 170
- 9.3.1 桁端部の腐食環境 170
- 9.3.2 桁端部の防食 170

9.4　延長床版構造 ………… 172
9.4.1　概　要　172
9.4.2　延長床版と上部工床版の連結構造　174
9.4.3　延長床版長さ　174
9.5　伸縮装置の構造改良 ………… 175
9.5.1　伸縮装置止水構造の改良　175
9.5.2　伸縮装置本体の防錆性能の向上および安全性の確保　178
9.5.3　支間長に合わせた伸縮継手の選択　179
9.6　支承部の構造改良 ………… 181
9.6.1　橋台・橋脚における橋座面の滞水対策　181
9.6.2　支承本体の防錆性能の向上　181
9.6.3　支承本体および支承周辺部の構造改良　183

参考文献 ………… 192
索　引 ………… 203

第1章 序　論

■1.1　床版の耐久性を阻害する要因

1.1.1　床版劣化損傷の発現種別とその要因

一般に道路橋床版における劣化損傷は，床版上面では舗装表面に発生したひび割れが重車両の走行により進行し，**写真 1.1** に示すようなポットホールに発展する．それと並行して，床版下面に発現する**写真 1.2** のようなひび割れ網の進行，雨水の浸入による遊離石灰の漏出などがその代表的な事例である．そして，その劣化損傷の最も大きな要因は，過積載車を含む重量車両の繰返し走行による疲労であるが，最近では，飛来塩分量の多い海岸部橋梁の床版や凍結防止剤散布地域の床版に多く見られる塩害による鉄筋腐食，積雪寒冷地に見られる凍害による床版上面の土砂化，あるいは二酸化炭素の作用による炭酸化反応でコンクリート中の pH が低下し鉄筋腐食を進行させる中性化や，反応性骨材を使用したコンクリートにみられるアルカリシリカ反応 (alkali silica reaction : ASR) などによる鉄筋腐食やコンクリート劣化も，指摘されるようになってきた[1]．そして，時にはこれらの要因が複合して床版の劣化を促進することもわかってきている．

上に示した床版の劣化損傷の進行は，いずれも移動輪荷重の繰返し作用とコンクリート内部へ浸透した水の相互作用によって促進されるものと考えられている．これは，輪荷重の作用による疲労の場合，湿潤状態の鉄筋コンクリート（reinforced concrete : RC）床版の疲労寿命は，乾燥状態のものに比べ，極端に寿命が低下する

写真 1.1　舗装路面に発現したポットホール

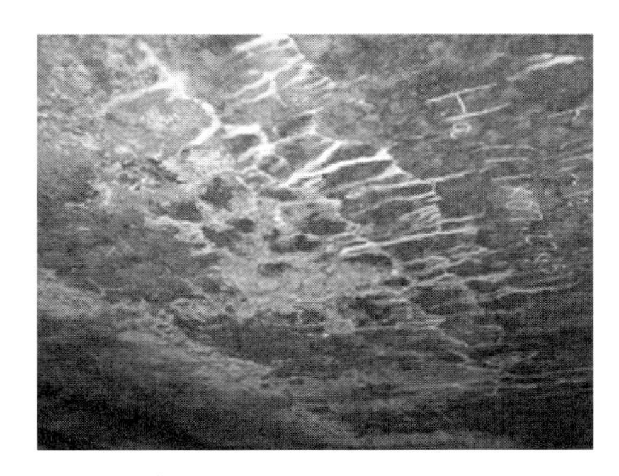

写真 1.2　床版下面に発現したひび割れ損傷

ことが輪荷重走行試験で確認されているためである[2]．また，飛来塩分や凍結防止剤の影響を受ける地域の床版や除塩不足の海砂を使用した内在塩分を含む床版も，ひび割れなどから浸入する水の影響で塩化物イオンが鉄筋の不動態被膜を破壊して鉄筋腐食が起こり，腐食部の膨張によりコンクリートの劣化を進行させる．さらに，凍害やASRによる劣化も，コンクリート内部への水の供給がなければ劣化の進行は食い止められる．したがって，床版に発生する劣化損傷の進行を防止するためには，コンクリート内部へ浸入する水の制御が最大の課題といえる．そこで本章では，床版に発現する各種の劣化損傷に対し，その要因ごとに浸入水とのかかわりを整理するとともに，要因ごとの損傷進行のメカニズムを解説し，床版の劣化を促進する浸入水の制御の必要性について解説する．

これに加えて，床版における劣化損傷の各種要因と要因ごとの損傷進行のメカニズムの理解の上に立って，既設および新設の床版において長寿命化を達成するために今後取り組むべき課題について解説するとともに，以下の章で紹介する各種の床版長寿命化のための新技術や効率的な維持管理を行うための諸技術，および予防保全技術の基礎となる道路橋床版に連携する要素，すなわち，材料・構造・設計・施工・維持管理に関する諸技術間の相互関係についても整理しておく．

床版の劣化損傷は，床版それ自体が外荷重や種々の環境作用の影響を受けて発現するだけではなく，床版に付設されている部材・材料（たとえば，舗装・防水層，排水装置，伸縮継手，地覆・高欄）などからの水の浸入作用，あるいはこれら部材の施工不良や設計の不備の影響を受けて床版の劣化損傷を誘発する場合も多く見られる．逆に，床版がこれらの部材の劣化原因となることもあり，床版長寿命化のための予防保全や維持管理においても，これらの相互関係を整理し熟知しておくことが重要である．

1.1.2　床版の劣化進行過程と水の関係

前述したように，床版の劣化を加速する因子の中で最も顕著な作用は，コンクリート内部への水の浸入である．これは，床版建設時における若材齢期の初期乾燥や温度収縮により発生する微細ひび割れへの水の浸透や，コンクリート表面のポーラスなセメント組織および多孔質な骨材内部への水の浸透によって床版下面の湿潤状態や白華の沈着をもたらす．そして，走行輪荷重の繰返し載荷によって，床版のコンクリート組織内に圧縮，引張，せん断などの内部応力の変動が生じ，それが原因となって，ひび割れ内やセメント組織内の水の移動および内水圧の変化が生じ，ひび割れの伸展やセメント組織の劣化が進行する．さらに，ひび割れが進行してたわみが大きくなると，輪荷重作用下におけるひび割れに浸入した水のポンピング現象による噴射水圧によってコンクリート粉が洗い流されてひび割れ面の劣化を促進し，コンクリートの土砂化が進む．

また，冬季に凍結防止剤を散布する地域の床版では，塩化物イオンを含んだ浸入水がひび割れを介してコンクリート内にある鉄筋の不動態被膜を侵食し，鉄筋腐食を加速させる．さらに，コンクリート内部への水の浸入は，ほかにも種々の作用をもたらす．たとえば，反応性骨材への水の供給による膨張圧がコンクリートの内部ひび割れを促進し，コンクリートの圧縮強度を低下させるASRも，水の浸入が反応を促進させる原因となっている．さらに，コンクリート内部に浸み込んだ水の凍結融解作用によりコンクリートの劣化が進行する凍害や，中性化により不動態被膜が破壊された鉄筋も水の供給により腐食が進行する．

このように，床版の劣化進行には常に水が関与しているため，この水と床版劣化の相互関係を正しく理解し，各種要因ごとの水の作用による劣化進行のメカニズムを理解しておくとともに，水の浸入経路を把握し，これを遮断することが，床版長寿命化を達成するうえで最も重要な事項と考えられる．

1.1.3　輪荷重による疲労の劣化進行過程

輪荷重の繰返し走行による床版の疲労劣化進行のメカニズムを示すと，以下のようになる．

①輪荷重の作用とコンクリートの乾燥収縮拘束ひずみが相まって，床版下面に橋軸直角方向の曲げひび割れが発生する．
②輪荷重の繰返し作用により，曲げひび割れが2方向ひび割れに進行する．
③輪荷重の走行による交番せん断力とねじりモーメントの繰返し作用により，床版上面にも橋軸直角方向ひび割れが発生する．
④輪荷重の繰返し作用により，残留たわみも増加し，ひび割れ幅が拡大・伸展する．
⑤床版上下面のひび割れの連結により，橋軸直角方向ひび割れが貫通ひび割れに移行する．
⑥輪荷重走行下での貫通ひび割れのコンクリート接触面のすり磨き作用により，床版全体が梁状化する．
⑦梁状化により，版の押抜きせん断耐荷力が低下し，抜け落ちなどの損傷として顕在化する．

以上の輪荷重による疲労劣化進行のメカニズムを，模式図として**図1.1**に示す．

一般に，床版の輪荷重による疲労劣化進行のメカニズムは，輪荷重走行により配力鉄筋断面に交番して作用するせん断力とねじりモーメントの繰返しが主鉄筋に沿った

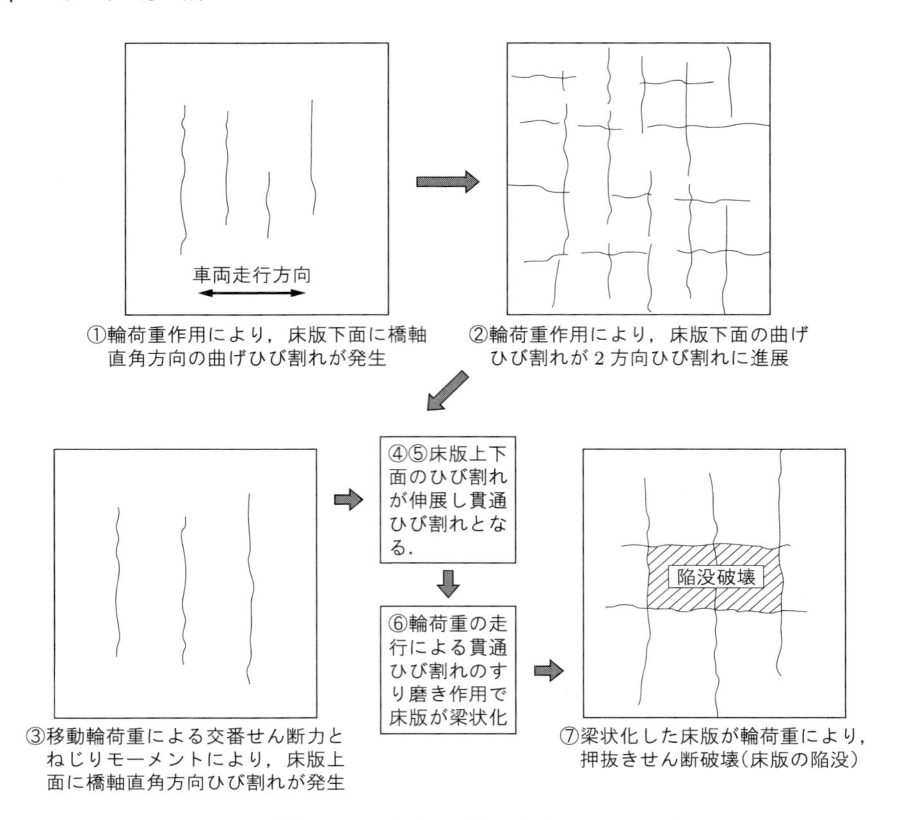

図 1.1　輪荷重による床版の疲労劣化進行のメカニズム

ひび割れを進行させ，貫通ひび割れに発展させる．そして，貫通ひび割れが一定の間隔で進行した床版は，輪荷重に対し「板」，すなわち等方性板としての挙動が異方性板化し，さらに「梁状化」といわれる構造変化，すなわち橋軸方向に一定幅の梁を並べたような構造系へ移行する[3]．これによって，床版の輪荷重に対する主鉄筋断面のせん断耐荷力が低下し，輪荷重作用下での押抜きせん断破壊に至る．

以上に示した床版の輪荷重による疲労劣化進行のメカニズムから，床版の長寿命化には，配力鉄筋方向のせん断剛性を高め梁状化の進行を遅らせることが有効である．

なお，昭和 39 年（1964 年）の鋼道路橋設計示方書で設計された，いわゆる 39 床版では，床版厚の不足のほかに，配力鉄筋量を主鉄筋量の 25% とするよう規定されており，配力鉄筋量の不足によるせん断耐荷力の不足が指摘されている．これは，配力鉄筋量が少ない床版では，輪荷重による交番せん断力に抵抗する配力鉄筋断面のせん断剛性が低く，主鉄筋方向の貫通ひび割れが発生しやすい構造となっているためである．

1.1.4　疲労以外の劣化損傷要因と劣化進行のメカニズム

1.1.1 項にも示したように，輪荷重による疲労劣化以外の床版の劣化損傷要因としては，塩害，凍害，中性化，ASR などがある．これらの劣化損傷要因ごとの劣化進行のメカニズムを正しく理解できるよう，劣化損傷要因ごとにその進行過程を，模式図とともに以下に示す．

(1) 塩害による床版の劣化進行のメカニズム（図 1.2 参照）

①建設時の若材齢期におけるコンクリートの温度収縮により，微細なひび割れが発生する．

②輪荷重の繰返し作用により，ひび割れ幅が拡大・伸展する．

③ひび割れから塩化物イオンを含む水がコンクリート内部に浸入する．

④ひび割れがコンクリート表面から鉄筋近傍まで伸展すると，浸透水に含まれる塩化物イオンにより鉄筋の不動態被膜が破壊される．

⑤ひび割れからの塩化物イオンを含む水の供給により，鉄筋の腐食が進行する．

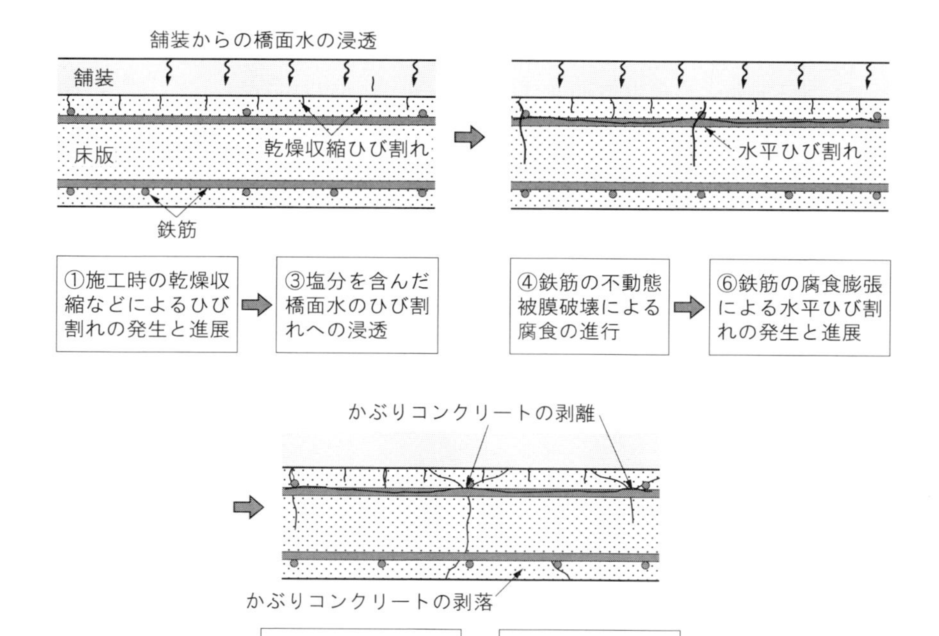

図 1.2　塩害による床版断面で見た劣化進行のメカニズム

⑥鉄筋の腐食膨張により，上側鉄筋面に沿って水平ひび割れが進行する．
⑦輪荷重のたたき作用により，かぶりコンクリートの剥離が進行，上面コンクリートが土砂化する．

塩害により劣化した床版の一例を**写真 1.3** に示す．写真 (a) は，凍結防止剤散布地域における床版上面の損傷事例であり，写真 (b) は，内在塩分を含む骨材を用いた床版における床版下面の損傷事例である．

（a） 床版上面コンクリートの土砂化

（b） 床版下面コンクリートの剥落

写真 1.3　塩害による床版の損傷事例

(2) 凍害による床版の劣化進行のメカニズム（図 1.3 参照）

①コンクリートの細孔内に浸み込んだ水が凍結膨張する．
②凍結膨張により，コンクリート内に微細ひび割れが発生する．
③凍結と融解の繰返しにより，微細ひび割れが伸展，スケーリング（コンクリート表面の薄片状の剥離），ポップアウト（表層骨材の膨張破壊による円錐状の剥離）などで劣化が顕在化する．
④上記表面欠陥内部への水の浸入とさらなる凍結と融解の繰返しにより，損傷部位がひび割れ内部へ伸展するとともに，上側鉄筋層で水平ひび割れ面を形成する．

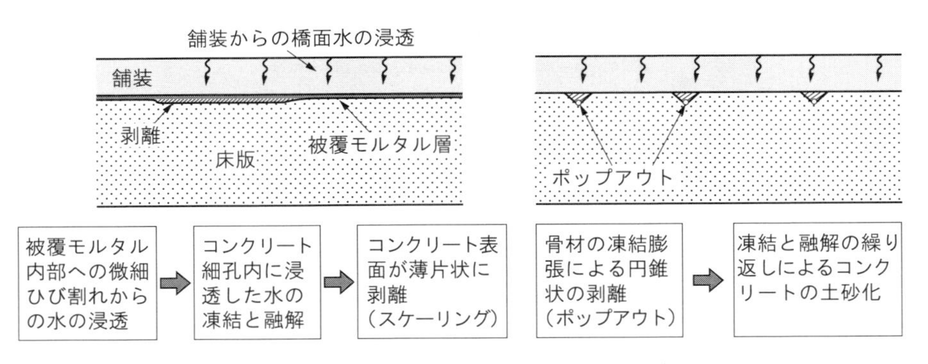

図 1.3　凍害による床版の劣化進行のメカニズム

⑤床版上面のかぶりコンクリートが土砂化する．

凍害による損傷の代表的な発現の事例を**写真 1.4** (a) ～ (c) に示す．

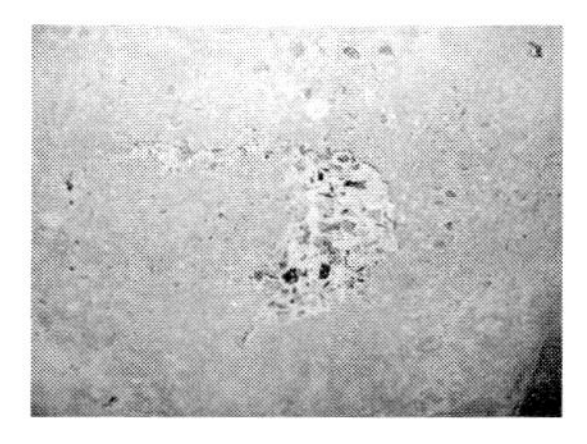
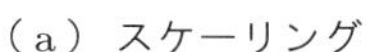
（a）スケーリング

（b）ポップアウト

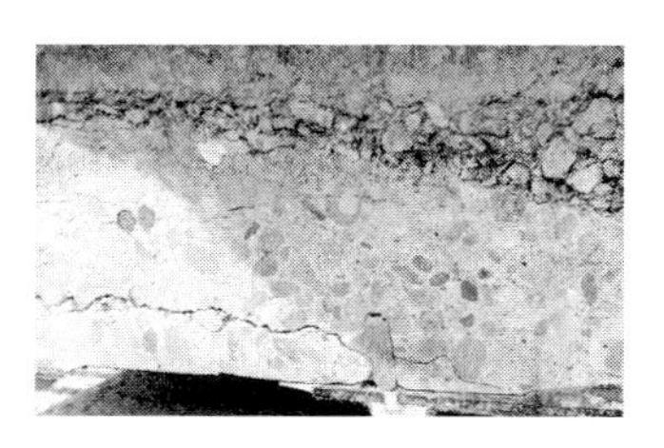
（c）上面コンクリートが土砂化した床版

写真 1.4　凍害による床版の損傷事例

(3) 中性化による床版の劣化進行のメカニズム（図 1.4 参照）

①大気中の二酸化炭素が床版下面からコンクリートの細孔内に浸入し，水酸化カルシウムなどの水和物と炭酸化反応を起こし細孔溶液中の pH を低下させる．

②中性化深さが下面側鉄筋近傍まで到達すると，pH の低下に伴い鉄筋表面の不動態被膜が破壊される．

③不動態被膜が破壊されると，水と酸素の供給により鉄筋に腐食が発生する．

④鉄筋腐食の進行による鉄筋の膨張で鉄筋近傍のコンクリートに膨張ひび割れが発生する．

⑤さらなる腐食膨張によりひび割れが進行し，浮きやかぶりコンクリートの剥落に進行する．

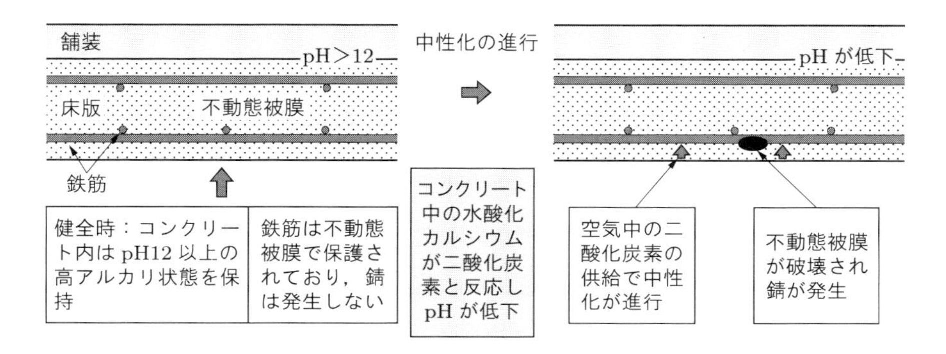

図 1.4　中性化による床版の劣化進行のメカニズム

(4) ASR による床版の劣化進行のメカニズム（図 1.5 参照）

①セメント中のアルカリ成分（Na, K）と骨材中の反応性シリカ鉱物が反応し，骨材表面にアルカリシリカゲルが生成される．

②水の供給によりアルカリシリカゲルが吸水膨張し，コンクリート表面にひび割れが発生する．

③アルカリシリカ反応による骨材自身の変状により，コンクリートの圧縮強度やヤング係数が低下する．

④さらなるゲルの給水膨張により，ひび割れに沿ったコンクリート面が劣化し土砂化に至る．

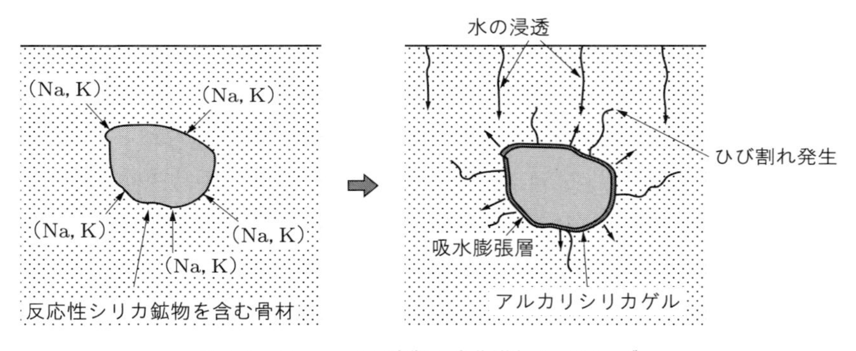

図 1.5　ASR による床版の劣化進行のメカニズム

以上に述べた床版における劣化損傷進行のメカニズムは，単独の要因ごとに発生・進行する場合も多く見られるが．輪荷重による疲労と塩害，輪荷重による疲労と凍害，あるいは塩害と凍害が複合して発生するケースも多いので，劣化損傷部の補修・補強に当たっては要因の正確な分析が重要である．

なお，各種劣化要因を特定するための試験方法を**表 1.1** に示す．

表 1.1　劣化要因特定のための試験項目と試験方法

劣化要因	調査・試験項目	試験方法
塩害	塩化物イオン濃度の深さ方向分布	電位差滴定法（ドリル法，コア採取）
凍害	スケーリング，ポップアウトの調査，凍害深さ	目視，打音調査，超音波伝播速度試験
中性化	中性化深さ，鉄筋の腐食状況の調査	局部破壊試験，フェノールフタレイン法
ASR	ゲルの浸出，採取コアの残存膨張量	目視，膨張試験（JCI-DD2，カナダ法など）

■1.2　床版長寿命化に向けて

1.2.1　道路橋示方書におけるこれまでの改善事項と床版構造変化への対応

わが国の道路橋における RC 床版の設計規定は，前述した種々の要因による劣化損傷事例の増加とともに見直され，以下に示すように順次改訂されてきた．

①配力鉄筋量：主鉄筋量の 25% であった規定を 70% に増加（昭和 42 年（1967 年））
②最小版厚規定の改訂による床版厚の増厚と鉄筋許容応力度の低減（昭和 43 年（1968 年））
③大型車計画交通量 1000 台超のとき，設計荷重を 2 割増し（輪荷重：9.6 トン）とする（昭和 46 年（1971 年））
④交通量係数と不等沈下による付加曲げモーメント係数による床版厚の増厚規定を導入（昭和 53 年（1978 年））
⑤道路構造令の改訂に伴い，設計自動車荷重を 20 トンから 25 トンに改訂（平成 5 年（1993 年））
⑥平成 14 年（2002 年）の道路橋示方書の改訂で，床版の疲労劣化を促進する水の浸入を抑制するため，床版には原則として防水層を設置するように規定

しかしながら，これらの道路橋示方書の改訂や床版構造の改善は，床版の長寿命化をはかるための抜本的な対策として実施されたものではなく，場当たり的な対策や部分的な改良がなされただけといった批判もある．したがって，今後はこれまでの損傷事例を踏まえ，かつ，床版を取り巻く諸部材との相互関係にも配慮した床版の長寿命化を目指した抜本的で，合理的な床版構造の改善が必要といえる．

一方，これらの道路橋示方書の改訂と並行して，鋼橋の構造を簡素化した少数主桁橋の増加に伴い床版が長支間化したことにより，PC 床版や鋼板・コンクリート合成床版などの曲げ耐荷力の高い床版の採用が増加しており，床版構造自体が変化・多様化してきている．これらの床版では，床版剛性の増加により疲労耐久性が大幅に増大するため，輪荷重による疲労問題はほぼ解消されることとなるが，PC 床版では PC ケーブルやケーブル定着部の腐食損傷に対する対策，床版打継ぎ部のひび割れ対策などが必要となる．また，鋼板・コンクリート合成床版では，ひとたび床版内部に水が浸入すると床版内部が常時滞水状態となり，内部のコンクリートの劣化が促進されるだけでなく，内部鋼材の腐食が進行することが懸念される．このため，床版内部への水の浸入をシャットアウトする床版防水工の重要性が増す．さらに，合成床版は床版下面が底鋼板で覆われるため目視で損傷が確認できないといった問題点もあり，これに対する対策も必要である．

1.2.2　床版長寿命化達成に向けての課題

前項に，これまでに実施された道路橋床版の設計施工上の改善事項を述べたが，今後新設する床版や，大規模更新で取替えを行う床版において，床版のさらなる長寿命化を達成するために，今後取り組むべき課題として

①疲労耐久性向上のための RC 床版の構造改良
②コンクリート系床版における床版防水システムの高性能化
③舗装材料および舗装構造の改良
④床版材料の高耐久性化
⑤ PC 床版および鋼板・コンクリート合成床版の構造改善
⑥床版取替工法の新技術としてのプレキャスト化した床版の継手構造の改善

などが挙げられる．第 2 章以下では，これらの課題を解決するための各種の新しい取り組みを紹介するとともに，床版長寿命化のための新技術の開発に対する考え方およびその方向性を示す．

一方，既設床版の補修・補強を含む大規模修繕によって床版の長寿命化をはかる場合には，前述した床版の劣化損傷進行のメカニズムを正しく理解したうえで，劣化部の補修・補強対策を策定することが重要である．床版劣化の進行は，その床版の立地条件や使用環境，あるいは建設時の施工条件によって様々な形態をとる．中でも，塩害，凍害，ASR によるものは，床版上面からの雨水の供給により床版上面のひび割れを誘発し，さらに，そのひび割れへの水の浸入と輪荷重の繰返し作用により床版上面コンクリートの土砂化に進行する損傷形態をとる場合が多い．したがって，このような劣化の進行形態をとる床版の補修に当たっては，補修後の床版への水の浸入防止対策を確実にすることはもとより，補修部の再劣化を防止するため，劣化部コンクリートの除去方法，断面修復部の新設コンクリートと既設コンクリートとの界面付着強度の確保のための接着面の処理方法，およびマクロセル腐食の防止技術が重要な要素となる．

また，河川上や山間部の多湿地帯に架橋された橋梁の床版で，中性化が進行した床版や，除塩不足の海砂を用いた内在塩分を有する床版では，床版上面からの水の浸透がほとんど認められない場合でも，床版下面鉄筋の腐食が進行し，この腐食鉄筋の膨張により，かぶりコンクリートが剥落して損傷が顕在化する事例が散見される．このような損傷形態をとる床版の補修は，劣化部コンクリート除去後鉄筋の取替えを余儀なくされる場合が多いので，床版取替えによる橋梁の長寿命化をはかるべきである．

1.2.3　床版長寿命化のための諸技術の相互関係（床版長寿命化の技術曼荼羅）

床版の長寿命化を達成するには，床版を材料・構造・設計・施工方法・維持管理などの諸方面から新しい観点に立って見直す必要があり，それらの相互関係を正しくとらえ直す必要がある．また，道路橋の床版には，それに接する様々な部材があり，それらの相互作用も床版の長寿命化を達成するうえで整理し直す必要がある．たとえば，床版上面に敷設される舗装は，場合によっては床版への水の浸入を阻止する反面，床版内への水の滞水を促進させる作用がある．また，床版の側方に施工される地覆，高欄，縁石などは，その設置方法によっては床版への水の浸入を助長する場合がある．

さらに，床版を構成する材料面でも様々な新しい技術が開発され，実橋床版に採り入れられつつある．これらの新材料の適用は，従来の技術では考えられなかった新しい構造形式を可能にし，床版の設計思想を根本から覆すだけでなく，従来の維持管理に対する考え方を転換させるきっかけにもなる．

このような観点から，これらの諸技術や諸部材の相互関係を図 1.6 に技術曼荼羅として表現した．この技術曼荼羅は，道路橋床版のイノベーションには，道路橋床版の技術を構成する個々の事象を単独に考えるだけでは不充分で，影響するすべての因子を総合的に考慮することが必要であり，そのことを強調するために，仏教の教理を視覚的に図化した胎蔵界曼荼羅になぞらえて表現したものである．

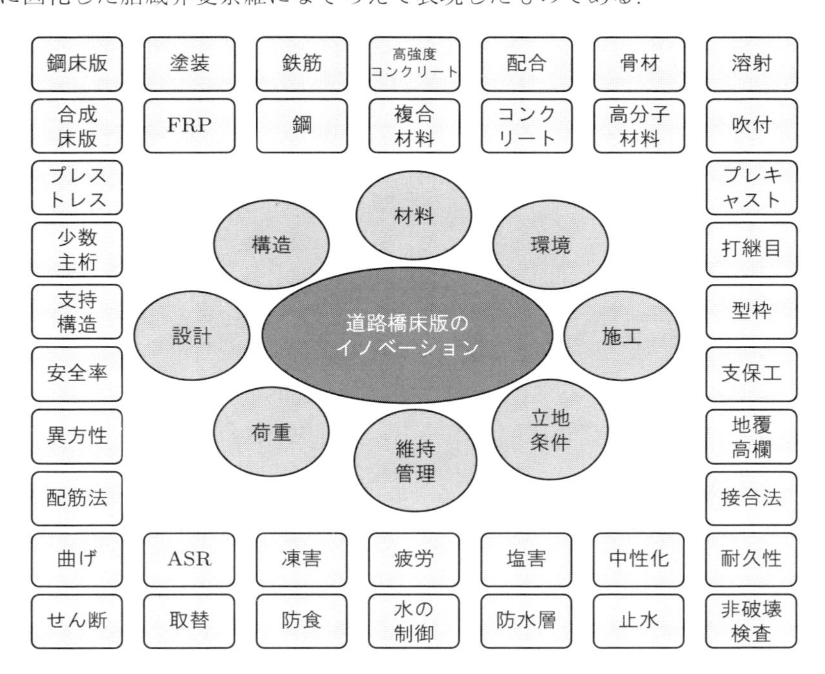

図 1.6　道路橋床版長寿命化の技術曼荼羅

第2章 疲労耐久性向上のための構造改良

■2.1　長寿命化を目指す床版構造

2.1.1　2 方向版の構造

現行の道路橋床版の大部分は，**図 2.1** に示すように車両の進行方向と平行に 2 ～ 4 m 程度の大きくない間隔で配置された主桁あるいは縦桁によって支持され，橋軸方向に長い 1 方向版の構造となっており，床版の支間方向は橋軸直角方向となっている．そして，輪荷重を直接担う主鉄筋が橋軸直角方向に配置され，橋軸方向には荷重を分散させる配力鉄筋が配置されている．両鉄筋とも断面の上下に 2 段配筋される．

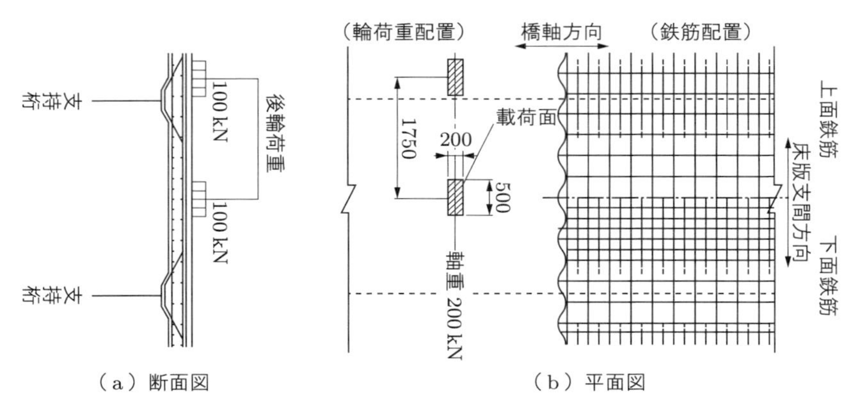

図 2.1　わが国の一般橋梁における床版の支持構造と輪荷重載荷面との関係

一方，床版の耐荷力や耐久性を支配する載荷荷重，すなわち輪荷重の載荷面の形状は，図 2.1 に示すとおり，タイヤの接地面の幅が 500 mm で車両進行方向の接地長が 200 mm の長方形で床版支間方向に横長な形状であり，荷重は主に橋軸直角方向部材としての断面で受けもたれ，橋軸方向への分配性能は悪い．

ただし，床版支間を車両進行方向に直角にとり，主鉄筋を橋軸直角方向に配置すると，輪荷重により発生する設計最大曲げモーメントは，主桁間に密に横桁を配置して，主鉄筋を橋軸方向に配置する 2 方向版に発生する設計最大曲げモーメントより小さくなり，設計上有利となる．この考え方が，1940 年代半ば以降の道路橋における床版支持構造，すなわち床版支間を車両進行方向と直角にとる設計の基礎となっている．

しかしながら，近年の調査研究から，主鉄筋を車両進行方向と直角に配置した現行のRC床版の疲労耐久性面での強度低下は，主鉄筋と平行な貫通ひび割れの発生とその進行による版の梁状化と，梁状化後の主鉄筋断面のせん断有効幅の低下によってもたらされていると解明されてきた．そして，現行の1方向床版の輪荷重に対する耐荷機構は，**図2.2**に示すように，輪荷重の走行により発生する走行方向と直角な断面に作用する交番せん断力とねじりモーメントがその断面におけるひび割れ面の摩耗をもたらし，床版の耐久性を低下させることが指摘され，実証されるに至った[1]．

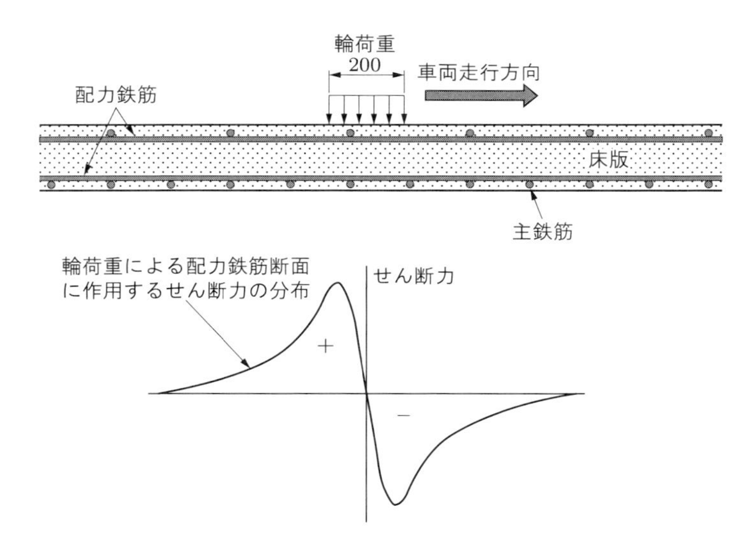

図2.2　従来の1方向版における輪荷重による疲労に対する耐荷機構

以上に示したRC床版の輪荷重による疲労損傷機構，さらに，輪荷重の載荷面が橋軸直角方向に扁平な形状（輪荷重の走行方向の接地長が200 mmで接地幅が500 mm）なため梁状化幅が小さくなることを勘案すれば，主鉄筋を車両進行方向と平行に配置することで，現行床版における主鉄筋と平行な橋軸直角方向の貫通ひび割れの発生を抑制することが可能となる．また，それだけでなく，輪荷重による垂直せん断力やねじりモーメントの作用を，輪荷重の接地幅500 mmに対応する幅広の主鉄筋断面で負担することとなり，床版各部の発生応力が小さくなるため，床版の疲労耐久性が大きく向上することが期待できる．

一方，近年，鋼橋における構造簡素化の観点から少数主桁構造が多用され，主桁間隔が6 mを超える橋梁が一般に採用されるようになってきた．この場合，これまでの多主桁橋の床版に比して床版支間が著しく増大するため，このような橋梁に採用される床版では，床版厚を小さくして死荷重を軽減するため，従来のRC床版にプレストレスを導入したPC床版とする方法や，鋼板・コンクリート合成床版を採用することによって版の曲げ抵抗強度を増大させる方法，あるいは床版の支持構造を見直し床版を2方向版とすることで発生曲げモーメントを低減する方法のいずれかを採用して，床版支間の増大に対処する必要がある．

とくに後者において，少主桁で主桁間隔が大きくなる場合，主桁間に充腹構造の横桁を密に配置して床版を4辺支持し2方向版とすることで，床版の発生曲げモーメントが低減できる．またこれによって，床版厚を薄くできるだけでなく，**図2.3**に示すように主鉄筋を車両進行方向に配置することが可能となる．さらに，主鉄筋を車両進行方向に配置することで，輪荷重の通過による交番せん断力やねじりモーメントの作用を橋軸直角方向に分散させ，床版の疲労耐久性を高める効果が期待できる．

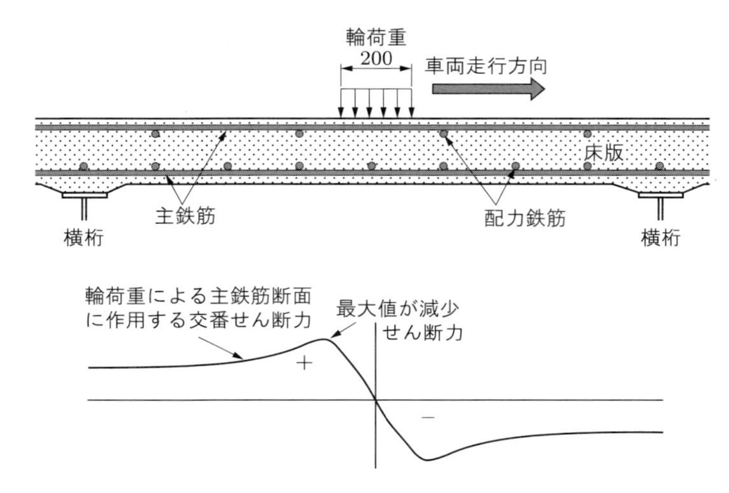

図2.3　2方向版における輪荷重による疲労に対する耐荷機構

著者らはこの2方向版の耐荷性状に古くから着目し，種々の主桁間隔と横桁間隔を有する2方向版のパラメトリック解析から，2方向支持RC床版の最小版厚式および設計曲げモーメント式を提案[2]してきた．また，2方向支持RC床版の劣化機構や疲労耐久性状を解明するための輪荷重走行試験機による疲労試験も実施し[3]，2方向版とすることで，疲労耐久性の向上が期待どおりもたらされることを確認している．

また，構造を簡素化した少数主桁橋において，横桁を密に配置し，その上の床版を直接支持することによって床版を2方向版とし，主鉄筋を橋軸方向に配置すれば，床版を従来のRC構造として設計できる．また，このような床版支持構造を採用することにより，輪荷重走行に対するRC床版の疲労耐久性も向上できるため，今後の合理的橋梁構造として大いに活用すべき方法と考えられる．

2.1.2 桁端部の床版厚

道路橋床版は，通行する輪荷重を直接支える部材であり，とくに橋梁の桁端部近傍の床版では，橋台と床版を連結する伸縮継手部におけるたわみ角，ねじり変形，および鉛直変位などの不連続性から生じる走行輪荷重による衝撃作用の影響を常に受けることとなる．このため，橋梁桁端部の床版は，一般部の床版に比べ劣化損傷を受けやすい．このようなことから，現行の道路橋示方書では，桁端部の床版はハンチ厚分を打ち下ろし，ほかの部分の床版より厚い構造としているだけでなく，中間部の床版における鉄筋量の2倍を配置することになっている．また，同書によると，その打ち下ろし範囲を非合成桁で床版支間長の1/2，合成桁で床版支間長の2/3としている．しかしながら，この打ち下ろし範囲では実際の輪荷重の衝撃作用を考慮すると不十分であり，現行規定で設計された橋梁でも端部の床版パネルにおいて損傷が多く発生しているのが現状である．

一方，旧道路公団では，1973年に大型トレーラーに対応するためTT-43荷重が導入された際に床版端部の鉄筋補強範囲が規定され，1980年4月に床版端部の打ち下ろし範囲を桁端より対傾構1パネル分（約5 m）と規定して拡大させた．それ以降，この規定に従って施工された床版では，桁端部での損傷発生率が大幅に減少していると報告されている[4]．大型トレーラーが高速で走行する一般路線でも，このような配慮が必要と考えられる．

2.1.3 圧縮側鉄筋の省略

一般に，現行のRC床版は，圧縮側にも鉄筋を配筋する複鉄筋断面が使用されている．これは，床版上面に発生するコンクリートの収縮ひび割れの防止や輪荷重の板厚中央面への分散作用を期待するもので，引張側鉄筋量の1/2の鉄筋量が配筋されている．しかし，近年になって，輪荷重による疲労により，床版上面側の鉄筋面に沿って水平ひび割れが発生する事例が多く報告されている[5],[6]． この水平ひび割れの発生機構については未解明の部分も多いが，コンクリートのブリージングによって上面鉄筋下側に発生する空隙が輪荷重の繰返し走行によりひび割れに進行する説や，上面鉄筋近傍に発生したコンクリートの若材齢期の温度応力による収縮ひび割れが輪荷重の繰返し走行により進行することが一因との説もある[7]．

一方，これまで実施された輪荷重走行試験において，押抜きせん断破壊した試験体を試験終了後，輪荷重走行位置の中央で橋軸方向に切断すると，ほとんどの床版で**写真2.1**に示すような，床版上面鉄筋に沿った水平ひび割れが観察される．このような輪荷重走行試験後の試験体における破壊状況の観察から，輪荷重直下の上面主鉄筋が輪荷重による鉛直方向のせん断力を分担するため，上面鉄筋上下のコンクリートを剥

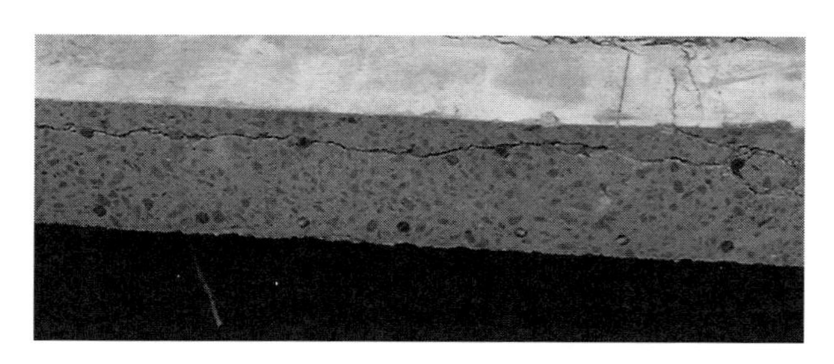

写真 2.1　輪荷重走行試験における床版上面鉄筋に沿った水平ひび割れ

離させるようなダウエル力が繰返し発生し，このダウエル力によりひび割れが平面的に進行したと推定できる．

これらのことから，主桁間の床版支間部で上面の主鉄筋を省略して単鉄筋断面とすれば上面鉄筋のダウエル作用が回避でき，水平ひび割れ発生による床版の2層化構造への劣化を回避することが可能となり，押抜きせん断破壊寿命が大幅に改善されると推定できる．さらに，単鉄筋断面の採用は，凍結防止剤を散布する地域で見られる上面鉄筋の腐食損傷の抑制にも有効で，床版の長寿命化達成に寄与する構造改善の一つと考えられる．

試験体数は少ないが，床版厚が同厚で下面鉄筋配置が同じ供試体を用いた実際の輪荷重走行試験においても，圧縮側鉄筋を有する供試体のほうが圧縮側鉄筋のない供試体よりも疲労寿命が短くなることが確認されている[1]．

▶ 今後期待される床版構造のイノベーション

今後も多用されると考えられる主桁間隔の広い2主鈑桁橋や少数主桁橋では，疲労耐久性の面から，主桁間に3～4 m 程度の間隔で横桁を密に配置し，主鉄筋を車両進行方向に配置する2方向支持 RC 床版構造が推奨される．また，桁端部の床版打ち下ろし範囲は，輪荷重の衝撃作用の影響範囲を考慮して，5 m 程度以上となるよう長めに設定することで床版の長寿命化に効果があることが判明しているため，今後も実橋で大いに採用すべきであろう．さらに，1方向版における床版の上面鉄筋に沿った水平ひび割れの発生防止対策として，床版支間部の上面鉄筋を廃して単鉄筋断面とすることも視野に入れた床版配筋法の技術開発が望まれる．

2.2　床版の設計法（曲げ設計からせん断疲労設計へ）

2.2.1　道路橋示方書による床版の曲げ設計の基本

道路橋床版の設計は，通常，道路橋示方書[8],[9]に準拠して行われ，活荷重などに対して床版の疲労耐久性が損なわれないように，応力度などを照査し，安全であることを確かめるのが基本である．すなわち，床版の設計においては，活荷重などの影響に対する安全性を満足することに加え，次の二つの規定を満たさなければならない．

①活荷重などに対して，疲労耐久性を損なう有害な変形が生じない．
②自動車の繰返し通行に対して，疲労耐久性が損なわれない．

また，道路橋示方書の床版に関する適用範囲は，次のように規定されている．

①鋼桁またはコンクリート桁で支持された床版である．
②辺長比 1 : 2 以上の 1 方向版に限定している．

さらに，PC 床版および設計基準強度が 24 N/mm^2 以上のコンクリートを用いた RC 床版では，道路橋示方書に規定されている床版最小全厚，設計曲げモーメントなどにより床版を設計する場合，活荷重によるせん断破壊に対して十分安全となるため，せん断に対する照査を省略してもよいとされている．

しかし，昭和 39 年（1964 年）の鋼道路橋設計示方書で設計された RC 床版において，建設後 5 年程度で一部のコンクリートが抜け落ちる疲労損傷が発生した．そして，その後の調査研究で，この損傷が曲げモーメントの作用によるものではなく，断面のせん断抵抗力の不足に起因するせん断破壊であることが解明された．このことから，せん断力に対する設計照査が必要となるが，その後の示方書では，応力計算する前に床版厚の規定によって大きなせん断耐荷力を確保できるようにし，鉄筋応力度を低減した許容応力度以下となるように鉄筋量を決めることによって，曲げ設計法を守っている．その結果として，床版を過剰に厚く設計することになった．しかし，疲労設計の考え方を導入すれば，床版を厚くすることなく床版のせん断耐荷力が確保でき，合理的な設計とすることができる．以下で，その設計方法を詳しく説明する．

2.2.2　床版のせん断疲労設計

(1) 押抜きせん断疲労

床版に輪荷重のような部分分布荷重が作用すると，床版内の主鉄筋断面および配力鉄筋断面に図 2.4 に示す三つの断面力，すなわち，曲げモーメント（M_x, M_y），せん断力（Q_x, Q_y），ねじりモーメント M_{xy} が生じる．これら三つの断面力によって発生

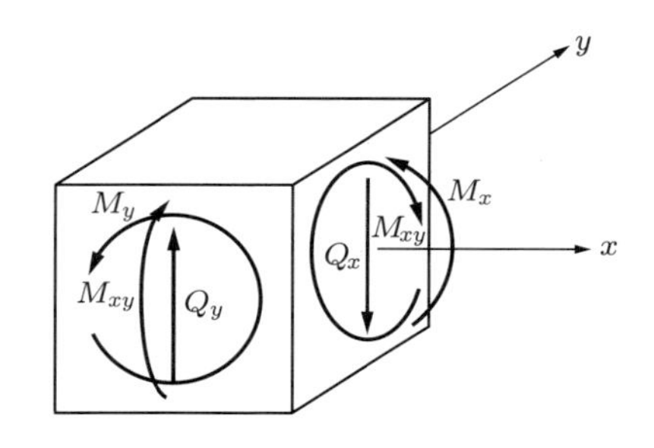

図 2.4　三つの断面力

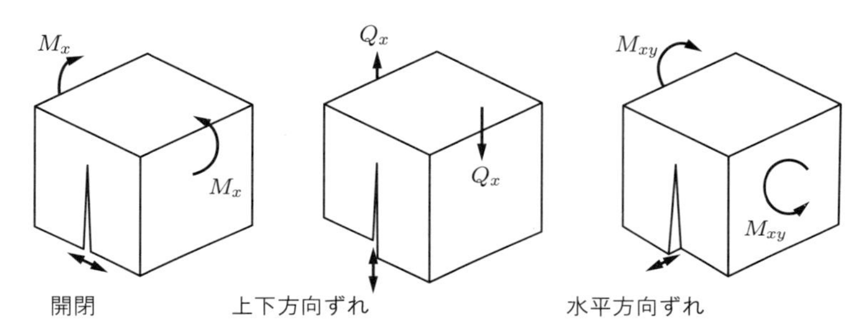

図 2.5　三つの断面力によるひび割れの動き

するひび割れの動きは，**図 2.5** に示す三つの基本的なモードで表される．

・ RC 床版

上記のようなひび割れの動きが，自動車荷重の走行によって繰返し発生することにより床版が疲労損傷を呈する．以下では，基本的な RC 床版の疲労損傷の進行過程について詳しく説明する．

輪荷重の載荷により床版に曲げモーメントが作用し，床版下面には橋軸方向および橋軸直角方向に引張応力が発生する．床版には，すでにコンクリートの温度変化や乾燥収縮により橋軸方向に引張応力が導入され，時にはひび割れが発生している場合もあるため，容易に橋軸直角方向のひび割れが発生・進展する．この段階が**図 2.6**(a) に示す初期の 1 方向ひび割れの発生段階である．

橋軸直角方向にひび割れが生じると，橋軸方向の曲げ剛性が橋軸直角方向の曲げ剛性に比べて著しく低下し，床版は等方性板から直交異方性板へと変化する．橋軸方向の剛性低下により橋軸方向の曲げモーメント負担率が低下するため，剛性の大きな橋軸直角方向の曲げモーメント値が増加する．よって，第 2 段階として橋軸方向ひび割れが発生する．この段階が，図 2.6(b) に示す 2 方向ひび割れの発生段階である．

続く自動車荷重の繰返し作用により，2 方向ひび割れの長さ，幅，深さが増し，床版下面のひび割れが細網化して，亀甲状ひび割れへと進行するとともに，交番せん断

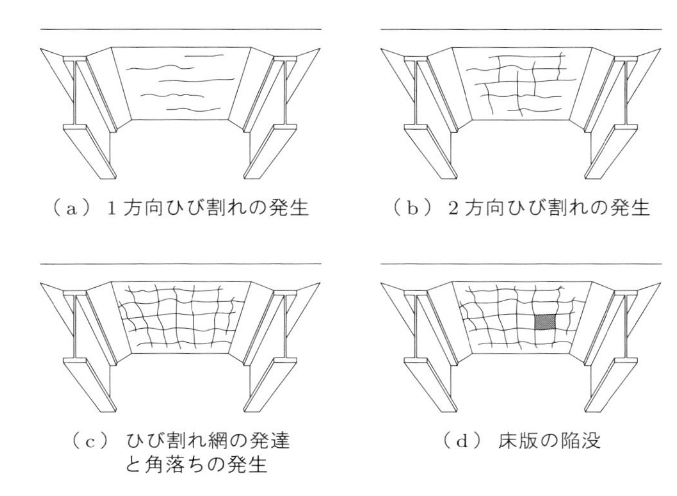

図 2.6　RC 床版の疲労損傷過程 [13]

力の作用や，ねじりモーメントの作用ですでに発生している乾燥収縮応力も加わって，床版上面から橋軸直角方向のひび割れが進行する．そして，床版上下面からのひび割れが貫通し，床版があたかも梁を一定の幅で並べたような状態となる．さらに，床版上面からの雨水の浸透により，コンクリート中の石灰成分の析出が生じる．また，せん断力の作用によるひび割れ面のこすり合わせ現象により，ひび割れ下部で角落ちが発生する．この段階では，床版の構造系も梁を一定の幅で並べたような構造系へ移行し，「梁状化」とよばれる構造系となる．この段階が，図 2.6(c) に示すひび割れ網の発達と角落ちの発生段階である．

20～30 cm 角程度の亀甲状ひび割れになると，新たなひび割れの発生は停止するが，自動車荷重の繰返しによるひび割れ面の開閉，こすり合わせ現象により床版の劣化がさらに加速し，コンクリートの剥離や陥没が生じる．この段階が，図 2.6(d) に示す床版の押抜きせん断破壊状態である．

・ PC 床版

道路橋床版の疲労耐久性を向上させる方法 [10] として，**図 2.7** に示すような床版にプレストレスを導入する PC 床版がある．プレストレスの導入方向としては，疲労耐久性，施工性，経済性，プレキャスト化などを考慮して，橋軸方向のみ，あるいは橋軸直角方向のみにプレストレスを導入する 1 方向 PC 床版と，橋軸方向および橋軸直角方向の両方向にプレストレスを導入する 2 方向 PC 床版がある．また，工場であらかじめプレストレスを導入するプレテンション方式と，架設現場でプレストレスを導入するポストテンション方式がある．プレストレスによるひび割れの制御は，床版上

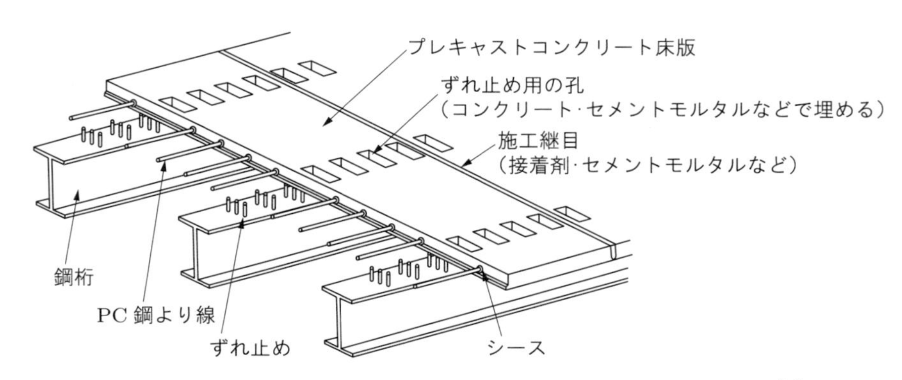

図 2.7　内ケーブルにより橋軸方向にプレストレスを導入した PC 床版 [11]

面からの雨水の浸入を抑止することになり, 大幅な疲労耐久性の向上となるとともに, 床版の耐荷力の向上も期待できる.

床版の橋軸方向にプレストレスが導入されている場合は, 橋軸直角方向のひび割れの発生と図 2.5 に示したひび割れの動きを制御できることから, 貫通ひび割れが生じにくくなり, 床版の梁状化が生じない, もしくはその発生が大幅に遅れる. 詳細は後述するが, 疲労耐久性の照査では, 橋軸方向のプレストレス量に応じた梁幅を考慮して, 主鉄筋断面を RC 断面とした押抜きせん断耐荷力が算定できる [12].

また, 橋軸直角方向にプレストレスが導入されている場合は, 橋軸方向のひび割れの発生と動きを制御できることから, 疲労耐久性の照査では, 橋軸直角方向のプレストレス量を考慮して, 主鉄筋断面の押抜きせん断耐荷力を算定することになる. なお, 配力鉄筋断面はプレストレスが導入されていないため, RC 断面として設計してもよい.

・ 鋼板・コンクリート合成床版

これまでに多種多様な構造形式の鋼板・コンクリート合成床版が開発されている [13]. ここでは**図 2.8** に示すような, ずれ止めに頭付きスタッドを適用したロビンソンタイプの合成床版 [14] について述べる.

輪荷重走行試験による合成床版の破壊形式は, **写真 2.2** に示すように, 輪荷重の縁端を起点としたせん断ひび割れが床版下面へ広がっており, 輪荷重直下に上面鉄筋に沿った水平ひび割れが生じている. これは, RC 床版の押抜きせん断疲労破壊と酷似している. 合成床版では, 下面鉄筋が配置されていないことから, コンクリートの剥離は見られず, また, 底鋼板のせん断抵抗は, コンクリートのせん断抵抗に比して十分小さいことが明らかにされている [14]. すなわち, 合成床版の押抜きせん断耐荷力は, RC 床版と同様な考えに基づき, コンクリートの圧縮領域におけるせん断抵抗のみを考慮すればよいことになる. ただし, 合成床版では断面のつり合いから, 圧縮側コン

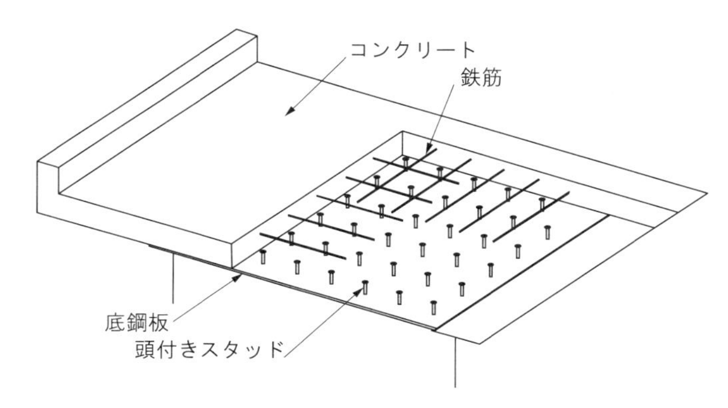

図 2.8　ロビンソンタイプの合成床版 [13]

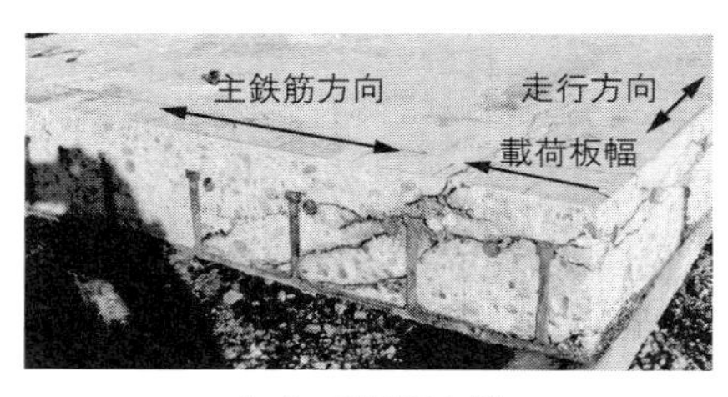

（a） 切断面左側

（b） 切断面右側

写真 2.2　合成床版の押抜きせん断破壊 [13]

クリートの厚さが大きくなり，せん断抵抗は大きくなる．

(2) せん断疲労設計の基礎理論

1.1.3 項で，自動車荷重の繰返し作用による床版の最終的な破壊は，押抜きせん断型の破壊であることを述べた．床版の疲労耐久性を評価し，疲労寿命を求める手法の一つとして，マイナー則を適用した等価繰返し回数による確率論的な取扱いがなされる．そこで，実験により得られる S-N 曲線に基づき，変動荷重である自動車荷重の移動や輪荷重の接地面積などを考慮した，床版のせん断疲労設計の基礎理論を以下に示す．

一般に，輪荷重走行試験により得られる床版の S-N 曲線は，次式のように表される．

$$\log\left(\frac{P}{P_{sx}}\right) = -k\log N + \log C \tag{2.1}$$

P：輪荷重

P_{sx}：梁状化した床版の押抜きせん断耐荷力

N : 繰返し回数

k : S-N 曲線の傾き

C : 実験に基づく係数

実橋においては様々な自動車が走行しているため，ランダムな輪荷重の繰返しを考える必要がある．いま，ランダムな輪荷重 $P_1, P_2, ..., P_n$ が，それぞれ $n_1, n_2, ..., n_n$ 回作用したとする．これらすべての輪荷重の繰返し回数を基本となる荷重 P_0 に換算した等価繰返し回数 N_{eq} は，次式で表される．

$$N_{eq} = \sum_{i=1}^{n} \left(\frac{P_i}{P_0} \right)^m \times n_i \tag{2.2}$$

m : S-N 曲線の傾きの逆数 $(= 1/k)$

実際に，床版上を走行する自動車は，輪荷重の大きさとその通行位置の変動が非常に大きく，これらの変動因子は何らかの確率変数として表す必要がある．**図 2.9** は，実橋で計測された自動車の軸重の相対頻度分布の一例である．この結果から, 軸重は, ある確率密度関数に従うと考えられるので，輪荷重 P_i についても同様な確率密度関数 $f(P)$ で表すことができ，輪荷重の変動を考慮した等価繰返し回数は，式 (2.2) を次式のように書き換えることができる．

$$N_{eq} = \int_0^{P_{\max}} \left(\frac{P}{P_0} \right)^m f(P) dP \times N_T \tag{2.3}$$

P : 任意の輪荷重

$f(P)$: 輪荷重に関する確率密度関数

N_T : 1 年間に作用する輪荷重の総載荷回数

ここで，輪荷重が作用したときの床版に作用するせん断力について説明する．一般に，実験による輪荷重は常に床版支間中央を走行位置としており，さらに接地面積も実際とは異なる大きさであることを考慮しなければならない．また，詳細は 2.4 節に述べるが, 輪荷重の載荷位置により床版に作用する最大せん断力の大きさが変化する．すなわち，載荷位置が床版の支持辺へ近づくと，載荷板端における最大せん断力が増大することから，見かけ上，荷重が大きくなった効果をもたらす．よって，板解析や FEM 解析により，これらの影響を把握しておく必要がある．また，輪荷重の走行位置は，ドライバーや車線の特性にもよるが，**図 2.10** に示すように，ある確率密度関

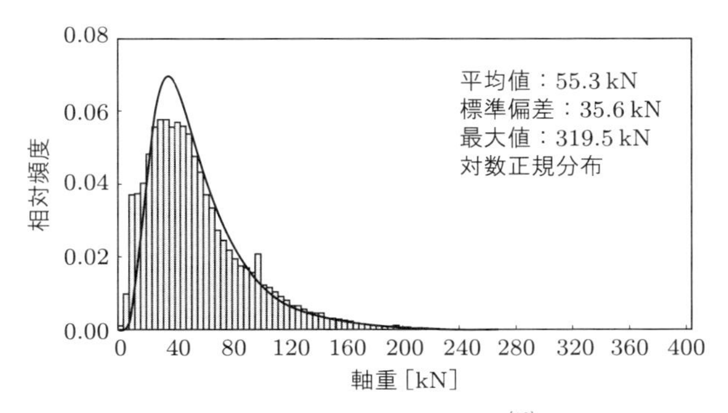

図 2.9 軸重の相対頻度分布 [13]

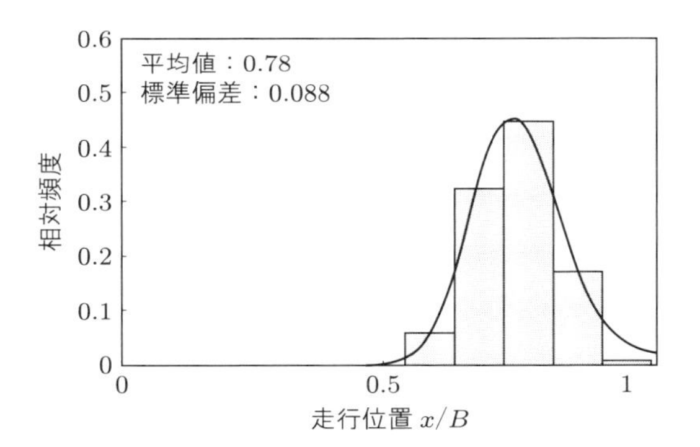

図 2.10 左側レーンマークから自動車の右側車輪中心位置に関する相対頻度分布 [13]

数 $f(x)$ に従うことがわかる．ここで，B は車線幅員，x は左側レーンマークから右側車輪中心までの距離である．

そこで，式 (2.3) の輪荷重 P を床版に作用するせん断力に書き換え，上記二つの要因を考慮したのが式 (2.4) である．ここで，輪荷重の大きさと自動車の走行位置は独立事象であり，輪荷重には衝撃の影響を考慮している．

$$N_{eq} = (1+i)^m \int_{\alpha}^{\beta} \left(\frac{Q_x}{Q_0}\right)^m f(x)dx \times \int_0^{P_{\max}} \left(\frac{P}{P_0}\right)^m f(P)dP \times N_T \tag{2.4}$$

Q_0：基本荷重 P_0 によって床版に作用する載荷板端における基本せん断力

Q_x：任意の荷重 P が任意の位置 x を走行する場合の載荷板端におけるせん断力

α, β：輪荷重の走行位置の限界値

$f(x)$：走行位置に関する確率密度関数

i：衝撃係数

床版の支間長が決定されると，床版の支持辺近傍に生じる最大せん断力 $Q_{\max}$ と基本荷重 P_0 が支間中央に作用したときの基本せん断力 Q_0 との比 $Q_{\max}/Q_0$ は一定となることから，式 (2.4) は次式のように表される．

$$N_{eq} = (1+i)^m \left(\frac{Q_{\max}}{Q_0}\right)^m \int_\alpha^\beta \left(\frac{Q_x}{Q_{\max}}\right)^m f(x)dx \times \int_0^{P_{\max}} \left(\frac{P}{P_0}\right)^m f(P)dP \times N_T \tag{2.5}$$

輪荷重走行試験では，実橋を通行する自動車の接地面積と異なる寸法の車輪が用いられることがある．そこで，走行試験時の車輪の接地面積と実橋における自動車の接地面積が異なることを考慮する必要がある．式 (2.5) 中の基本せん断力 Q_0 には，輪荷重走行試験での載荷板端で発生するせん断力を採用することになる．ゆえに，等価繰返し回数は，最終的に接地面積に関する補正係数 γ を乗じて，次式のように表される．

$$N_{eq} = (1+i)^m \gamma^m \left(\frac{Q_{\max}}{Q_0}\right)^m \int_\alpha^\beta \left(\frac{Q_x}{Q_{\max}}\right)^m f(x)dx \times \int_0^{P_{\max}} \left(\frac{P}{P_0}\right)^m f(P)dP \times N_T \tag{2.6}$$

γ：接地面積を考慮した補正係数 $(= Q_0/Q_0')$

Q_0：床版支間長 1800 mm の床版で載荷面積 120 × 300 mm で主鉄筋断面に直角な断面に発生する最大せん断力

Q_0'：同上床版で載荷面積を変えた場合に主鉄筋断面に直角な断面に発生する最大せん断力

この補正係数を得るためには，床版に対して板解析や FEM 解析を行い，床版支間中央に輪荷重を載荷した場合に載荷板端で発生する最大せん断力を求めておく必要がある．

以上より，輪荷重走行試験による繰返し回数 N_f と実橋における変動荷重の等価繰返し回数 N_{eq} から，疲労寿命 T は次式により求めることができる．

$$T = \frac{N_f}{N_{eq}} \tag{2.7}$$

(3) せん断疲労設計法の提案

・ RC 床版

これまでに各種輪荷重走行試験機による RC 床版の疲労試験が実施され，いくつかの S-N 曲線が提案されている．ここでは，RC 床版のせん断疲労設計法の提案について，松井 [15] による輪荷重走行試験から得られた RC 床版の S-N 曲線を紹介する．

式 (2.8) は，床版が梁状化したときの押抜きせん断耐荷力であり，図 2.11 をもとに導かれている [16]．この式は，貫通ひび割れ発生後は，梁状化幅 B の主鉄筋断面の梁がせん断破壊するとしてせん断耐荷力を算定するもので，配力鉄筋断面の寄与を無視したものである．この主鉄筋断面のせん断耐荷力と疲労破壊寿命の関係が，式 (2.12) で与えられている．図 2.12 に示した S-N 曲線は，実際の輪荷重走行試験から得られた RC 床版の S-N データの 50% 破壊確率曲線である．

$$P_{sx} = 2B(f_v x_m + f_t C_m) \tag{2.8}$$

$$B = b + 2d_d \tag{2.9}$$

$$f_v = 0.656 {f'_c}^{0.606} \tag{2.10}$$

$$f_t = 0.269 {f'_c}^{0.667} \tag{2.11}$$

f_v : コンクリートのせん断強度

f_t : コンクリートの引張強度

b : 載荷板の橋軸方向の辺長

x_m : 引張側コンクリートを無視したときの主鉄筋断面の中立軸深さ

d_d : 配力鉄筋の有効高さ

C_m : 引張側主鉄筋のかぶり深さ

$$\log\left(\frac{P}{P_{sx}}\right) = -0.07835 \log N + \log 1.52 \tag{2.12}$$

この S-N 曲線は，RC 床版の表面を乾燥状態で実施した試験結果である．RC 床版の表面に水を張った状態での試験によると，RC 床版の疲労寿命は大幅に短くなることも明らかにされている [17]．

式 (2.12) の S-N 曲線を用いることにより，2.2.2 項 (2) に説明したせん断疲労設計の基本に従って等価繰返し回数による疲労設計を行うことができる．ただし, 式 (2.12) は水の影響を受けない状態での S-N 曲線であり，水の影響を受けると疲労寿命は 100 倍程度低下する．よって，水の影響を考慮して安全側の設計とするのがよい．

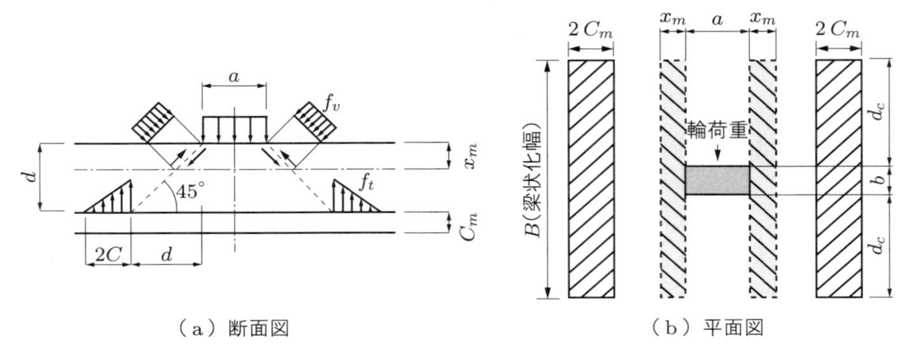

（a）断面図　（b）平面図

図 2.11　押抜きせん断破壊モデル [16]

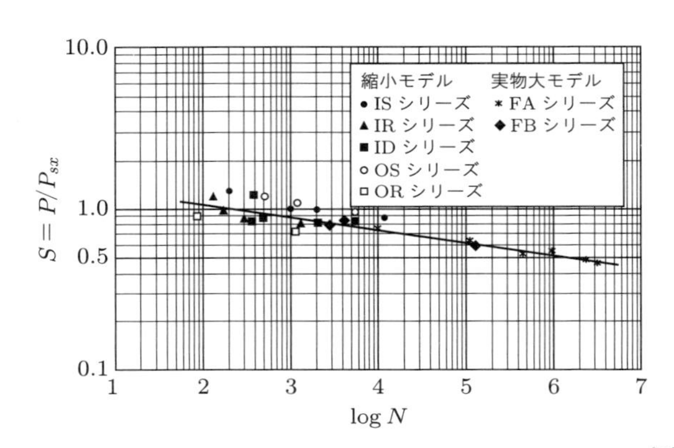

図 2.12　梁状化した押抜きせん断耐荷力で表現した S-N 曲線 [15]

・ PC 床版

PC 床版で自動車荷重の繰返し作用による疲労が問題になることは少ないが，たとえば，1 方向にプレストレスを導入した床版では，その直交方向は RC 構造となるため，ひび割れが発生する可能性がある．PC 床版に関する実物大の輪荷重走行試験結果の数に限りがあることから，ここでは，以下に PC 床版のせん断疲労設計法の試案について簡単に紹介する．

東山・松井 [12] の小型輪荷重走行試験機による橋軸方向にプレストレスを導入した 1 方向 PC 床版の結果を**図 2.13** に示す．

この図から，縦軸の分母にあたる梁状化した押抜きせん断耐荷力 P_{sx} にプレストレスの効果を考慮すると，RC 床版と同じ S-N 曲線で実験データを同定できることがわかる．すなわち，橋軸方向にプレストレスを導入した PC 床版の梁状化した押抜きせん断耐荷力 P_{sx} を評価する際に，RC 床版の評価式 (2.8) を式 (2.13) のように修正すると，実験データとの相関がよくなり，プレストレス量によって橋軸方向の有効幅を

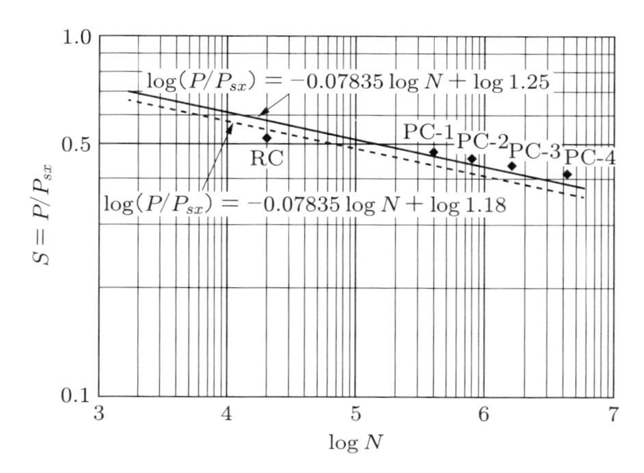

図 2.13　1 方向 PC 床版の S-N 曲線 [12]

増加させることで PC 床版の疲労耐久性が評価できる [12].

$$P_{sx} = 2B^*(f_v x_m + f_t C_m) \tag{2.13}$$

$$B^* = b + 2\alpha_d d_d \tag{2.14}$$

$$\alpha_d = \frac{1}{\tan\theta_d} \tag{2.15}$$

$$\theta_d = \frac{1}{2}\tan^{-1}\left(\frac{2.01\sqrt{f_t^2 + f_t\sigma_{pd}}}{\sigma_{pd}}\right) \tag{2.16}$$

σ_{pd}：橋軸方向に導入されるプレストレス量

・ 鋼板・コンクリート合成床版

街道・松井 [18] の輪荷重走行試験による鋼板・コンクリート合成床版の結果を**図 2.14** に示す．これは，底鋼板のせん断抵抗を無視してコンクリートの圧縮領域のせん断抵抗のみを考慮した式 (2.17) の梁状化した床版の押抜きせん断耐荷力を用いることにより，式 (2.12) の RC 床版の S-N 曲線で疲労寿命を表すことができることを示している．合成床版では，断面積の大きい底鋼板の断面 1 次モーメントとつり合う圧縮有効コンクリート厚 x_m が大きくなることで，疲労耐久性が向上している．

$$P_{sx} = 2Bf_v x_m \tag{2.17}$$

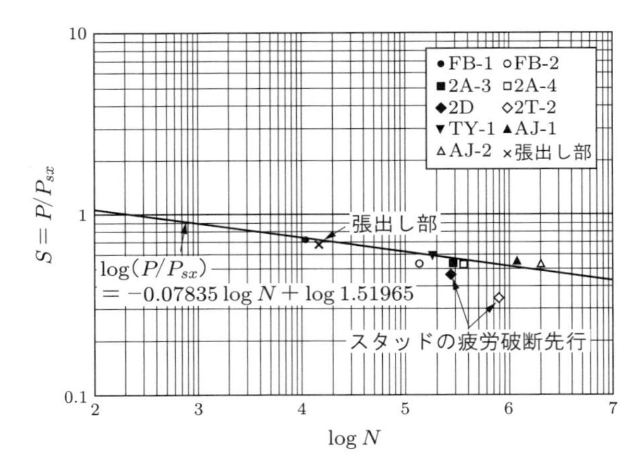

図 2.14　鋼板・コンクリート合成床版の S-N 曲線 [18]

■2.3　床版のせん断補強

床版は，ほかの RC 部材と比べて薄い部材であるため，せん断ひび割れに対する補強，とくに，せん断補強鉄筋を配置することはほとんどなかった．一方，RC 梁ではせん断破壊に対する補強として，斜めせん断ひび割れ発生後のせん断抵抗を負担させるためにスターラップや折曲げ鉄筋が採用される．また，建築構造物の柱 – 床構造物の柱頭部や鋼トラスウェブ PC 橋のコンクリート床版とトラス弦材との接合部におけるせん断補強として，頭付きスタッドを使用した事例 [19] などがある．以下では，床版のせん断疲労寿命の向上を目的に，薄い床版でのせん断補強の新技術について紹介する．

2.3.1　せん断補強方法

道路橋示方書 [8],[9] では，主桁で支持された床版の床版支間におけるせん断補強に関する記述は見当たらない．一方，土木学会コンクリート標準示方書 [20] では，厚さが 200 mm 以上の床版は，せん断補強鉄筋によりせん断力に抵抗させることができるとの記述がある．

道路橋示方書は，RC 床版の疲労耐久性を確保するため，これまでに幾度と改訂がなされ，床版厚が見直されてきた．これにより，せん断力に対する抵抗が担保されてきたといえる．しかし，床版厚の増加は死荷重の増大をもたらす．そこで，床版厚の増加を伴わずに，施工性や経済性を考慮したうえで疲労耐久性を確保できる床版構造の改良がなされてきた．その一つが，**写真 2.3** に示すトラス形鉄筋である [21]．

一般に，トラス形鉄筋は，1 本のトップ筋と 2 本のボトム筋を波形のラチス筋により自動溶接で組み立てた鉄筋である．すでに，RC 床版だけでなく，PC 床版や鋼板・

コンクリート合成床版にも採用されている．トラス形鉄筋は，主鉄筋方向あるいは配力鉄筋方向のどちらかに配筋される．主鉄筋方向に入れると，主鉄筋断面のせん断耐荷力が向上する．一方，配力鉄筋方向に入れると，ある間隔ごとに入る主鉄筋に平行な貫通ひび割れの進行を抑制し，ひび割れ面の動きを抑制するので，どちらも疲労耐久性の向上につながる．また，後者の場合，施工性に優れており，配力鉄筋方向の鉄筋量の増加をもたらすため，床版は等方性板に近づく．

トラス形鉄筋のほかに，**図 2.15** に示すような頭付きスタッドをプレートに溶接したものや，上下鉄筋を囲むようなスターラップ筋を挿入するなどのせん断補強方法も検討されている．道路橋では，自動車の通行位置がほぼ一定の範囲に限定されるため，せん断補強が必要とされる部位に，これらのせん断補強筋を幅広く採用することが望まれる．

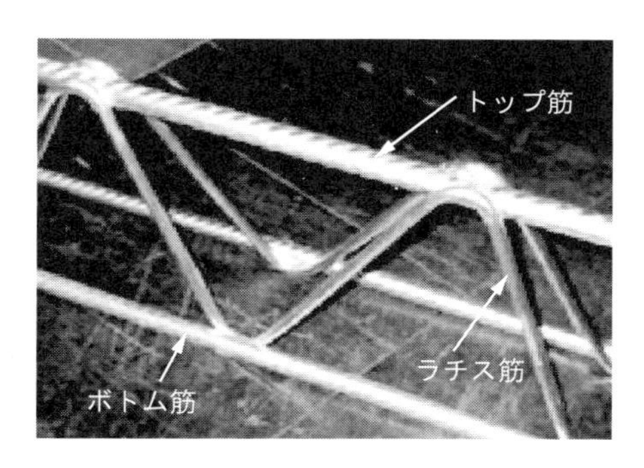

写真 2.3 トラス鉄筋 [21]

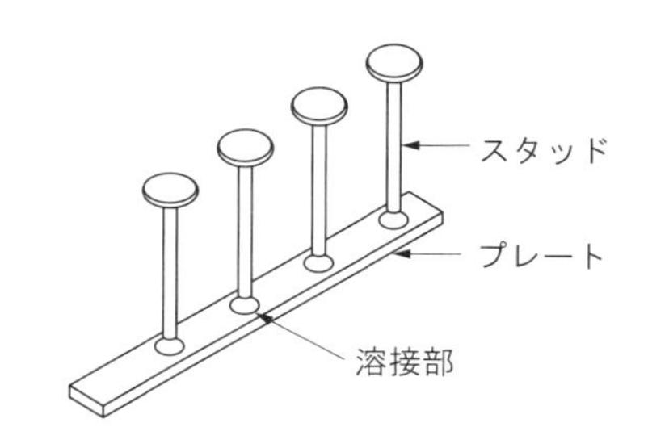

図 2.15 頭付きスタッドを溶接したプレート [19]

2.3.2 トラス鉄筋を用いた床版の構造

・ RC 床版

これまでにトラス鉄筋を用いたRC床版の輪荷重走行試験は数多く実施 [22],[23] され，疲労耐久性の向上が確認されている．**図 2.16** は，表ら [24] が実施したトラス鉄筋を用いたRC床版の輪荷重走行試験結果である．試験体Nは通常のRC床版，試験体Mは主鉄筋方向にトラス鉄筋を配置したRC床版，試験体Dは配力鉄筋方向にトラス鉄筋を配置したRC床版である．これまでの疲労試験結果 [22] からも明らかなように，トラス鉄筋を配力鉄筋方向に配置した場合，せん断力やねじりモーメントの作用により床版に発生する貫通ひび割れに対する抵抗性が大きく，トラス鉄筋を主鉄筋方向に配置するよりも著しく疲労耐久性を向上させることができる．

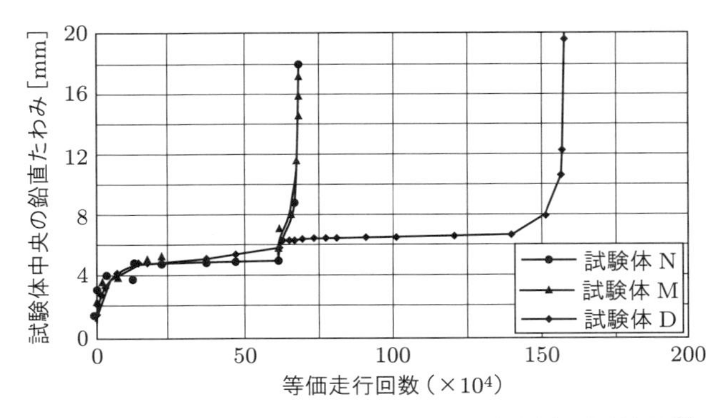

図 2.16　トラス鉄筋を用いた RC 床版の輪荷重走行試験結果 [24]

・ PC 床版

型枠や支保工が省略でき，かつ耐久性を有したハーフプレキャスト PC 合成床版（HPPC 合成床版）が開発されてきた．HPPC 合成床版は，**図 2.17** に示すように，プレテンション方式でプレストレスを橋軸直角方向に導入した薄板（70 ～ 120 mm）のプレキャスト版を床版の埋設型枠とし，現場で打設するコンクリートと一体化し

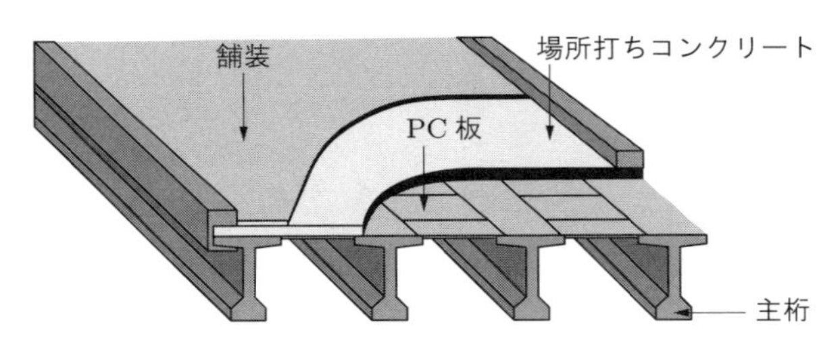

図 2.17　HPPC 合成床版 [25]

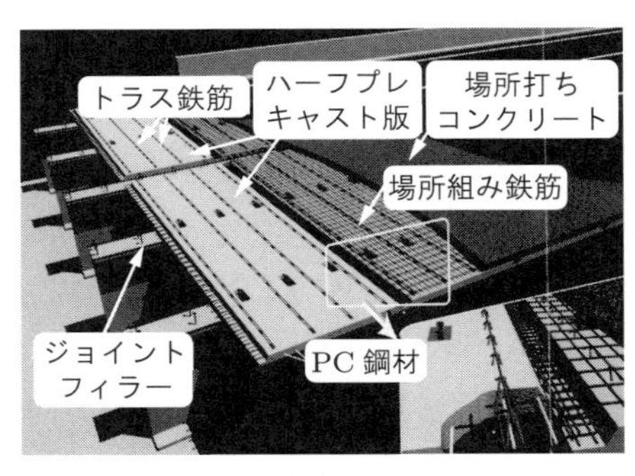

（a） 構造の概要図

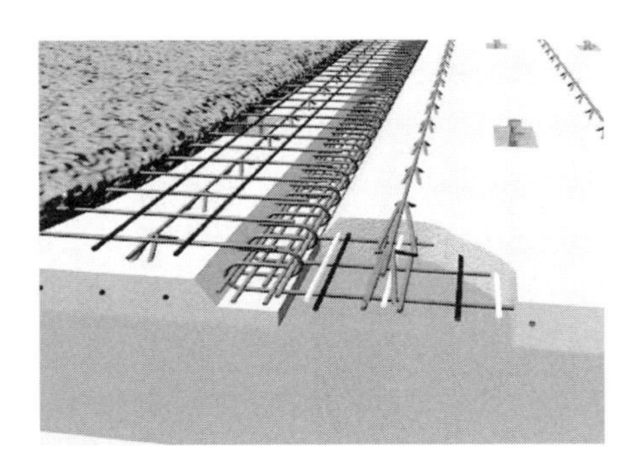

（b） 橋軸方向継手の詳細図

図 2.18　トラス鉄筋を用いた HPPC 合成床版 [25]

て合成させた床版である．また，このPC版にずれ止め機能とせん断補強を目的として，トラス鉄筋を橋軸直角方向に配置した床版を**図 2.18** に示す．この床版に対しては，疲労耐久性や耐荷性，ずれ特性に関する多くの実験的研究がなされている．さらに，開断面箱桁上に設置することを目的にトラス鉄筋を橋軸方向に配置した**図 2.19** に示すような大支間のアーチ型PCF版が開発されている[26]．PCF版自体はRC構造であるが，場所打ちコンクリート打設後にポストテンション方式のプレストレスが橋軸直角方向に導入される．

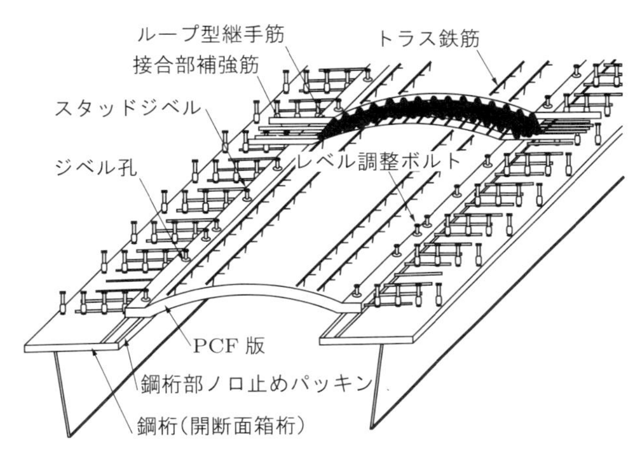

図 2.19　トラス鉄筋を用いたアーチ型 PCF 版[26]

・ **鋼板・コンクリート合成床版**

トラスジベルタイプの合成床版は，**図 2.20** に示すように，工場にてトラス鉄筋が底鋼板上に溶接される．この場合，トラス鉄筋はせん断補強鉄筋としての効果が期待できることに加えて，底鋼板とコンクリートとのずれ止めとしての機能も発揮する．

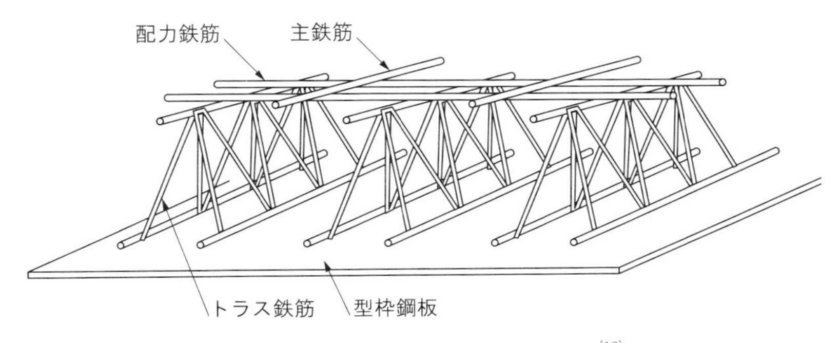

図 2.20　トラスジベルタイプ合成床版[13]

■2.4　床版支持桁配置に関する提案

2.4.1　車両走行位置の影響

(1) 車両走行位置の特性

交通荷重の実態調査から，大型自動車の走行位置を右側車輪に着目すると，**図2.21**に示すような確率分布を示している[13]．走行位置は，車線幅員 B に対する左側レーンマークから右側車輪中心までの距離 x の割合で示されている．対面2車線や追い越し車線では，x/B の平均値は0.68～0.69にある．走行車線では，平均値が0.78と，やや車線の右側に寄った位置を走行する車両が多くなるという特性がある．これは，道路橋示方書[8], [9]に記載されている「車輪の通る軌跡はおよそ500 mm幅程度の範囲に集中している.」とほぼ一致する．

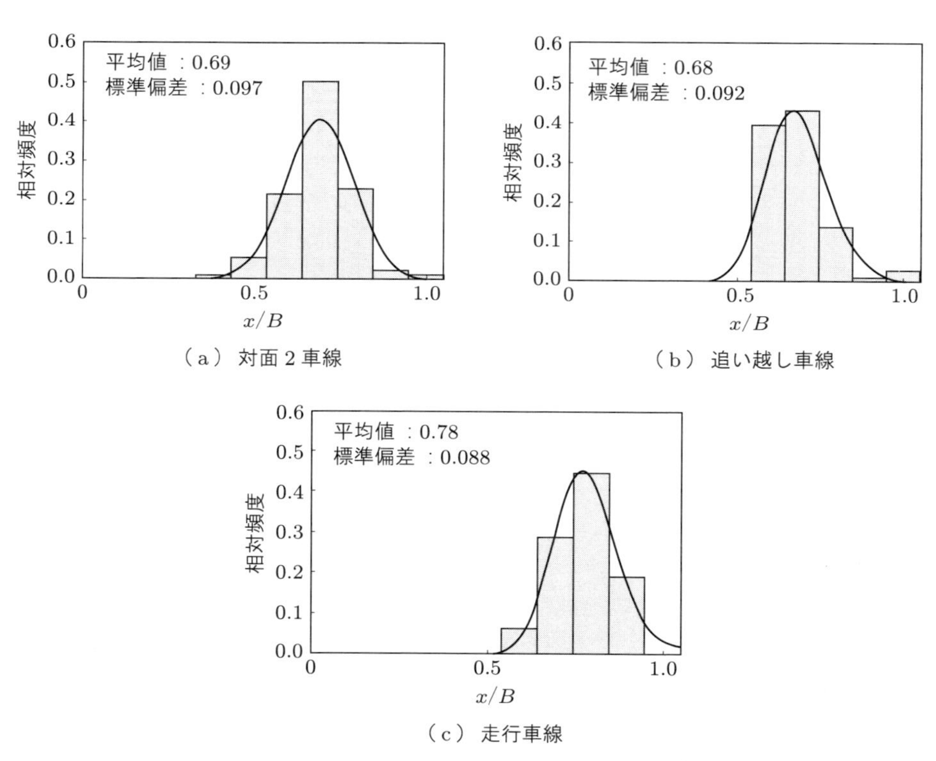

(a) 対面2車線　(b) 追い越し車線　(c) 走行車線

図2.21　大型自動車の走行位置の相対頻度分布[13]

ところで，道路橋示方書には，「主桁またはトラス橋などの縦桁の設計に当たっては，大型の自動車の車輪の軌跡が床版に与える影響を考慮してその配置を定めなければならない.」とある．これは，床版に発生する曲げモーメントが大きくならないよう，輪荷重の通行位置が支持桁付近となるように主桁または縦桁を配置するものである．しかし前述したように，主桁や縦桁の近傍では床版に作用するせん断力が大きくなることから，せん断疲労の危険性が増大する．

(2) 輪荷重載荷位置とせん断力

古市ら[27]は，FEM解析により，**図2.22**の単純支持された床版に対して，輪荷重（100 kN，接地面積500×200 mm）の載荷位置を橋軸直角方向に移動させたときの輪荷重載荷面の左側縁に発生する最大せん断力を求めている．その際，橋軸方向の長さは支間 L の3倍のモデルを用いている．載荷位置は，輪荷重の中心が主桁ウェブ上から650 mm離れた位置を起点として，右方向に移動させている．解析例として，床版支間長 $L = 3.5$ m の結果を**図2.23**に示す．

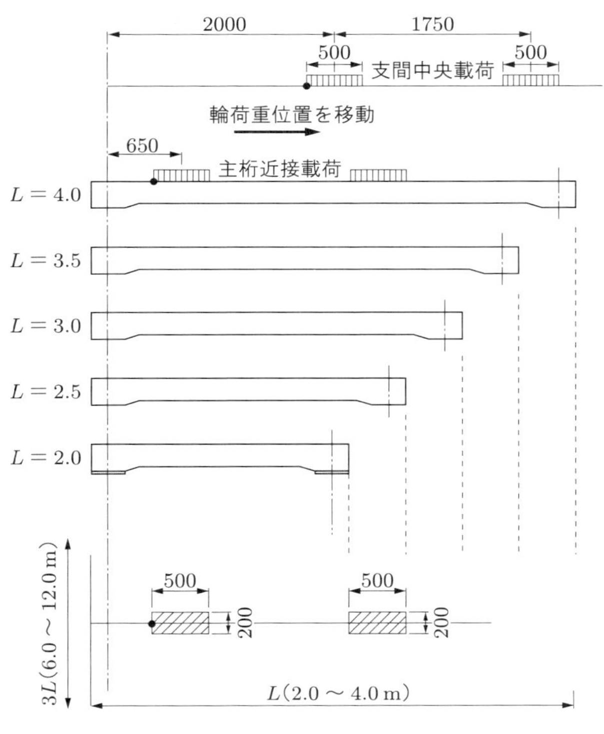

図2.22 輪荷重載荷位置[27]

図2.23から，床版に作用する最大せん断力は，輪荷重が床版支間中央から支持桁へ近づくとともに大きくなっていることがわかる．このことは，支持桁へ近づくに伴い，床版のせん断疲労に及ぼす荷重効果が大きくなることを意味し，見掛けの輪荷重値が大きくなる．

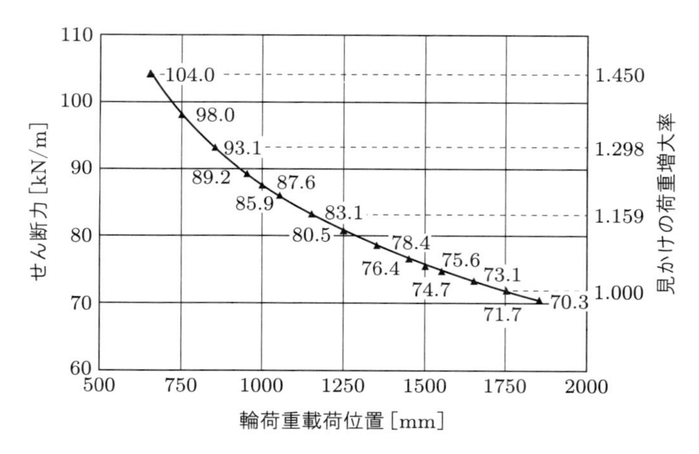

図2.23　せん断力と輪荷重載荷位置の関係（床版支間長 L = 3.5 m）[27]

2.4.2　疲労耐久性の評価

一般に，床版の輪荷重走行試験では，床版支間中央を一つの輪荷重が繰返し走行する．すでに述べたように，輪荷重走行試験における載荷板寸法 300×120 mm は，実際の大型自動車の接地寸法 500×200 mm と異なることから，それらの載荷板端での最大せん断力を求め，実橋における最大せん断力との関係から疲労耐久性を評価する必要がある．図2.22に示すような各床版支間長を有するRC床版に輪荷重を移動載荷したときの最大せん断力を，FEM解析により求めた結果[27],[28]を**表2.1**に示す．

表2.1の A は，疲労試験において床版に作用する最大せん断力である．また，B_{ij} は実橋床版における各載荷位置での最大せん断力である．A と B_{ij} の比が疲労試験と実橋との間の補正係数 α となる．よって，式(2.12)に示したS-N曲線は次式のように書き換えることができる．

$$\log\left(\frac{\alpha P}{P_{sx}}\right) = -0.07835 \log N + \log 1.52 \tag{2.18}$$

$$\alpha = \frac{B_{ij}}{A} \tag{2.19}$$

式(2.18)，(2.19)は，FEM解析を利用して走行位置を一定としたときのRC床版の疲労寿命を，算出する際に参考になる．一例として，床版支間長 L = 3.5 m の単純版の結果を**図2.24**(a)に示す．また，比較として3本主桁で支持された床版支間長 L = 3.5 m の連続版の結果[29]を図2.24(b)に示す．

表 2.1　支間長および走行位置とせん断力の関係 [28]

載荷位置 [mm]	疲労試験	床版支間長 [m]					摘要
		2	2.5	3	3.5	4	
	A [kN]	B_{ij} [kN]					
650		91.2	94.7	99.7	104	107	
750		85	88.8	93.4	98	102	
850		80.1	84.6	88.8	93.1	86.7	
950		75.7	81	84.7	89.2	82.9	
1000		74.4	79.5	83.1	87.6	91.4	中央
1050			77.9	81.5	85.9	89.8	
1150			75.1	79.4	83.1	87	
1250			72.8	76.5	80.5	84.5	中央
1350	104.5			74.6	78.4	82.5	
1450				73.2	76.4	80.6	
1500				72.5	75.6	79.7	中央
1550					74.7	78.7	
1650					73.1	77	
1750					71.7	75.5	中央
1850						74	
1950						72.8	
2000						71.5	中央

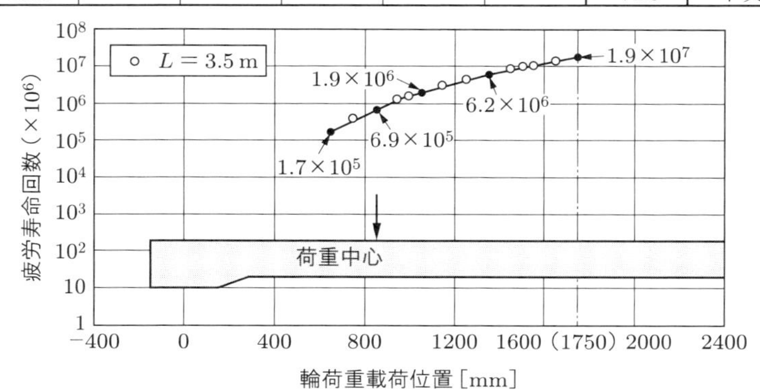

（a） 単純支持床版 $L = 3.5$ m

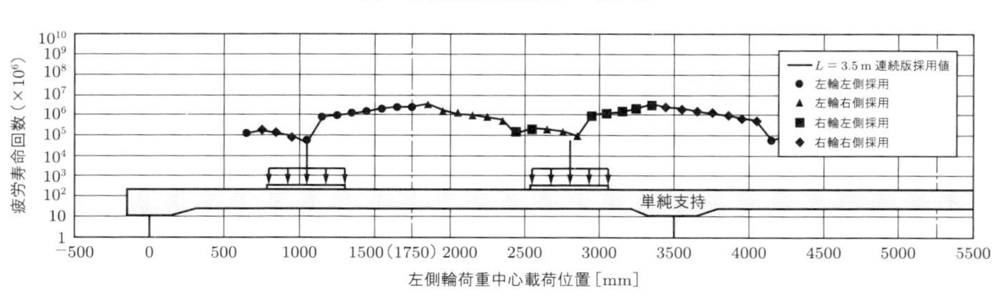

（b） 連続支持床版 $L = 3.5$ m

図 2.24　走行位置による床版の疲労寿命 [28],[29]

詳細内容は文献 [29] に示すが，単純版の場合は床版支間中央における疲労寿命が最も長く，支持辺へ向かうに伴い，疲労寿命は大きく低下する．しかし，連続版の場合は，最大せん断力の位置が急変する箇所があり，これは単純版と異なり，とくに床版支間長が長いときには，①2輪が1床版支間内に載荷される，②主桁を挟んで載荷されている，③荷重が主桁近傍に載荷される，などのケースでは急激に疲労寿命が短くなることが確認されている．なお，この手法では，輪荷重端が主桁近傍（650 mm）の範囲（特異点）内に入った場合には，その箇所は特異点としてその値を採用せず，分析から排除している．このように，床版の疲労寿命は大型自動車の走行位置に大きく影響を受けることから，床版の支持位置と自動車の走行位置との関係を考慮した疲労設計が求められる．

2.4.3　床版支持桁配置の提案

前述の結果より，大型自動車の走行位置は，**図 2.25** に示すように，車輪がハンチあるいは主桁上となるよう工夫するのがよい．逆に，1床版支間長内に2輪が載荷して，車輪縁端が主桁近傍に載荷される場合や，主桁を挟んで載荷するケースでは，車輪縁端に作用するせん断力が大きくなるため，床版の疲労寿命が極端に低下する．すなわち，床版のせん断疲労設計では，大型自動車の走行位置を考慮した最適な主桁配置を検討することによって，本来の長寿命化が実現できるといえる．

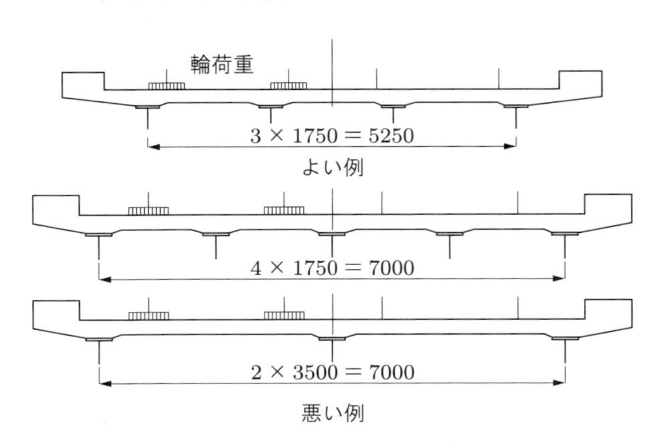

図 2.25　走行位置の良否 [29]

第3章 床版長寿命化のための水の制御

■3.1　床版面への滞水防止対策

3.1.1　滞水しない橋面構造

1.1 節に述べたように，RC 床版の上面は，車両の走行に伴う疲労損傷のほか，塩害や凍害によっても床版上面に土砂化（骨材化）を生じ，剛性の低下に伴って舗装の沈下が進みポットホールの発生に至る．当然，橋の構造だけでなく，コンクリート，および舗装の品質や交通量，供用環境などに応じてその現れ方には差が生じる．さらに，水が浸入すると，床版の疲労劣化が急速に進むため，床版防水層を設置することが重要となる．この際，床版への水の影響を遮断する層を設けるだけではなく，橋面に水が滞留しない構造配慮や排水設備を設け，即時に排水することが重要である．橋面上に雨水が滞留すると，舗装混合物自体の劣化や，舗装と防水層間の付着切れに起因するポットホールの発生につながる．**写真 3.1** に，滞水に起因するポットホールの事例を示すが，このような舗装損傷は自動車の走行性に大きく影響する．また，万一，防水層が破断するなどして防水性能を保持できなくなった場合においても，雨水などをすみやかに排水することにより，コンクリート床版の劣化を極力遅らせることにもなる．橋面上の一般的な排水設備は，**図 3.1** および**表 3.1** に示すように排水桝や水抜き孔，導水帯，導水パイプなどから構成される．床版防水層と排水設備を併せて床版を水から守るシステムとみなし，「床版防水システム」とよぶこともある．

床版上面の排水設備の構造形式や配置，流末処理などについては，構造物の計画段

写真 3.1　排水不良により発生したポットホール[1]

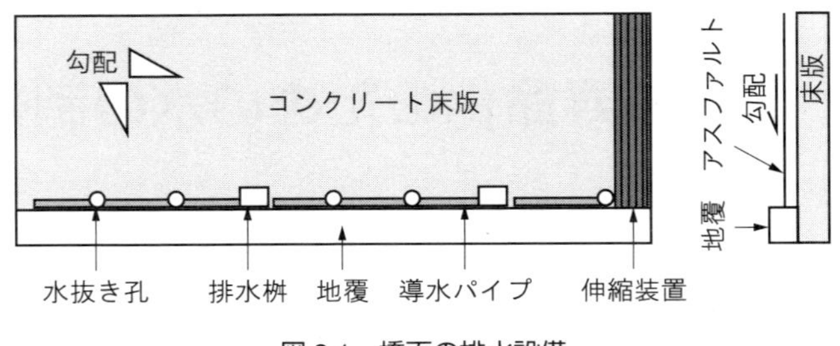

図 3.1　橋面の排水設備

表 3.1　床版の水抜き孔設置間隔 [2]

縦断勾配	設置間隔 [m]
1% 以下	5
1% を超える場合	10

階より，床版の勾配などを考慮したうえで決定される [3]．また，床版の施工後は，床版上面の凹凸などの仕上がり状態に応じて排水設計の修正を行い，必要に応じて水抜き孔を設置するなどの措置を講じる必要がある．たとえば，伸縮装置の手前付近や，道路線形上凹部となる滞水しやすい部分は，排水桝や水抜き孔を設け，防水層の上面に滞水させないよう，とくに注意する必要がある．

排水設備を計画したうえで，その構造詳細を設計していくことを排水設計という．橋面上での排水設計の概要を図 3.2 に示す [1]．既設床版や壁高欄などを削孔して水抜き孔を設置する場合は，削孔コンクリート孔と排水パイプとの間から漏水しないように配慮された構造の水抜き孔を用いる必要がある．また，既設コンクリートの削孔に際しては，既設の PC 鋼材や鉄筋を切断しないよう，電磁波レーダ法などの非破壊試験方法により十分に調査し，位置確認後，削孔作業を行う必要がある．とくに，桁端部の伸縮装置付近の補強鉄筋が輻輳している箇所や，PC ケーブルを有する床版の削

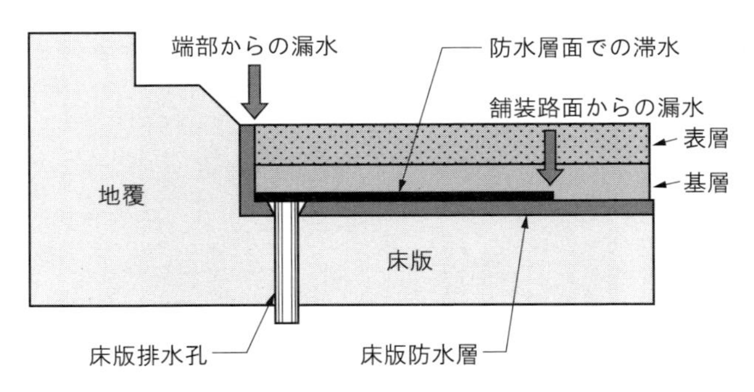

図 3.2　床版の排水設計

孔に際しては注意が必要である．また，路面，防水層面，床版面には適切に排水設備を配置し，水による床版の劣化を助長しない工夫が必要である．また，建設後に，設計で想定しない施工誤差や舗装の目詰まりなどによって滞水が生じ，ポットホールが発生することがある．この場合には，滞水箇所に床版排水孔を設置することもある．イギリスにおける床版排水孔の設置例を**写真 3.2** に示す．

写真 3.2　イギリスにおける床版排水孔の設置例 [4]

なお，維持管理段階での舗装補修工事で，排水設備への流末処理に配慮せず舗装施工を実施すると，**写真 3.3** のように，既設舗装との境界付近で雨水が滞留する場合がある．この滞水が要因となって舗装の破損に進行する可能性があるため，流末処理については常に意識しておくことが重要である．

写真 3.3　水抜き排水管上流側における滞水状況 [4]

床版防水システムの先進地域である欧州では，細部にまでこだわった排水計画がなされている [4]．そこで，以下に欧州における排水計画の事例を紹介する．建設時の床版では，床版上面に不陸が生じることがある．不陸は，排水に対して悪影響を及ぼすが，まず，これに対する処置方法を定めているドイツの事例を紹介する [5]．**図 3.3** に不陸

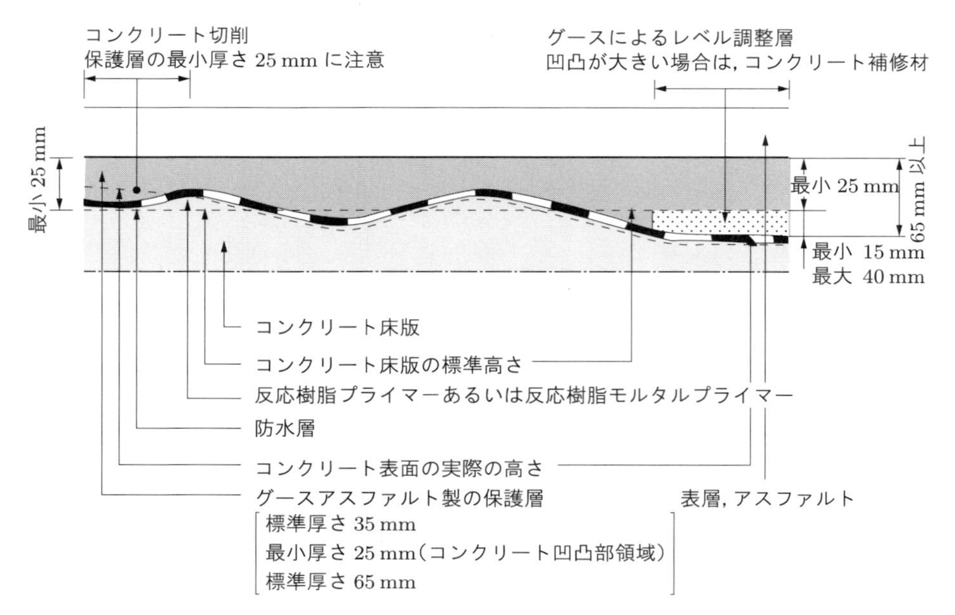

図 3.3　ドイツにおける床版不陸に対する措置例 [5]

に対する措置を示す．コンクリート表面の平坦性を保護層によって調整し，調整する高さが保護層 1 層の限界厚さを超えている場合は，保護層の上にレベル調整層を設ける．調整層が 65 mm を超える場合には，コンクリート表面の高さ調整をコンクリート補修材料で行うか，もしくはコンクリート表面を削ることで調整する場合もある．

また，スイスでは，床版の出来形に応じて床版水抜き孔を設置しており，床版のいたるところに排水管との接続パイプが確認される．また，水抜き孔と床版との境界部は，**写真 3.4**(b) に示すように，防水層によってシームレスに施工されている [4]．

（a） 床版下面の状況

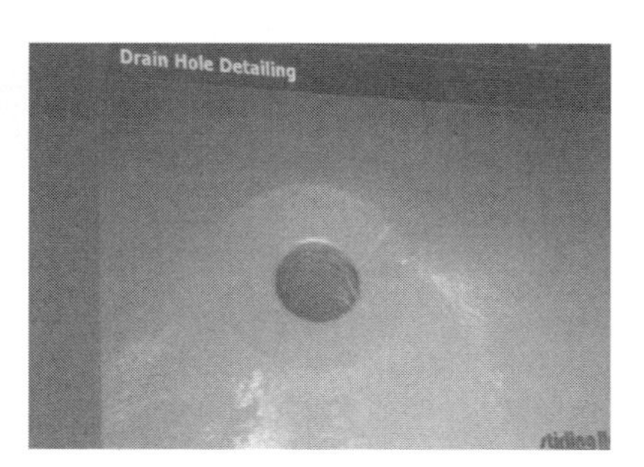

（b） 水抜き孔の拡大写真

写真 3.4　スイスにおける床版水抜き孔の設置例

3.1.2　地覆・高欄部形状の改良

橋面の横断勾配は床版表面の勾配で設定する場合が多く，一般には，地覆や壁高欄がある床版端部まで路面勾配を保っている．このため，図 3.2 に示すように，地覆や高欄の手前で舗装上面に水が溜まることになるが，防水層の端部が破損した場合や，壁高欄自体にひび割れが発生した場合には，床版内部に水が浸入することになる．

わが国では，地覆や壁高欄は床版コンクリートと一体とするために，床版防水層を地覆や壁高欄の前面で止めることが一般的[6]であり，地覆や壁高欄からの水の浸入の問題はまだ解決できていない．欧州ではこの点についても先進しており，ドイツでは，舗装の転圧が困難な端部についてはグースアスファルトで設計されており，地覆との境界部分には注入目地を設けて完全止水する仕様となっている（**図 3.4** 参照）．また，地覆前面に水が集中しないように，床版の横断勾配を地覆前面の手前 25 cm くらいからの逆勾配とし，床版防水層も地覆を越えて高欄端部まで施工している．

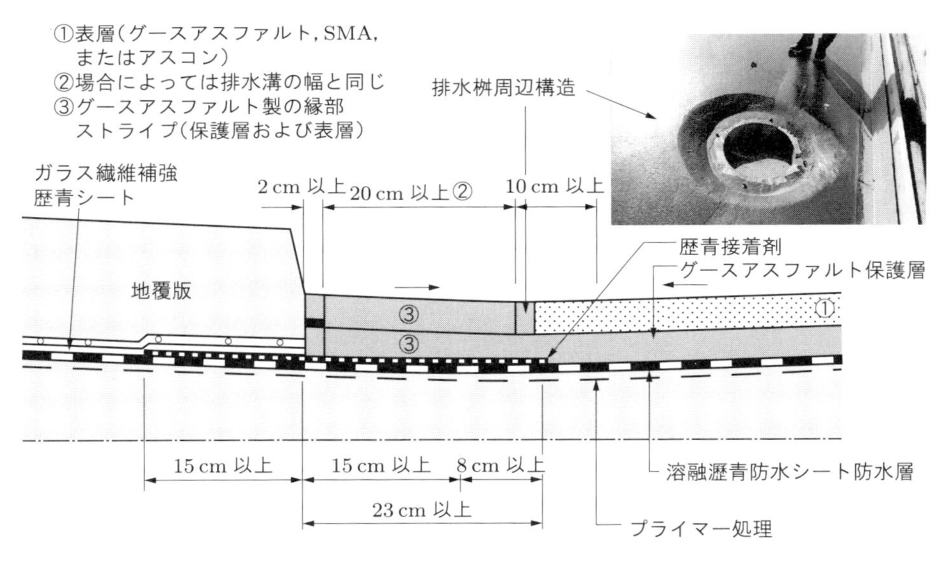

図 3.4　ドイツにおける端部構造，排水桝周辺構造の事例[5]

3.1.3　積雪寒冷地における床版上面の土砂化事例と対策

積雪寒冷地にある橋梁では，冬期間の除雪の際に，歩道前や路肩，および地覆に残雪が滞積する．日照により，融雪水が生じて歩道縁石や地覆部から床版上面へ溶け出して滞水すると，浸透水とともに凍結融解が繰り返され，片持ち部の床版上面にスケーリングや土砂化などの劣化損傷が生じる．損傷の進行が著しい場合は，上面鉄筋まで達することもある[7]．

写真 3.5 は，舗装の剥離や浮きを修繕するために舗装を撤去した床版上面である．舗装撤去直後の鉄筋露出はごくわずかであったが，1 週間ほどの工事の準備中に，スケーリングにより脆弱化した上面コンクリートが輪荷重によって剥離し，土砂化して地覆前面に溜まっている．**写真 3.6** は，地覆前面から伸縮継手の前まで土砂化現象が進行していた損傷床版である．舗装を切断して撤去したところ，点検ハンマーの軽い打撃で容易に破砕できるほど脆弱化していた．コンクリートは湿潤状態で，上面鉄筋の下方まで土砂化したコンクリートを除去したところ，底に雨水が滞留していたが，降雨直後のものではなく，以前より滞水していたことがわかった．

写真 3.5　スケーリング現象

写真 3.6　土砂化現象

RC 床版の上面が劣化すると，曲げやせん断に対する有効断面が小さくなり，疲労耐久性が低下する．これまでは，RC 床版の補修の必要性の判断は，主に下面ひび割れに着目して実施されてきたが [8]，凍害や水の影響を受ける積雪寒冷地の片持ち部 RC 床版においては，上面劣化を優先的に評価して補修・補強時期や工法を検討する必要がある．

地覆前面部や伸縮継手前面部の対策は，前述の図 3.2 のようにするのが基本である．しかし，国道など一般の道路橋の歩道部では，**図 3.5** に示すように，降雨後や歩道前の路肩部に積雪がある場合，数日経過しても歩道側に滞留している水が歩車道境界部縁石の敷モルタル部分から浸み出している場合が多い．これらの滞留水は，車道の張り出し床版内にも移動して防水層の付着を阻害するため，輪荷重の繰返し作用に伴って，床版コンクリート部材の劣化も促進される．

この対策として，縁石前面部と舗装の間に**図 3.6**(a),(b) に示すような不透水性を有する止水壁を床版コンクリート部に 10 mm 程度食い込ますように設けて，車道側への水の浸み出しを抑制するなどの配慮が必要である．止水壁を設けた場合，図 3.6(c),(d) に示すように，車道部への水の浸み出しが抑制されることが，検証試験に

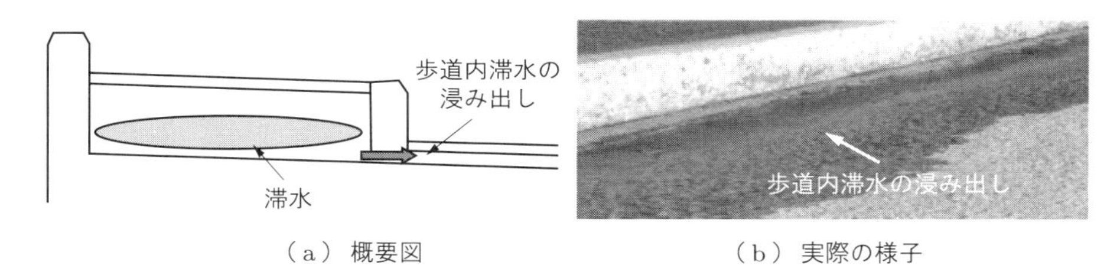

（a） 概要図　　（b） 実際の様子

図 3.5　歩道部の滞水状況

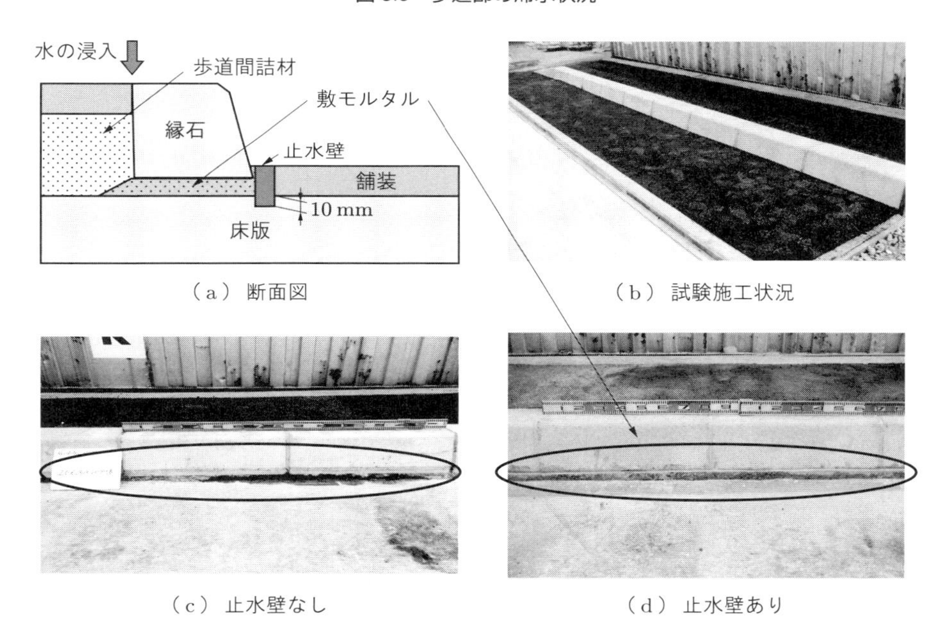

（a） 断面図　　（b） 試験施工状況

（c） 止水壁なし　　（d） 止水壁あり

図 3.6　縁石部の浸み出し対策

より確認されている．

■3.2　床版防水システム

3.2.1　床版防水システムの役割と性能評価基準

床版の耐久性を確保するには，床版への水の浸入を確実に遮断する防水層の設置が不可欠であるが，防水層そのものや防水層と一体となって機能する舗装や床版コンクリート上面のひび割れを含めた床版自身の透水性，通気性については，現在のところ十分に評価できていない．

2005 年の道路橋床版高機能防水システム研究委員会報告書「道路橋床版高機能防水システムの耐久性評価に関する研究」[9] では，「床版・防水層・舗装」の三位一体で防水機能をもたせること，さらに，排水システムも加えて床版防水システムとして検討すべきであることが示された．

実際に車両が走行する路面においては，車輪の通行帯の中心部の幅 50 cm 程度の位置で，橋軸方向に舗装面の波寄せが連なりわだち掘れが生じる．これに伴って，防水層には橋軸直角方向の繰返しせん断力が増加し，夏場にはわだち掘れが顕著となると考えられている．したがって，これらの状態での防水層の損傷の有無を調べる必要がある．さらに，床版コンクリートに貫通ひび割れがある場合，連続桁支点付近の負曲げ部や支間中央部のたわみが最大となる部位付近では，ひび割れ開閉が繰り返されることによる舗装割れの発生が推測される．このとき，防水層にも亀裂が生じているのか，あるいは舗装だけにひび割れが発生しているのかを正しく確認しておくことも必要である．

防水層の設計，施工に関しては，2002 年以前は道路橋鉄筋コンクリート床版防水層設計・施工資料 [10] があったが，床版防水層の設置は明確に規定されていなかった．しかし，水の浸入による床版の劣化損傷が多発するに至り，平成 14 年（2002 年）の道路橋示方書 [11] の改訂によって初めて床版への防水層の設置が義務付けられた．これに伴い，防水層設計・施工資料も，平成 19 年（2007 年）に道路橋床版防水便覧 [6] として改訂された．その後，土木学会において，床版上面の下地処理，防水層，舗装，排水設備を一体的に防水システムとしてとらえ，そのシステムに求められる要求性能をカテゴリー 1 ～ 5 に分類して設計するガイドライン（案）が 2012 年にとりまとめられた [1]．

これらの基準やガイドラインでは，ホイールトラッキング試験や静的なせん断試験によって性能評価を行うことと記載されているが，せん断疲労試験やひび割れ開閉負荷試験による耐久性の評価手法については，参考資料として巻末で紹介されるに留まっている．静的なせん断試験を例にとってみても，通常行われている直接せん断試験機での載荷速度は，交通車両が制動時に舗装へ与えるせん断速度と比べて極めて遅く，実際の高速でのせん断負荷とは合致していない．実橋を模擬した FEM 解析においても，その速度を反映した評価を行った研究は見当たらない．このような状況の中，一部の道路管理機関では，より安全で耐久性の高い橋梁管理を行うことを目指し，新しい防水層の性能評価基準の確立に向けた取り組みが開始されている [12]．

3.2.2　耐久性能確認試験

防水層が保有すべき基本的な性能は，防水便覧などに示されている試験方法によって評価されているが，防水便覧では試験方法が紹介されるに留まっている．外力や変形に対する耐久性能の評価については，NEXCO 基準 [13] で定められているのみで，防水層に対する要求性能の明示と，要求性能を評価する試験方法の確立が急がれている．しかしながら，最近では一定の供用条件，荷重条件を想定した試験方法が開発され，これらの試験条件を保証できる新たな材料開発につなげられる環境が整いつつある．

ここではその中から，防水層が保有すべき動的耐久性能の評価試験方法として，ランダムトラバースホイールトラッキング試験[14],[15]，せん断疲労試験[6]，ひび割れ開閉負荷試験[6]について紹介する．

(1) ランダムトラバースホイールトラッキング試験

この試験方法は，図3.7に示すように，小型輪荷重走行試験機とホイールトラッキング試験機を組み合わせて，一定軌道上を往復走行する輪荷重が舗装付き供試体を通過するごとに，供試体を載せたテーブルを確率分布に従ってランダムに横移動させる方法である．これによって，ある一定の幅の中で輪荷重の通行位置を変えることができ，舗装が受けるせん断変形をより実態に近い形でシミュレーションすることができる．載荷荷重や走行回数は，要求性能に応じて設定することになる．

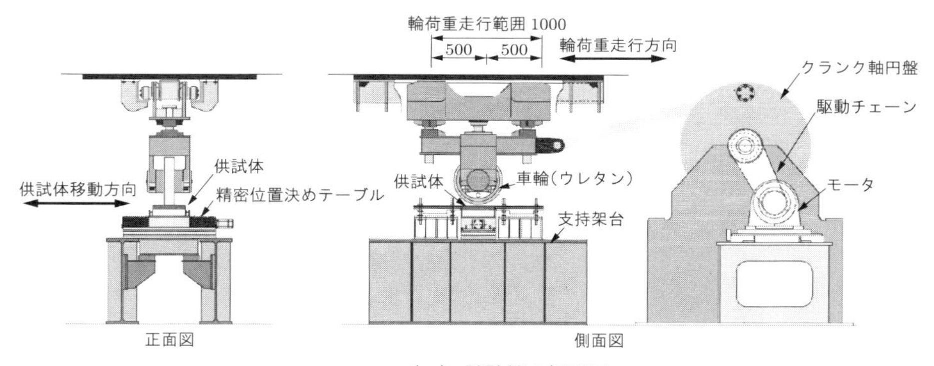

（a） 試験機の概要図

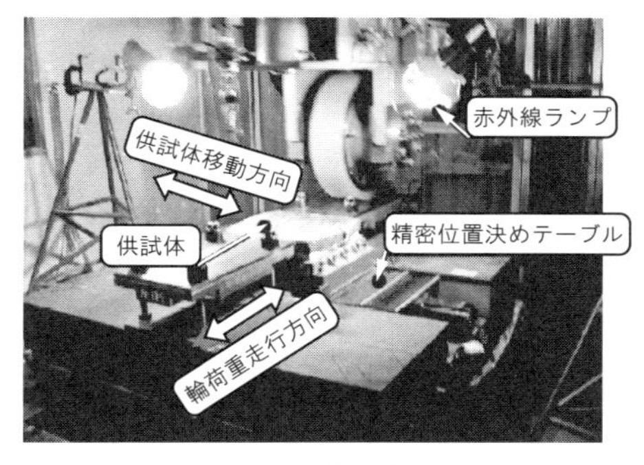

（b） 実験の様子

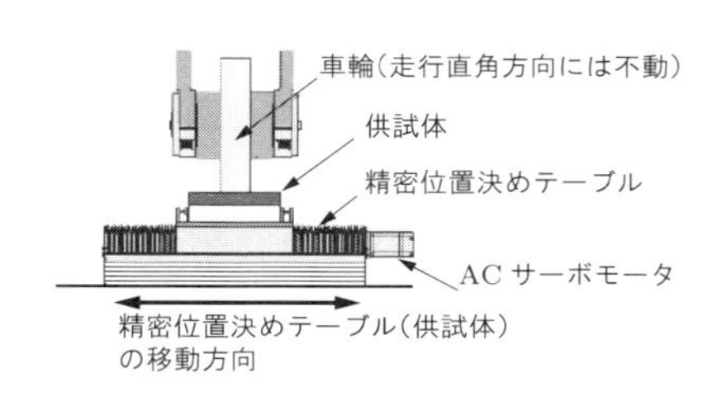

（c） 供試体周辺部の概要図(正面図)

図3.7　ランダムトラバースホイールトラッキング試験[15]

この試験装置を用いて，舗装のわだち掘れによる床版防水層と舗装とのせん断接着性能を調べる試験が実施されている[15]．試験体は，縦300 mm，横300 mm，厚さ60 mmのコンクリート平板に防水層を施工し，舗装を40 mm敷設したものである．実験終了後に供試体を切断して舗装内部の変形状態を確認するために，**図3.8**のように，舗装厚さの全厚にわたってϕ 3.5 mmの鉛直削孔を行い，その中にϕ 3.0 mmのハンダを挿入して，ホイールトラッキング負荷に伴う舗装の変形が確認できるようにしている．

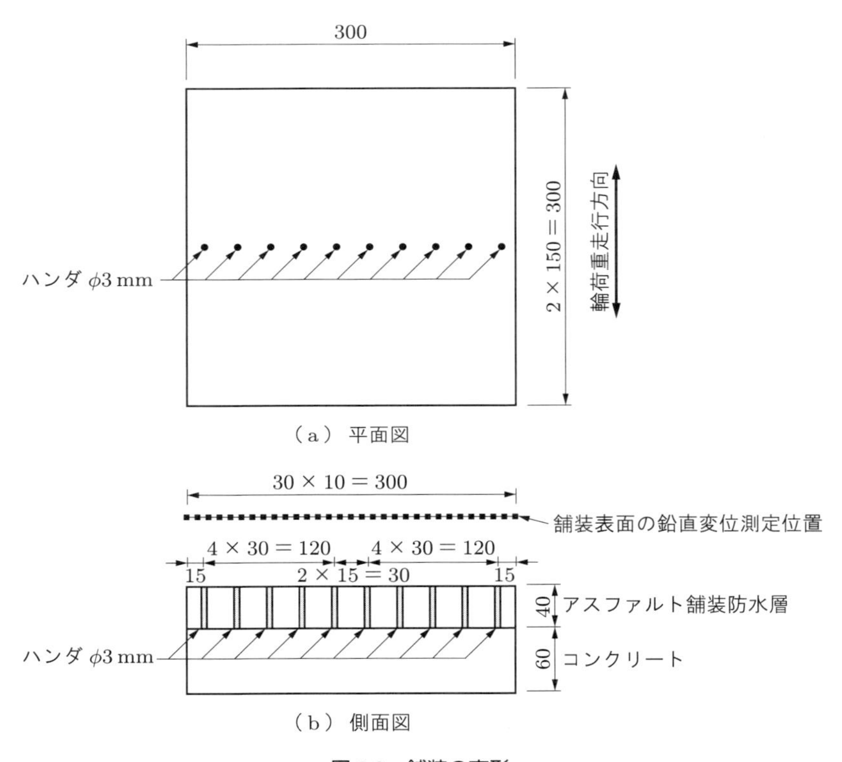

図3.8　舗装の変形

この試験による舗装断面内部の変形状況（ハンダの変形）および舗装表面の鉛直変位の例を，**図3.9**および**図3.10**に示す．これらの図から，防水層の種類に応じて舗装の変形も大きく異なり，大別して二つのパターンに分類できることがわかった．

一つ目は，ケース3,4の試験体のように鉛直変位や横ずれ（水平変位）が少なく，防水層と舗装が比較的よく接着しているパターンである．このことはハンダの変形状態から，防水層と舗装との界面ずれが少ないことからも見てとれる．二つ目は，防水

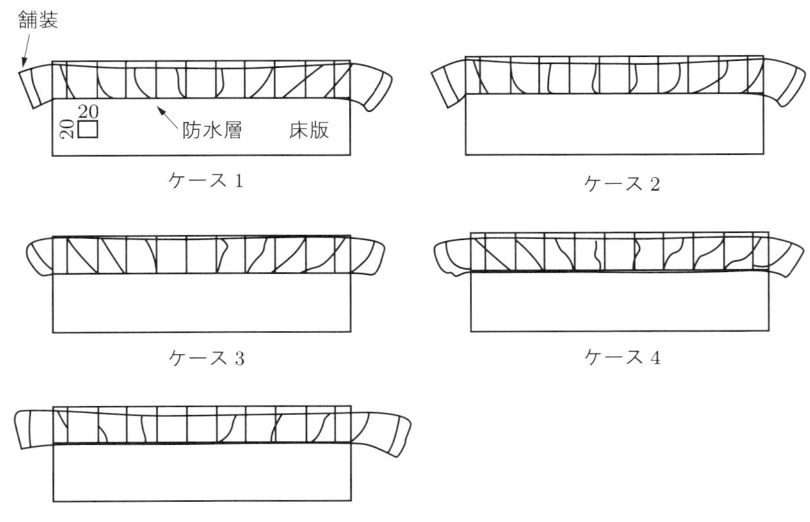

図 3.9　実験終了後の切断面の変形

層と舗装が剥離し，繰返し載荷に伴って徐々に界面付近の水平変位が大きくなるパターンで，ケース 1,2,5 がこれに相当する．

このような舗装の変形からわかることは，防水層と舗装がよく接着し，接着面の疲労耐久性が高いほど，舗装の変形も少なくわだち掘れの進行も少ないということであろう．このような性能評価試験はこれまで行われていないので，耐久性の評価に有効な試験方法となることが期待される．

ところで，実際に走行している大型トラックには，その後輪軸重が設計軸重の 2 ～ 3 倍のものが多く計測されていることもあり，通常の設計荷重では十分な付着力や耐久性があっても，過積載車両のわずか 1 回の通行だけで剥離を生じる恐れがある．現在の防水層が有する舗装との付着力に 2 倍の余裕はないと考えられることから，過積載車の取り締まりはもとより，安全係数が 2 以上となるような接着力向上の工夫が必要である．

(2) せん断疲労試験 [6]

車両が通過する際には，舗装と防水層との境界にせん断力が繰返し作用することが考えられるが，そのようなせん断力に対する疲労耐久性についての研究は少ない．防水便覧でも紹介されているように，松井らは**図 3.11** に示すような楕円形のカムを水平面上で回転させることで，ばねの先端に設置した試験体に強制的な水平荷重を加えることができる回転式疲労試験機を開発し，放射状に 3 体の供試体を配置して，3 体

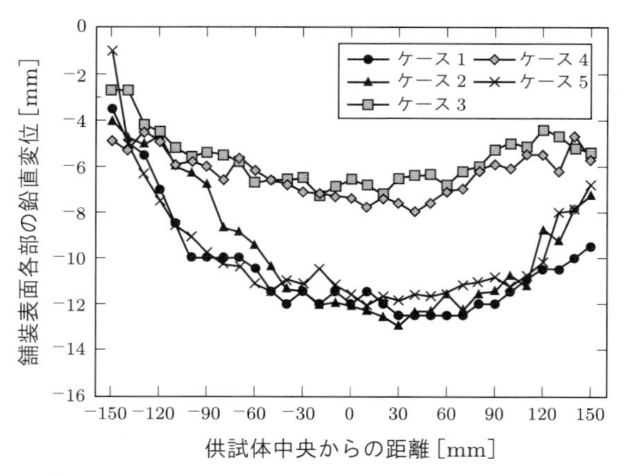

（a）実験終了時における舗装表面の鉛直変位の分布

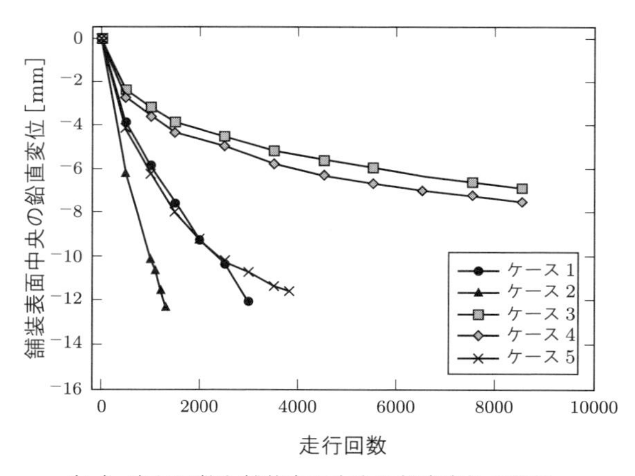

（b）走行回数と舗装表面中央の鉛直変位の関係

図 3.10　変位の測定結果

同時のせん断疲労試験を可能にしている．また，**図 3.12** に示すような，EU で採用されているせん断試験装置（試験体を 15 度傾けて設置する）を改良したせん断疲労試験機によるせん断疲労試験も実施されている [12]．この試験装置は，試験時に試験体に生じるせん断変形に対して，水平方向の摺動を可能とするベアリング機能を有しており，試験体に余計な外力が与えられないなどの工夫が施されている．試験体は，平面寸法が 300 × 300 mm で厚さが 100 mm のコンクリート平板の上面に防水層を設置し，舗設を行った後，それを 4 等分にしたものが使用される．

試験結果は，いずれの試験についても，荷重載荷回数 N と舗装とコンクリートとの間のずれ δ の関係から，**図 3.13** に示す方法で，使用限界寿命と限界ずれを算出し，

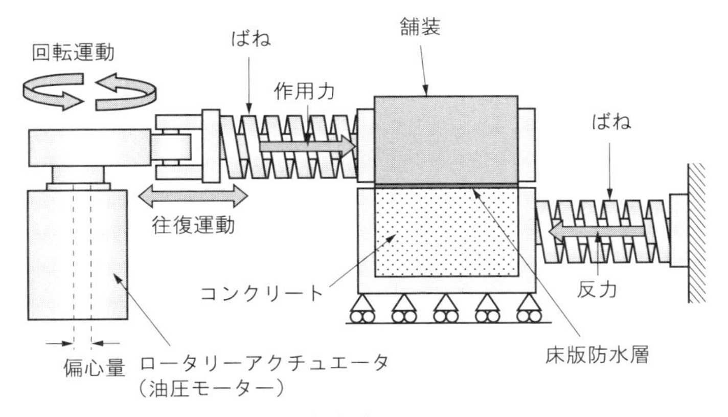

（a）概要図

（b）実際の写真

図 3.11　三軸せん断疲労試験機 [4]

使用限界寿命が防水層を施工しない場合以上であることを照査することとなっている．なお，せん断疲労に関する試験研究は，その有用性が指摘されているにもかかわらず，使用できる試験機の数が少ないことや試験方法および試験結果に対する評価手法が明確に定められていないため，今後も研究の継続による試験方法の規格化が望まれる．

(3) ひび割れ開閉負荷試験 [6]

床版は，コンクリートの乾燥収縮によって橋軸直角方向に全厚にわたってひび割れることもある．また，走行輪荷重の繰返し作用による交番せん断力やねじりモーメントによっても，床版上面に橋軸直角方向のひび割れが生じ，これらが交通荷重や温度変化の影響を受けて開閉を繰り返す．また，連続桁橋の中間支点上の床版には，桁曲げ作用によって，やはり上面から全厚に至る橋軸直角方向のひび割れが生じる．以上のような床版上面に発生したひび割れ上の床版防水層は，ひび割れの幅と開閉量およ

（a） せん断疲労試験機

（b） 試験体の概要図

図 3.12　せん断疲労試験 [12]

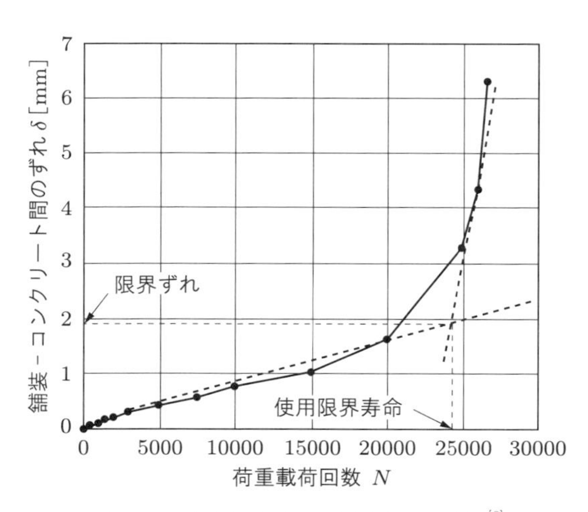

図 3.13　使用限界寿命，限界ずれの定義 [6]

びその繰返しに対応して伸縮できる性能を有する必要がある．その性能を確認する目的で，EUではひび割れ開閉負荷試験を規定して性能保証を行っており[1]，わが国でもNEXCO各社[13]や阪神高速道路㈱ではこの試験方法による性能評価を行っている．

このひび割れ開閉負荷試験では，試験条件としてひび割れ開口変位，繰返し回数，試験温度を設定することとなっている．試験条件の設定に当たっては，道路管理者が対象橋梁のひび割れ開閉変位量，交通量，設計耐用期間などを参考として決定することとなっている．たとえば，ひび割れ開閉負荷試験をわが国で最初に導入したNEXCOでは，重交通路線におけるRC床版に対する舗装の設計耐用期間を30年と想定し，試験条件として初期ひび割れ開口変位0.25 mm，ひび割れ振幅±0.15 mm，ひび割れ開閉負荷の繰返し回数480万回と定めている．負荷試験後には，防水層の破断による漏水がないことを確認するため，水圧0.5 MPaを与えた透水試験「防水性試験Ⅱ」[6]を行い，試験体を割裂して漏水の有無を確認することとしている．この試験方法は，阪神高速道路㈱でも採用されている[16]．

防水層材料の伸縮特性は温度依存性があるため，わが国では－10℃の低温下での性能評価まで行っている．EUでは－20℃まで，最近の北欧仕様として－30℃での試験も行われている．このような過酷な試験条件ではあるが，わが国では，4～5製品の高性能な防水層が開発されている．

参考までに，NEXCO，およびEUにおけるひび割れ開閉負荷試験の概要を図3.14，および図3.15に示す．

3.2.3　防水システムに要求される性能と課題

床版の寿命が大型車交通量の増加や凍結防止剤の大量散布などの厳しい環境作用により，想定されていた年数よりはるかに短くなっているため，現状では30～50年で床版を取り替えなければならない橋梁が増えてきている．その原因は，塩害，アルカリ骨材反応，凍結融解，中性化などが複合して作用し，これに床版内に浸入した水が損傷の進行を促進させている．また，松井らの研究により，水が滞留した床版に繰返し輪荷重が加えられると，コンクリート中の骨材とセメントの間にすり磨き現象が起き，セメント粉が遊離してくることが解明されている[17]．これが写真3.7に示すような，いわゆる床版の土砂化現象の大きな要因と考えられている．

また，床版の痛みが激しいため，使用後わずか20年程度で，防水工を伴う全面舗装打替えを行い，さらにその15年後には，床版の全面取替えに至った事例も少なからず報告されている[18]．そのような劣化が進行した床版に安易に防水層を選定し施工しても，輪荷重の作用により短期間に防水層が破壊されて漏水し，ひび割れが増長するため，結局十数年で床版を取り替えねばならないことになる．

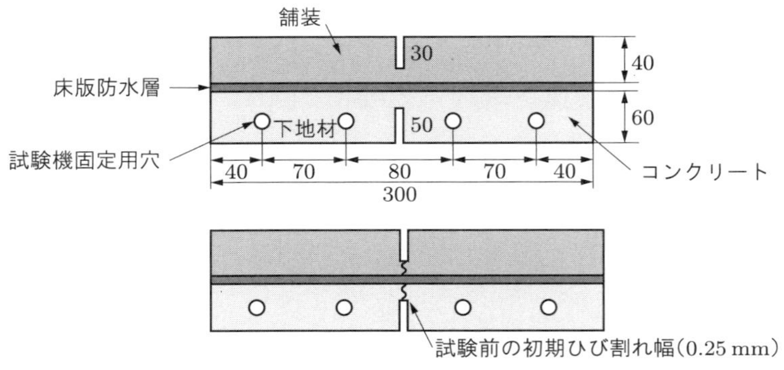

（a）ひび割れ開閉負荷試験供試体

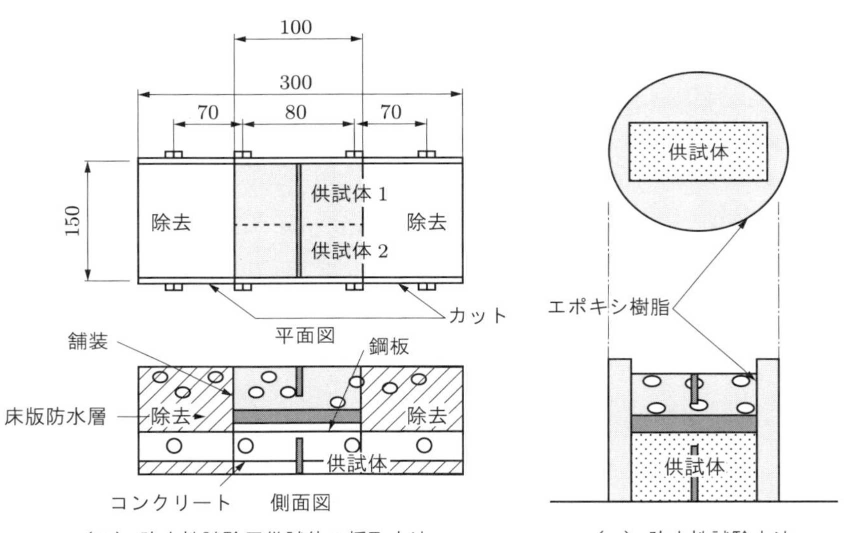

（b）防水性試験用供試体の採取方法

（c）防水性試験方法

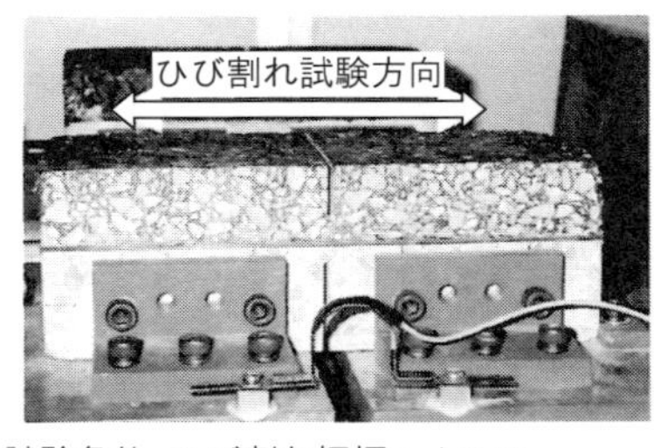

試験条件　ひび割れ振幅：±0.15 mm
負荷回数：480 万回
振幅速度：5 ～ 10 Hz（正弦波）

（d）試験方法

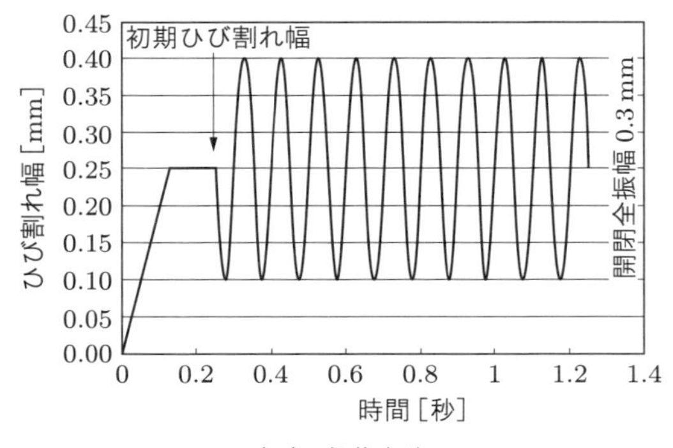

（e）負荷方法

図 3.14　NEXCO の規準によるひび割れ開閉負荷試験（試験法 433,2013）[13]

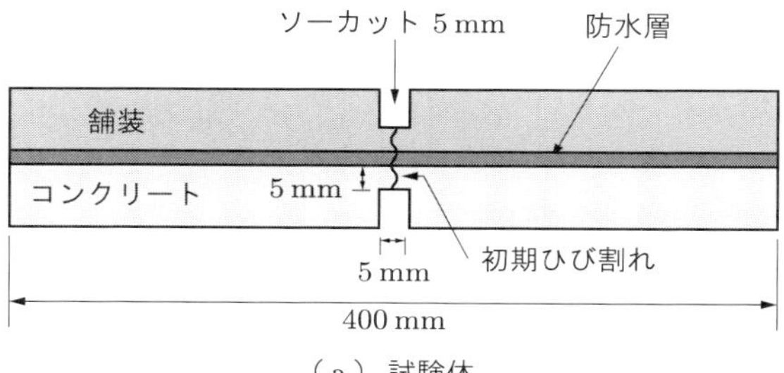

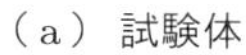
（a） 試験体

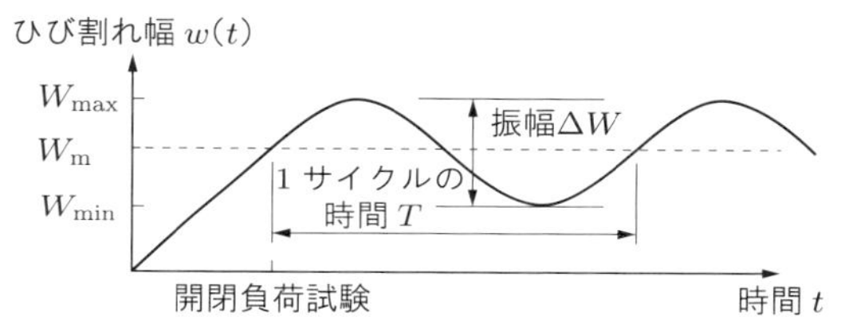

試験温度：0, −10, −20, −30℃, 地域に依存した温度
初期ひび割れ幅：0.20 mm（W_m）
ひび割れ振幅：±0.12 mm（$\Delta W = 0.24$ mm）
負荷回数：10000（固定）
振幅速度：1 Hz（固定）

（b） 負荷条件

図 3.15　EURO 規準のひび割れ開閉負荷試験（EN14224,2010）[1]

松井らの研究成果[19]から逆にわかるのは，乾燥条件下の RC 床版は滞水状況下の 100 倍の疲労耐久性があることであり，このことを忘れてはならない．

以上から，床版の長寿命化を達成するには水の制御が最も重要であるが，その方法として次のようなものが考えられる．

写真 3.7　床版表面の土砂化（建設から 30 年後）

(1) 長期にわたり床版を完全に防水する構造

①床版に水を一切滞留させない有機物と無機コンクリートのハイブリッド構造を達成できれば，乾燥床版として湿潤床版の100倍近い寿命延長が達成できる.
②ひび割れしにくい超高強度床版の使用や，PC床版にすることが考えられるが，打継目や端部に漏水の弱点が生じるので，その部分の防水の工夫が必要である.
③床版系内に水を滞留させないような床版上下面の水抜き構造の工夫が重要である.

近年グースアスファルトや舗装の改良によって床版に水を到達させない技術も検討されている. しかし，アスファルト合材は一般に高温（50 ～ 60℃）で強度が低下し，輪荷重による流動や変形は避けられず，長期に防水性能を維持するのは極めて困難な課題といえる.

(2) 舗装合材を床版と一体化する方法

舗装に要求される性能として，舗装と床版が密着し，長期にわたり輪荷重を分散させて，床版に作用する局部応力を緩和する性能がある. 床版防水層は，舗装と床版の境界面に施工されるので，防水層がない場合と同等以上に，舗装と床版間のずれを拘束する機能が要求される. ヤング率の異なる床版，防水層および舗装合材の界面において，曲げによるせん断応力が発生する. 3者は，このせん断応力の繰返しに対し，長期に接着力を維持しなければならない. 同時に，夏には一般的に舗装合材が高温(50 ～ 60℃）になるので，輪荷重でわだち掘れが生じやすくなるため，このときの合材変形に対する抵抗力をもつ必要がある. せん断抵抗力が低いと舗装がずれ，舗装と防水層の界面に空間ができ，そこに水が溜まると，舗装にポットホール現象が生じる. このような不具合が生じるのは夏期なので，高温時の防水層と舗装合材とのせん断接着強度が高い防水層あるいは舗装接着材が望ましいが，数値的には舗装合材のせん断強度以上の接着強度が防水層と舗装合材の界面で得られれば問題がない. また，澤松らの各種の床版防水システムを使ったランダムホイールトラッキング試験[15]に示されているように，わだち掘れの大きさは防水層と舗装合材とのせん断接着力の大きさに反比例する.

舗装合材と防水層間の高温でのせん断接着力は，接着技術に依存する. 瀝青系の接着材は，合材とのなじみがよく引張接着性は高いが，一般的に高温で軟化するためせん断接着力は低い. このため，ケイ砂や硬質骨材，不織布などによる物理的なせん断抵抗の増加（ジベル効果）が必要である. 熱可塑性樹脂による舗装接着材は，舗設時に合材の熱容量により融解接着させるものであるため，樹脂の融点や流動性および合材界面の接着面積が接着力に影響する．したがって，この接着工法による場合は低融点の樹脂が有利である．しかし，舗設後は融点の高い熱可塑性樹脂のほうが高温時のせん断接着強度は高くなり，わだち掘れも少なくなる．このように，熱可塑性樹脂により防水層と舗装を一体化するには，材料の選択に詳細な検討を必要とする．

また，防水層と床版との接着強度は，ほとんどの工法で 1 N/mm^2 以上の強度が得られている．しかし，不具合が生じるほとんどの原因は，施工時の床版コンクリートの表面状態に起因する．レイタンスや養生剤の残留，補修床版における切削床版のひび割れ，残存アスファルト，残存水，補修コンクリートの影響など，床版との接着不良による舗装のトラブル（そのほとんどはブリスタリング）は施工の不具合であり，ほとんどの場合施工後 1 年以内に発生している．施工直後から防水層の下面に床版から発生した水蒸気が夏季に舗装合材を持ち上げ，舗装のポットホールとなって顕在化する．したがって，水蒸気圧（60℃で 0.02 MPa）より高い接着強度が床版と防水層間に確保できれば，この問題は回避できる．すなわち，きちんと管理された床版防水システムであれば，このように界面で不具合を生じることはない．

以上をまとめると，舗装と一体化した防水層を得るためには，床版上の不純物を取り除き，床版面の上に要求性能を満たす強度をもった舗装接着材を含む防水層を設け，高温時にもせん断強度の高い舗装接着システムを採用する必要がある．

(3) 防水層上の排水機能を備えた床版防水システム

基層のアスファルト合材下面側にひび割れがある場合や防水層界面に空隙があると，水が防水層の上に滞留する可能性がある．この水は，通常床版の横断勾配により地覆側に徐々に流れ，舗装内に埋設した排水孔に流入するように設計されているが，床版の仕上げ精度により，床版表面に滞留する場合がある．アスファルトが高温の水により加水分解することは，温水ホイールトラッキング試験などで実証されている．そのため，防水層と舗装との界面に水が滞留することは避けなければならない．とくに，輪荷重走行位置での滞水は，舗装のポットホールの発生につながる．このような現象は，勾配下側の伸縮継手付近にも多く見られ，伸縮継手前面に集まった水に対しては，床版上面に勾配をつけることにより排水しやすくしたり，水抜き孔を設置したりする必要がある．イギリスなどでは，この問題の解決のために，伸縮継手前方部に排水孔が設置されている．

また，高欄や中央分離帯に流れ込んだ水は防水層上に供給されるため，その水の処理も考慮しなければならない．高欄のひび割れから入った雨水が張り出し床版下面に伝わり，コンクリートの剥落を起こしている例も数多く見られる．また，排水桝周りの床版面の排水が悪く，その周りから輪荷重が作用する走行帯まで水が滞留し，ポットホールを起こしている例も見られている．この問題に対してNEXCO 3社の設計要領[3]では，**図3.16**のように，床版の滞留水に対して排水孔を設けることや，**図3.17**のように，排水桝も防水層表面の水を取水できるようにすることを規定している．

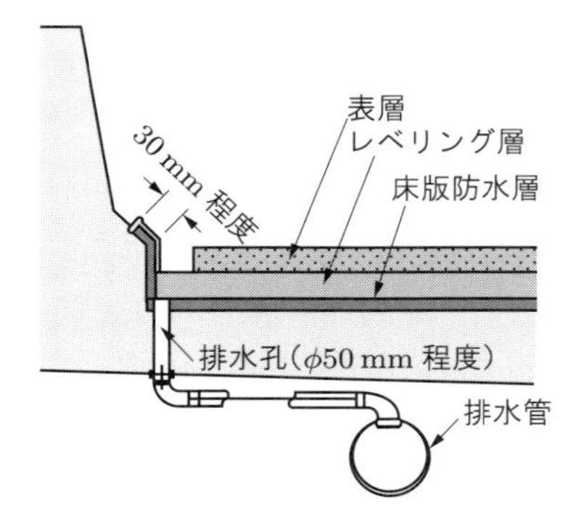

図3.16　防水層上の排水孔の設置

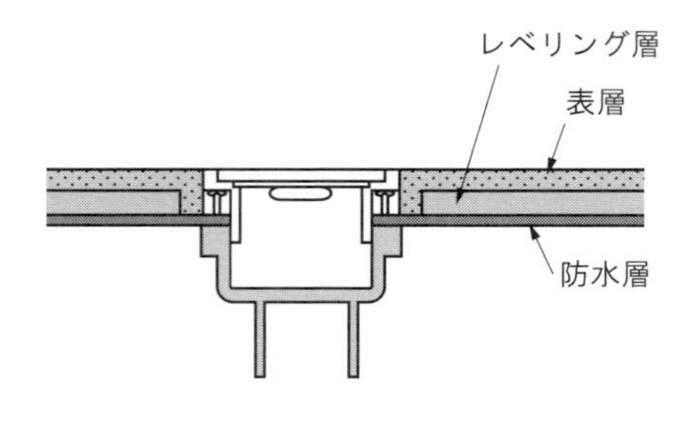

図3.17　防水層上の水の排水桝への誘導

欧州では，**図3.18**のように，伸縮継手からの漏水を防ぐために，伸縮継手手前の500 mm程度離れた位置に水勾配の最下点を設けている例が見られる．

このように，防水層上に水を滞留させないようにするのは，補修時においても同様である．よく見られる不具合は，部分補修を行った周辺で再びポットホールが発生する例である．これは，補修境界の継目面を接着剤などで止水するため，その部分が補修部より高くなり，内部に水が滞留しポットホールを起こしてしまう例である．部分補修時には，流れてくる水みちを考慮して補修する必要がある．

また，輪荷重下の防水層上の滞留水が原因で舗装に不具合が起こった場合は，くぼみをなくし水勾配をもたせる工夫や，床版内の鉄筋を傷付けないような貫通孔を設けることも有効である．

以上より床版防水システムとは，床版に水を浸入させないことと同時に，舗装内に滞留した水の排水をすみやかに行って初めて要求性能を満たすことができる．

(4) 補修用の短時間床版防水工

既設橋における舗装取替え時に行う防水工の施工時間の制約は，わが国特有の問題である．欧米では，橋梁の車線数が多く，交通規制を行っても2車線以上が確保できるだけでなく，激しい交通渋滞もないため，長時間をかけて床版防水工事を行える．しかし，車線数の少ない日本の橋梁は常に交通渋滞を招く可能性があり，床版の補修工事は短時間で行わなければならない．また，高速道路などでは，短期間の集中工事で大面積の補修を行う必要がある．ひび割れした床版こそ，耐久性のある防水工を施

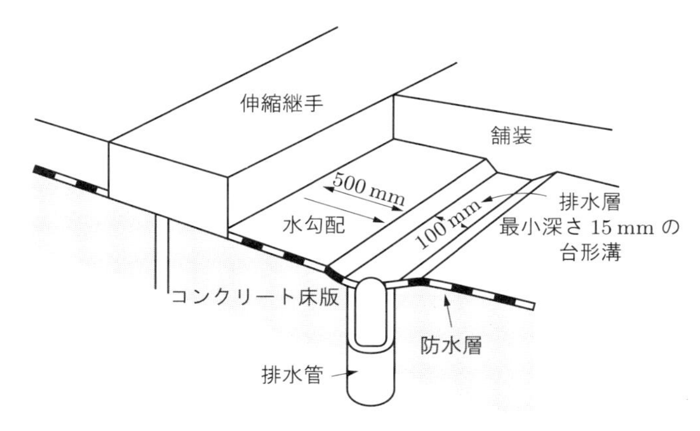

図 3.18 ジョイントの手前 50 cm 位置に設けられた防水層上の排水溝[20]

す必要性が高まるので，短時間に施工できる耐久性のある高機能床版防水工法の開発が喫緊の課題となっている．

高機能床版防水工を短時間で施工するに当たり問題となるのが，下地の仕上げ方法である．簡易な瀝青系の防水工は，通常切削機による処理後，アスファルト残分などを簡単に研掃機などにより処理清掃し，その後すぐに防水工が施工されている．しかし，多くの高機能床版防水に使われる床版用のエポキシやアクリルプライマーは，アスファルト成分とカットバックを起こし接着不良を引き起こす．そのため，既設床版に補修用の高機能床版防水を施工する前には，アスファルト舗装切削後にショットブラストやウォータージェットにより，床版表面の残存アスファルトを除去する必要がある．床版を余分に切削しない意味でも，また，切削後の不陸粗面での多量のプライマーを使用しないためにも，切削はアスファルト合材を 10 mm 残しで行い，その後，残存アスファルトを撤去し，研削機で床版上面を平坦にした後にショットブラストによる処理が求められている．このような工程は少なからず時間を要し，短時間の交通規制内で作業を行うには厳しい．短時間で行う下地処理方法として，欧州では，切削機の歯の形状を小さくしたファインミルが使用されている．この切削機を利用すると，床版表面の切削深さを数 mm の範囲に抑えることができる．

3.2.4 床版の長寿命化に向けて

コンクリート床版の防水に関し，わが国より歴史の古い欧州の規格[4]を見れば，欧州ではこの問題をいかに重要視しているかが理解できる．前述したように防水工の耐久性に対しては，高温から低温までの環境に応じた厳しい性能照査を行い，かつ，防水層の構成も，図 3.19 に示すように 2 重 3 重の漏水に対する防護を行っている．

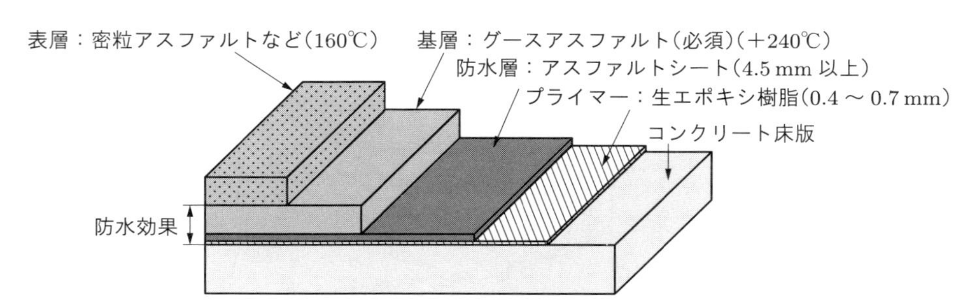

図 3.19　EU 規格のアスファルトシート防水[4]

すなわち，床版上面の脆弱層をウォータージェットにより完全に除去した後，無溶剤のエポキシ樹脂を2回に分け0.4 ～ 0.7 mm 塗布する．これだけでもひび割れがなければ防水効果が得られるが，この上に日本の防水シートの2倍以上ある4.5 mm 厚以上のSBS樹脂などを多量に含有するアスファルトシートを熱融着する．さらに，日本では鋼床版の防水として使用しているグースアスファルトを基層として施工しており，グースアスファルトを使用しないときは，アスファルトシートを2層にして施工している．これらの仕様は，日本の防水層と比べて3重以上の防水を施していることを意味する．これは，床版防水に対する歴史の差といえる．

床版に高機能の床版防水システムを施工することにより，数十年の寿命延長が可能となる．しかし，床版の劣化は上面だけでなく，下面の剥落，中性化，飛来塩分による塩害なども多く見られる．コンクリートのかぶり厚さが少ない高欄部には，車両からの凍結防止剤に含有する飛散塩分により，表面コンクリートが剥落する現象が多く発生している．また，橋梁の桁端部では，伸縮継手からの塩分を多く含んだ水の漏水で塩害や凍害，ASR など様々な不具合症状が発生している．

このように，床版を長期に保護することを考えると，あらゆる部分で床版に浸入する水を防ぐ構造が重要になる．コンクリート床版を熱可塑性樹脂などで完全に覆い，水，および空気の侵入を防ぐことにより，コンクリート床版の寿命を格段に延ばすことができる．すなわち，床版内を常に乾燥状態に保つことにより，コンクリートの劣化要因である塩害，凍害，中性化，ASR などすべての損傷要因から床版を守ることができる．このような状態にするには，**図 3.20** のように，高欄部を含むすべてを合成樹脂などにより覆う方法がある．これにより，橋梁床版の耐久性を100年以上とすることも可能となる（もちろん，不測の浸水のための水抜き穴や，合成樹脂の紫外線劣化などに対応するための定期補修は必須である）．このように，有機材料と無機材料のハイブリッド構造にすることにより，現状の構造では50年程度しかもたなかった鋼桁上のコンクリート構造部分が，少なくとも100年以上使用できる構造要素にす

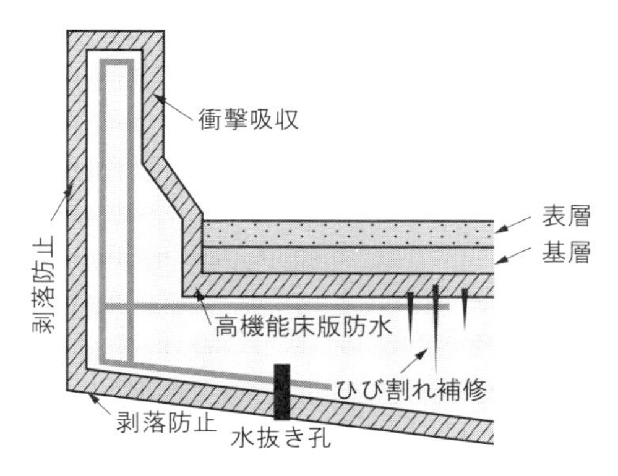

図 3.20　有機材料でコンクリート部全体を覆うハイブリッド構造化

る技術イノベーションも考えられる．

■3.3　橋面舗装における技術開発

3.3.1　橋面舗装の変遷

わが国の橋面舗装は，1878 年木橋の神田昌平橋に，秋田産の天然アスファルトが使用されたのが初めてである．ただし，使用されたアスファルトがどのような配合であるか，また，どのような転圧施工がなされたのか不明である [21]．

また，わが国初の鉄筋コンクリート橋は，1903 年に建設された若狭橋であるが，実験的な小規模のものであり，本格的な鉄筋コンクリート橋としては，1909 年に建設された廣瀬橋が最初のものとされている [22]．その後，1900 年代はじめに自動車が普及し始めたことに伴い，わが国の床版は，木床版からコンクリート床版へと移行していった．この当時の橋面舗装は，たとえば 1911 ～ 1912 年に建設された京都の四条大橋（鉄筋コンクリートアーチ橋）では，「下敷混凝土・上部アスファルト安定 1 寸，車道 2 寸，軌道石張」であった [23],[24]．

自動車交通が本格化した第 2 次大戦後の橋面舗装は，コンクリート床版の不陸に起因する舗装厚の不均一による損傷，あるいは雨水の浸透による床版の耐久性の著しい低下などから，特別の対策が必要と考えられた．昭和 42 年版（1967 年）のアスファルト舗装要綱 [25] では，コンクリート床版上の舗装は特殊工法の舗装として取り上げられ，修正トペカ（基層），グースアスファルト（表層）の 2 層仕上げによる舗装が例示された．すなわち，床版の不陸を整正することを目的としたレベリング層としての基層，および表層からなる 2 層構成が標準化された．

その後，交通量の増大に対応して，より耐久性に優れた舗装とするため，昭和 50 年度版（1975 年）要綱 [26] で細粒度アスファルトコンクリート（基層），グースアスファルト（表層）であったものが，昭和53年版（1978年）要綱[27]では，細粒度アスファルトコンクリート（基層），密粒度ギャップアスファルトコンクリート（表層）に変わり，さらに，平成4年版（1992年）要綱[28]では，基層には粗粒度アスファルトコンクリートまたは密粒度アスファルトコンクリートを，表層には密粒度アスファルトコンクリート，または密粒度ギャップアスファルトコンクリートのいずれかを必要に応じて組み合わせて用いるようになった．

また,最近では,交通事故発生件数の低減や沿道の交通騒音の低減を目的としたポーラスアスファルト舗装が，一般高速道路，都市高速道路および大都市の街路の表層に採用されるようになった．

3.3.2　橋面舗装の構造

現在の橋面舗装は，基層および表層の2層構造が一般的であり，その代表的なものを図3.21に示す．コンクリート床版上に防水層が設置され，アスファルト混合物による基層および表層が施工される．基層厚さは30 ～ 50 mm，表層厚さが30 ～ 40 mm程度が一般的であり，合計厚さは60 ～ 80 mmで設計されることが多い．

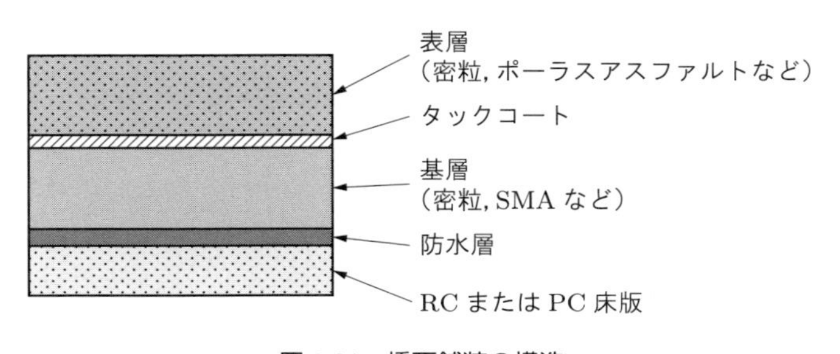

図3.21　橋面舗装の構造

3.3.3　橋面舗装の損傷と問題点

(1) 橋面舗装の破損形態と要因

橋面舗装に特有な破損形態，およびその要因を外的要因と内的要因に分けて表3.2に示す．また，これらの破損事例を写真3.8に示す．

舗装に発生する破損の外的要因のほとんどは，雨水の浸入，夏季の高温の影響，交通荷重の作用によるものであり，これらへの対策が必要である．また，内的要因のほとんどは,施工時の品質管理と材料選定に関するものである．表からもわかるように，とくに舗設時の締固め，基層・表層間の層間接着力の確保は重要である．

表 3.2　橋面舗装の破損形態と要因

破損形態	要因	
	外的要因	内的要因
ポットホール	・雨水の浸入 ・夏季の高温 ・交通荷重	・舗装の締固め不足 ・床版不陸 ・舗装厚不足 ・舗装混合物の剥離 ・床版，防水層，基層および表層の層間の接着不良 ・排水不良
わだち掘れ	・夏季の高温 ・交通荷重	・舗装の締固め不足
ひび割れ	・雨水の浸入 ・紫外線 ・交通荷重	・舗装の締固め不足 ・舗装の老化 ・舗装混合物のアスファルト量不足
骨材の剥奪飛散	・雨水の浸入 ・夏季の高温 ・交通荷重 ・冬季のタイヤチェーン ・夏季のすえ切り，コーナリング	・舗装の締固め不足 ・舗装の老化 ・舗装混合物のアスファルト量不足
面荒れ	・夏季の高温 ・交通荷重 ・紫外線	・舗装の締固め不足 ・舗装の老化 ・舗装混合物のアスファルト量不足
寄り，コブ	・雨水の浸入 ・夏季の高温 ・交通荷重	・床版，防水層，基層および表層の層間の接着不良

(2) 橋面舗装の主な問題点

表 3.2 に示したように，舗装の耐久性は締固めが十分にできているかによって決まるといっても過言ではない．締固め不足は，様々な破損に影響を及ぼし，舗装が破損した箇所に交通荷重や雨水の浸入などの要因が複合すると，骨材飛散や下層との付着性能の低下が加速度的に進行する懸念がある．

一方で，コンクリート床版の表面部の不均一仕上げが舗装の耐久性に影響を及ぼしている場合もある．すなわち，現場打ちされるコンクリート床版の表面部の品質は，必ずしも均質とはいえない．緻密に硬化した箇所では，水や防水用プライマーなどをほとんど通さないほどの品質が確保できているが，締固め不足やコテ仕上げのムラがあると，局部的に多くの細孔がコンクリート表面部に集中する箇所が発生する．このような箇所では，防水プライマーが短時間のうちにコンクリート内部に浸透してしまい，プライマー層を表面に一様に形成するのに，設計量の数倍のプライマー材料を必

（a） ポットホール

（b） わだち掘れ

（c） ひび割れ

（d） 骨材の剥奪飛散

（e） 面荒れ

（f） 寄り，コブ

写真 3.8　橋面舗装の破損事例

要とすることもある．このため，施工能力を低下させ，建設現場の生産性低下の要因となる．また，緻密に仕上がっていない細孔部に存在する水分は，温度変化に伴い，気化と液化を繰り返すことになり，防水層および舗装にブリスタリングを発生させる．その結果，床版，防水層および舗装の3者の一体性を短期間のうちに低下させ，舗装にポットホールを発生させるなど橋面舗装の寿命を大幅に低下させる要因となる．

このような過去の多くの事例から学ぶことの一つとして，コンクリート床版の表面部を均質化させることを床版工の最終工程とするように設計の考え方を変えることが提案されている．ドイツではすでに，床版コンクリート打設後，エポキシ樹脂などを塗布しており，緻密な箇所に必要最低厚の樹脂層を形成し，ルーズな箇所には細孔が閉塞するまで樹脂を浸透させることで，不均質なコンクリート表面部を均質に仕上げている．そのため，当初の設計量でスムーズな防水層の施工が可能となり，床版，防水層および舗装が三位一体で信頼性の高い橋面構造を確保できるようになる．以下にその詳細を述べる．

(a) 舗装の締固め不足

舗装の締固め度と耐久性の関係についての既往の研究事例を以下に示す．これらの研究事例から，舗装の耐久性は締固め度に大きく影響され，十分に転圧できるよう施工時の温度管理と転圧回数の管理が重要となることがわかる．

・舗装の締固め度とわだち掘れ抵抗性の関係

舗装の締固め度とわだち掘れ抵抗性を評価するホイールトラッキング試験後の圧密変形量の関係を図3.22に示す[29]．舗装混合物の締固め度が100%（空隙率4%）の場合の変形量は，舗装温度にかかわらず2 mm程度であるが，締固め度の合格基準となっている96%（空隙率8%）に低下すると，変形量は60℃で10 mm近くまで増加することから，わだち掘れ抵抗性が低下しやすくなる．このことから，締固め度は100%近くを確保することが重要であることがわかる．

・舗装の締固め度と剥離抵抗性の関係

舗装の剥離抵抗性を評価する水浸ホイールトラッキング試験から得られる剥離面積率と締固め度の関係を示したのが図3.23である．空隙率が4.5%程度で剥離率が30%程度であるのに対し，空隙率を7%まで上げるとほぼ100%が剥離してしまうことを示している[30]．

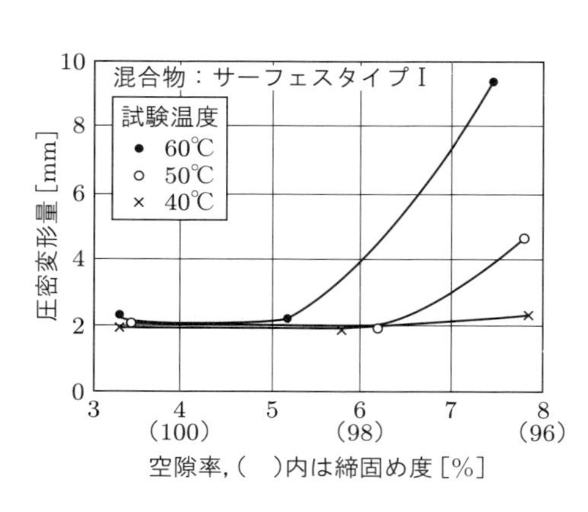

図 3.22　締固め度と圧密変形量の関係

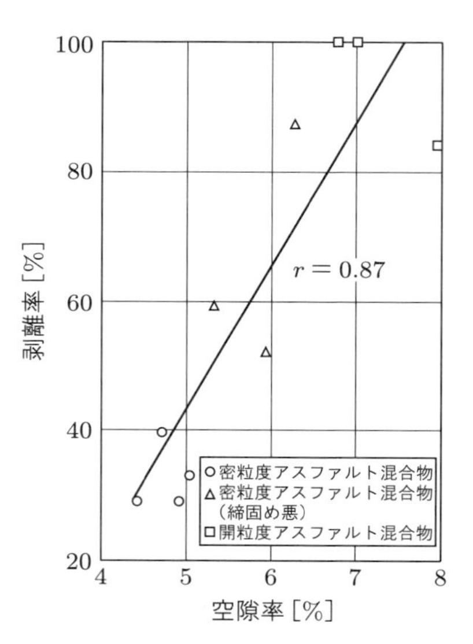

図 3.23　空隙率と剥離率の関係

(b) 床版不陸

コンクリート床版の厚さは，一般に ± 20 mm 程度の施工誤差が許容されており，縦横断勾配の影響を考慮すると，実際の基層厚さは 15 ～ 80 mm 程度の範囲で変動する．

一般に，1 層の舗装厚さは最大粒径の 2.5 倍程度が必要といわれており，13 mm トップの舗装混合物を使用した場合には，最低でも 30 mm の舗装厚さが必要となる．この厚さを確保できないと，早期にポットホールが発生しやすくなる．また，基層厚さが 50 mm を超えたり，基層と表層を併せた厚さが 100 mm 以上になると塑性変形抵抗性が低下することから，わだち掘れが発生しやすくなる．

舗装厚さと，わだち掘れ抵抗性の指標である動的安定度との関係を評価した事例を図 3.24 に示す [31]．この図によれば，舗装厚さが 60 mm 程度になると著しく動的安定度が低下し，わだち掘れに対する抵抗性は，一般的な基層の厚さ（40 mm 程度）の 1/2 以下に低下することがわかる．また，床版不陸の凹部は舗装内に浸入した雨水が防水層上で水たまりとなる箇所であり，夏季高温時に繰返し交通荷重が作用すると，この箇所でアスファルト舗装が剥離しやすくなる．しかし，このような箇所の排水を行うための設計は困難であり，不陸の小さい平坦な床版の施工が基本となる．

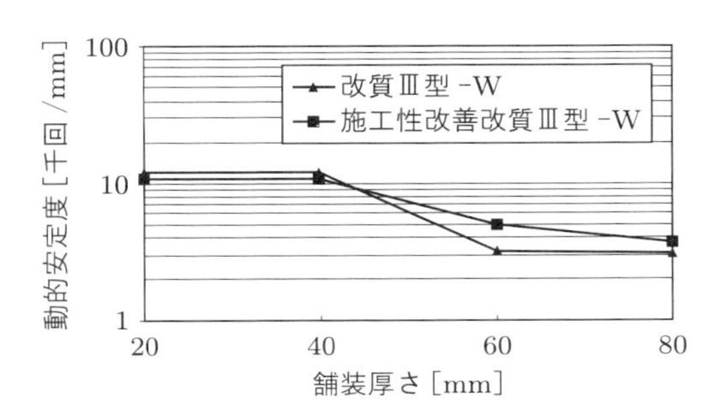

図 3.24　舗装厚さと動的安定度の関係

3.3.4　橋面舗装の耐久性向上のための技術

(1) 剥離抵抗性能を向上させた付着改善型改質アスファルト

1987 年に道路協会から「道路橋鉄筋コンクリート床版防水層設計・施工資料」[10]が発刊されてから，床版防水層の設置が一般化していったが，舗装内に浸入した雨水が防水層上（床版凹部）に滞留し，夏季には降雨後に舗装が 60℃程度まで上昇し，中は水浸状態で交通荷重による負荷を受ける．都内の交通量の多い高架橋などでは，それが原因となり，橋面舗装の骨材とアスファルトが分離する現象，すなわち剥離によってポットホールが多発するようになった．当時の東京都土木技術研究所の阿部らは，剥離を抑制する目的から床版排水の設計を進めるとともに，新たな付着改善型の改質アスファルト（現ポリマー改質アスファルトⅢ型-W）を開発[32]することでこの問題を解決した．ストレートアスファルトおよび付着改善型改質アスファルトを用いた場合の水浸ホイールトラッキング試験後の剥離状況の一例を，**写真 3.9** および**写真 3.10** に示す[29]．

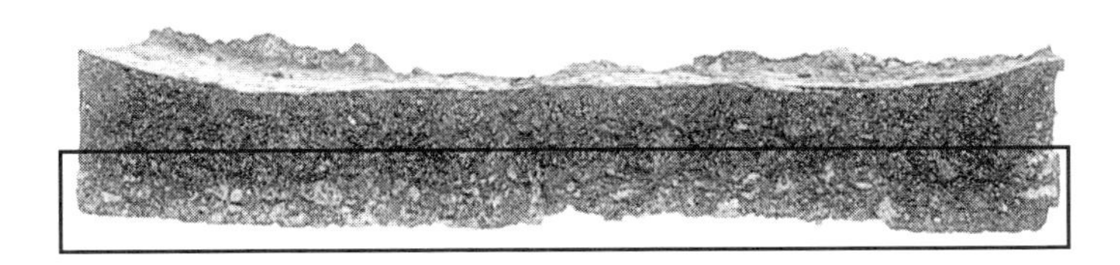

写真 3.9　ストレートアスファルトの試験後の剥離状況

写真 3.10　付着改善型改質アスファルトの試験後の状況

写真3.9の線で囲われた部分が剥離している箇所であり，写真3.10の付着改善型改質アスファルトではそのような剥離が見られない．このような結果から，国土交通省中部地方整備局が付着改善型改質アスファルトを標準仕様として採用した[33]．また，首都高速道路㈱でも，橋面舗装で基層に適用した結果，ポットホールの発生件数が大幅に減少[34]したため，標準仕様として採用している[35]．しかし，橋面舗装用改質アスファルトとしての普及程度は，いまだ十分とはいえないのが現状である．さらなる活用によって，橋面舗装の長寿命化に寄与することが望まれる．

(2) 橋梁レベリング層用混合物

NEXCO 3社では，高性能床版防水層上のレベリング用混合物として，砕石マスチックアスファルト混合物（SMA）を適用してきた．砕石マスチック混合物とは，粗骨材がかみ合ってできる骨格構造の間隙にアスファルトモルタルが充填されることによって，構築される緻密な混合物である．しかし，加藤らは，**図3.25**に示すようにSMAと防水層との界面に生じる隙間（cavity）に水が浸入することで，SMA底面でアスファルトの剥離損傷が顕在化すること[36]を確認した．そこで，骨材配合を低粗粒度での連続粒度とし，かつ高アスファルトモルタル率とすることにより，骨材自体で密実な構造を構築する混合物を新たに開発[37]し，2014年12月から適用を開始している．

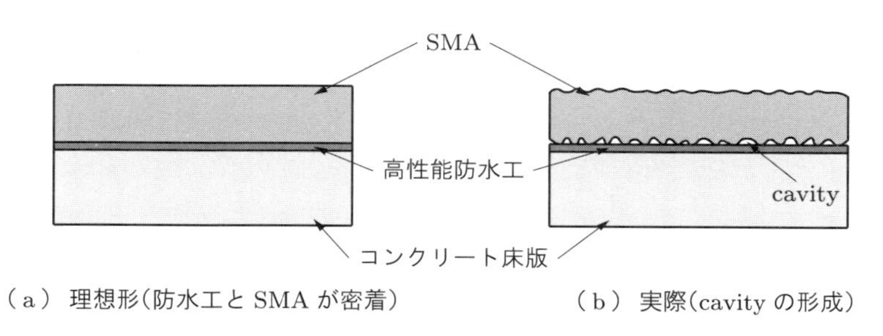

（a）理想形（防水工とSMAが密着）　（b）実際（cavityの形成）

図3.25　cavityの概要図

(3) 舗装の締固め度を確保しやすい改質アスファルト

橋面舗装は，土工部上と異なり，気中に構築された厚さ20数cmの床版上に舗設されることから，夜間，および冬季には，床版温度は気温とともに低下するので，舗装の熱が奪われやすく，十分な締固め度を得にくい箇所といえる．また，河川や海をまたぐ橋面舗装にあっては，風が強いことから床版や舗装自体の冷却速度が速く，舗装の品質が低下しやすい条件での施工を余儀なくされることがある．

このような橋面舗装の特殊性に配慮し，最近，締固めやすい施工性改善型のポリマー改質アスファルトⅢ型-Wが開発された．このアスファルトは，混合物の温度が下がっても一般の改質アスファルトに比べ締固め性能に優れており，剥離抵抗性およびわだち掘れ抵抗性も併せ持っているため，一般に普及すれば橋面舗装の耐久性は著しく向上することが期待でき，ライフサイクルコストも低減されることになる．**図 3.26**(a)に室内試験から得られた締固め温度と締固め度の関係を，図(b)に締固め温度とホイールトラッキング試験による動的安定度の関係を，図(c)に締固め温度と水浸ホイー

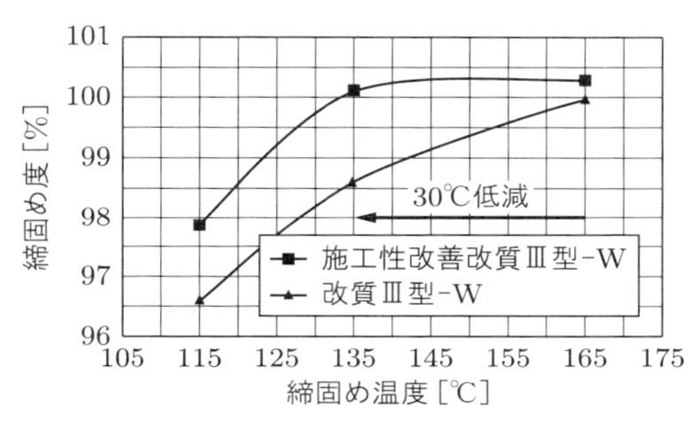

（a） 締固め温度と締固め度の関係

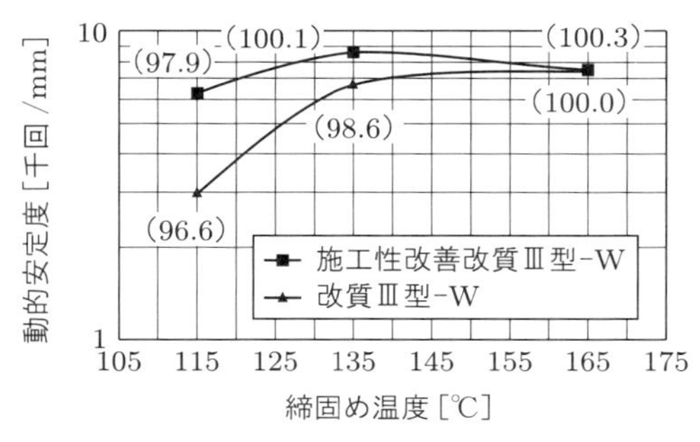

（b） 締固め温度と動的安定度の関係

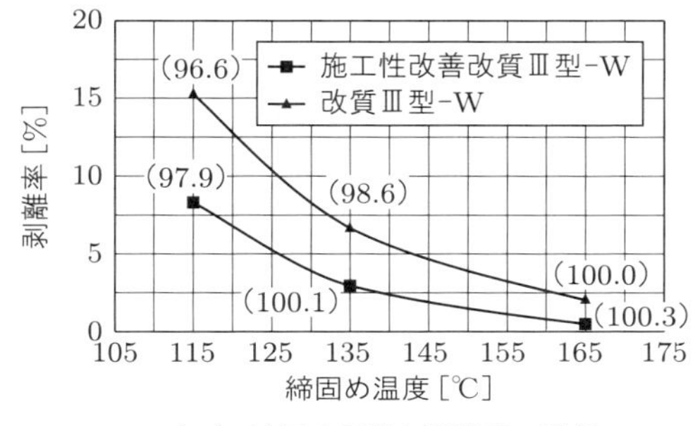

（c） 締固め温度と剥離率の関係

図 3.26　施工性改善型ポリマー改質アスファルトⅢ型-W

ルトラッキング試験による動的安定度の関係をそれぞれ示す[31]．なお，図 (b) および図 (c) にある（ ）内の数字は，供試体の締固め度を示している．

三つの試験結果から，このアスファルトは，締固め温度が通常の改質アスファルトより 30 ～ 40℃低下しても 99% 以上の締固め度が得られることや，塑性変形抵抗性や剥離抵抗性にも優れていることがわかる．なお, 図 (c) で示した水浸ホイールトラッキング試験による剥離率は，田中らにより検討され，首都高速道路㈱でポリマー改質アスファルトⅢ型-W を用いた混合物を評価する際の試験条件[34]で実施されたものである．

(4) ポーラスアスファルトの耐久性を向上させる改質アスファルト

高速道路，および街路の橋面舗装にあっては，騒音低減を目的とした最大骨材粒径 5 mm の小粒径ポーラスアスファルト舗装が適用される場合がある．

この舗装は，通常の最大骨材粒径 13 mm のポーラスアスファルト混合物に比べて騒音低減性能に優れる反面，骨材が飛散しやすく耐久性に劣る欠点がある．とくに夏季の高温時では，大型車のすえ切り，コーナリングによって，早期に骨材飛散を招き，ポットホールになることもある．そのため，このような場合には，通常のポリマー改質アスファルト H 型より，高温時の骨材飛散抵抗性に優れたねじれ抵抗性改善型のポリマー改質アスファルトなどが適用されてきたが，高温時の骨材飛散抵抗性に優れる反面，低温時の骨材飛散抵抗性が低下するなどの課題があった．

そこで，高温時の骨材飛散抵抗性を大幅に高め，かつ従来の改質アスファルト技術では実現できなかった低温時の骨材飛散抵抗性にも優れたポーラスアスファルト舗装用の改質アスファルトが開発[38]され，採用され始めている．

このアスファルトを使用した最大骨材粒径 5 mm のポーラスアスファルト混合物の骨材飛散抵抗性は，ねじり骨材飛散試験およびカンタブロ試験により，ポリマー改質アスファルト H 型およびねじり抵抗性改善型のアスファルトとの比較により評価されている．それぞれの試験状況および代表的な試験前後の供試体外観を**写真 3.11** ～ **写真 3.14** に，比較結果を**図 3.27** に示す．ねじり骨材飛散試験は高温時の車両タイヤのすえ切りによる骨材飛散抵抗性を，カンタブロ試験は常温から低温時における車両走行時の衝撃による骨材飛散抵抗性を評価する試験である．一般の改質アスファルトは, 高温時の骨材飛散抵抗性を向上させると低温時には硬くもろくなる性質があるが, このバインダーは低温性状を損なうことがない特殊な素材で作られた改質アスファルトであり，常温から低温時の骨材飛散抵抗性も向上している．

写真 3.11　ねじり骨材飛散試験状況

写真 3.12　ねじり骨材飛散試験前後の供試体

写真 3.13　カンタブロ試験状況

写真 3.14　カンタブロ試験前後の供試体

(5) 基層と表層の接着性を改善する速硬化型（分解促進型）タックコート乳剤

一般に基層上には，表層との接着剤としてアスファルト乳剤[39]によるタックコートが施工される．基層に散布されたアスファルト乳剤は，乾燥硬化するまで養生した後に表層が施工されるが，夏季にあっては硬化後のアスファルトが合材用ダンプトラックのタイヤに付着し，タックコートを基層面から剥がしてしまうことがあり，接着性能を低下させることがあった．また，冬季の夜間施工などにあっては，乳剤の硬化に1時間以上を要することから，交通開放時間が決まっている補修工事では硬化を待ちきれずに表層を施工するケースが見られ，ダンプトラックのタイヤに付着した未硬化の乳剤が工事区間以外の路面を汚すなどの問題があった．

これらの問題を解決すべく，速硬化型（分解促進型）のタックコート乳剤が開発された．これにより，アスファルト乳剤が散布直後に分解・硬化し，タイヤへも付着しないことから年間を通じて良好な接着性が確保でき，周辺の路面を汚す苦情もなくなった．タイヤへの付着率について，アスファルト乳剤協会で規定しているタイヤ付着率試験方法（JEAAT-6）により一般乳剤と比較した結果を図 3.28 に示す[40]．

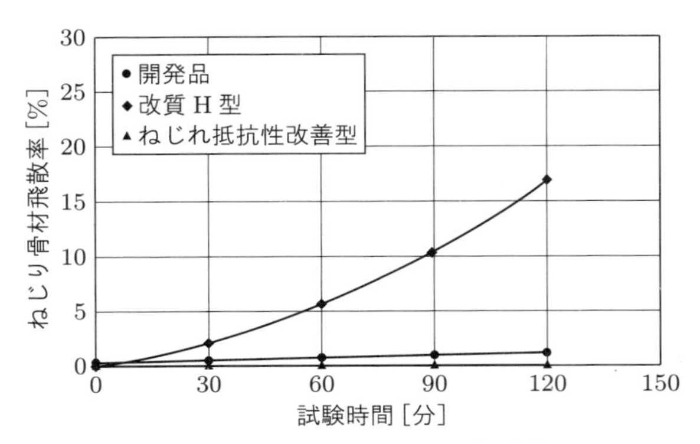

（a）高温時・ねじり骨材飛散試験

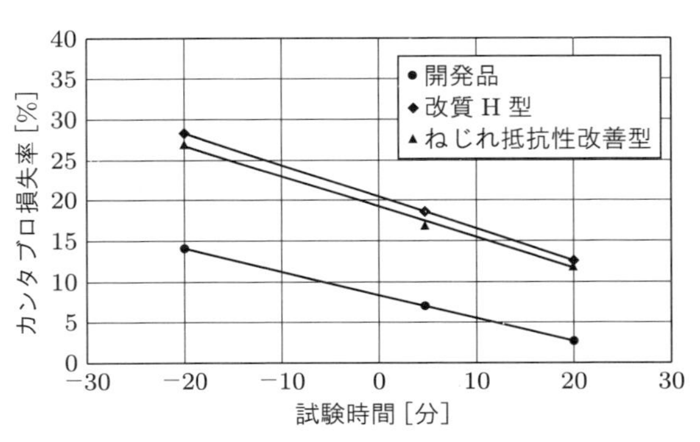

（b）低温時・カンタブロ試験

図 3.27　小粒径ポーラスアスファルト混合物の骨材飛散抵抗性

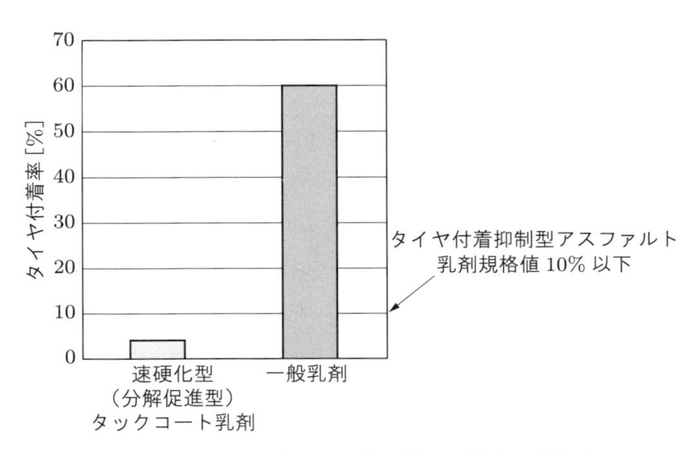

図 3.28　60°C におけるタイヤゴムへの乳剤の付着率

(6) 雨水の浸入を抑制する止水材

橋面舗装の端部は，ロードローラによる転圧を十分に行いにくい箇所であり，締固めが不十分になりやすく，雨水を通しやすい状態に仕上がることがある．また，雨水は舗装端部と地覆あるいは高欄コンクリートとの隙間から入りやすいことから，このような箇所の止水対策は長年の課題であった．

NEXCO は民間会社との共同研究により，**写真 3.15** に示すようなゴムアスファルト系のL型の弾性シール材を開発し実用化した[41]．このシール材による止水性を**図 3.29** に示すような断面で評価した結果，**写真 3.16** および**写真 3.17** に示すように，何も設置しない場合は界面からウラニン溶液が浸水したのに対し，このシール材を貼り付けることで，浸水が防止できることがわかった．

以上のように，このシール材を貼り付けることによって，地覆部から基層面の7 cm 程度を連続的に覆うことができ，舗装端部からの雨水の浸入リスクが大幅に低減されることが期待されている．また，床版，防水層および舗装の各層間の接着性が維持され，舗装混合物の剥離抑制にもつながる．このような新材料を構造細目の設計に導入することで，橋面舗装全体の長寿命化をはかることができる．

写真 3.15 舗装端部の止水用弾性シール材

図 3.29 止水性の性能評価方法

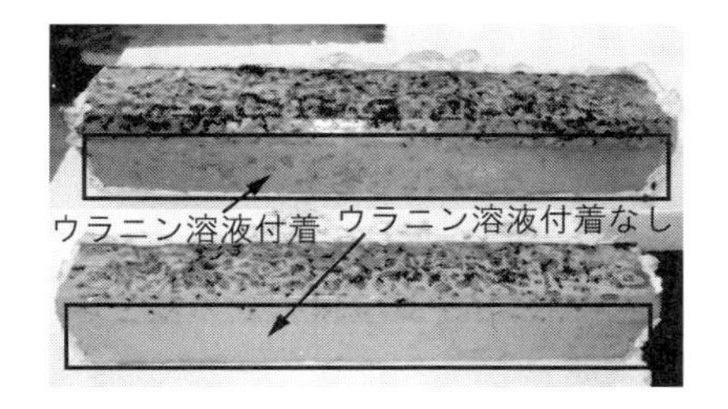

写真 3.16 止水性の評価結果（シール材設置）
（→カバー袖の画像）

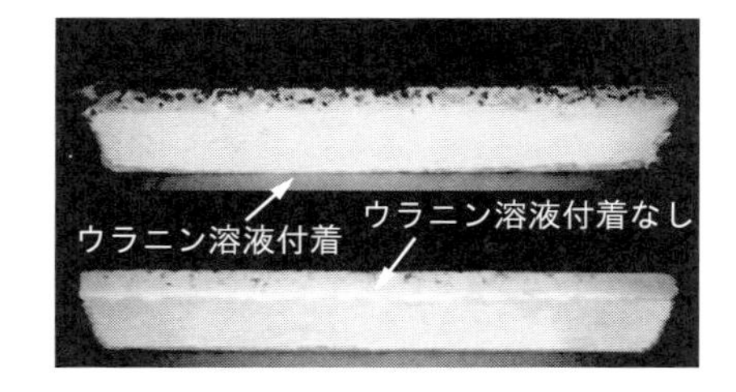

写真 3.17 止水性の評価結果
（ブラックライト照射）
（→カバー袖の画像）

■3.4　排水設備の構造改良

3.4.1　排水桝の現状と改良事例

防水層が設置されていない場合には，舗装を浸透した雨水が排水桝周りで滞留することが多く，その水は徐々に床版内に浸透して鉄筋腐食を引き起こしたり，床版下面に漏水して遊離石灰を沈着させたりして床版劣化の要因となる．このため，いかに排水桝に雨水を流入させるかが大きな課題となる．これまでは各種の水抜き孔が考えられたが，水抜き孔自体が目詰まりすることもあり，床版上面の勾配が適切でない場合や伸縮装置前面では，排水性能が発揮できない事例が多く見られた．

防水層が設置されている場合でも，既存の排水桝は**図3.30**のようにアスファルト上面からの雨水を排出することを原則としているため，前述の勾配などの影響により，排水桝に水が流れ込まず排水桝周辺に滞留する場合がある．さらに，防水層設置時に排水桝を取り替える場合や，取替え時の既設コンクリート，モルタル，排水桝の相互関係，および水抜き孔などの一体とした設計が確保されていない場合には，排水桝の外側面に沿ったコンクリートの隙間から漏水し，床版の劣化進行を加速させる場合もある．**写真3.18**に，排水桝を取り替えた後に床版とモルタルの界面から漏水し，床版下面やPC主桁を汚している事例を示す．

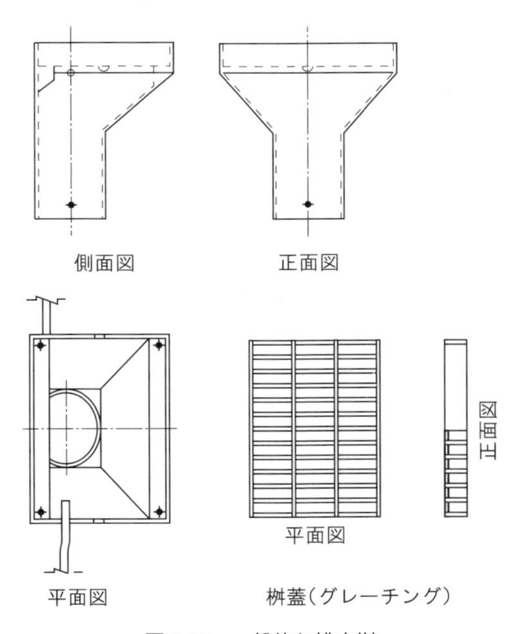

図3.30　一般的な排水桝

写真3.18　排水桝の損傷状況

排水桝の周辺部は構造上，とくに水が浸入しやすい部分である．排水桝からスムーズに排水するための最低限の条件として，3.2節で述べた防水層の設置が不可欠であるため，ここでは防水層の設置を前提にした新しい排水システムを紹介する．

図3.31に示すような，雨水をスムーズに誘導できる構造の排水桝が開発されている[42]．この排水桝の主たる特徴は，以下に示すようなものである．

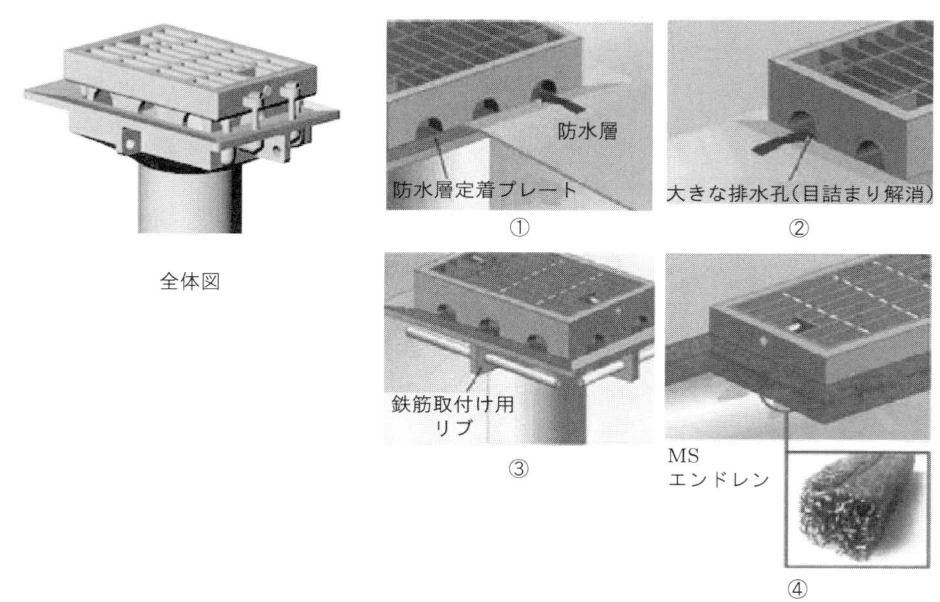

図3.31　防水層上面水をスムーズに排水する排水桝の構造[42]

①防水層の端部を排水桝と接着一体化することで，雨水を確実に排水桝に導き，排水桝と床版コンクリート界面からの漏水を解消できる．
②側面排水孔の大型化により，目詰まりをなくし，排水効率が向上できる．
③排水桝の固定方法として，新たに鉄筋取付け用リブを設け，鉄筋を挿入してアンカー効果をもたせることにより，床版コンクリートと強固に固着できる．
④高機能排水桝の周囲に取り付けるヘチマ状構造の特殊角型排水材の採用で，十分な透水空隙が得られ，集水・排水能力が向上できる．

なお，上記のような排水桝を用いる場合でも，鉄筋取付け用リブなどの配慮はしているものの，道路橋の床版に設置する場合には，旧コンクリートとの一体化に関して，十分注意する必要がある．

3.4.2　歩車道境界における排水構造の改良

排水桝に関しては，車道に設置する排水桝が基本であるが，歩道の床版下面でも，漏水やエフロレッセンスが確認されていることが多い．これは，歩道部は床版上面に砂や軽量モルタルなどで高さ調整を行い，その上にアスファルトが敷設されているだけで，床版には防水層が設置されていない場合が多いからである．このため，**図 3.32** に示すように，歩道部，および車道部の雨水を一括して排水する装置の開発が行われている．この構造は，歩道側の排水構造として，歩道部に浸透した雨水の車道部への浸入を防止し，床版コンクリートと中詰めコンクリートの打継目の浸透水も排出するものである．取水口の外側に水平な「つば」を取り付け，この上面まで防水層を延長して接着することにより，防水層上面の滞水を効果的に排出することができ，防水効果の向上が期待できる．現時点ではまだ計画段階であるが，一般的な鋼製排水溝のように橋軸方向に連続したもの，排水桝のように橋面に離散的に配置したものも設計可能であり，排水性舗装を適用した場合において，より効果を発揮する．さらに，床版上面の防水工や舗装内の水抜きパイプと組み合わせることにより，より効果的な防水システムを構成することが可能となる．

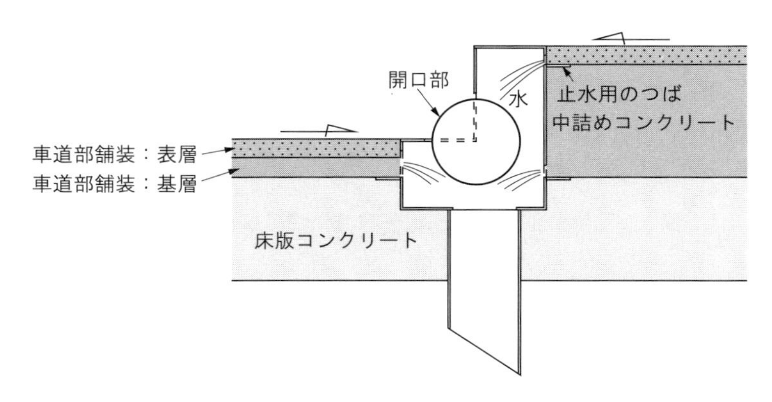

図 3.32　歩車道境界用の排水構造

3.4.3　水抜き孔の改良

防水層上面の滞水を処理するため，また，排水桝の排水を補助するために，水抜き孔を設置することが多い．しかし，従来の水抜き孔は細く詰まりやすく，設置時の施工不良により，**写真 3.19** のように，水抜き孔近傍への漏水や，水抜き孔自体が腐食，損傷している事例が多い．このため，床版上の浸透水を滞留させることなく，確実に排水させるための装置として，防水層，導水管を設置するとともに，床版水抜き孔の構造改良が行われている．代表的な例を**図 3.33** に示す．径を従来製品より大きくし，材料をステンレス製とすることで耐腐食性を向上させている．また，床版厚に応じて

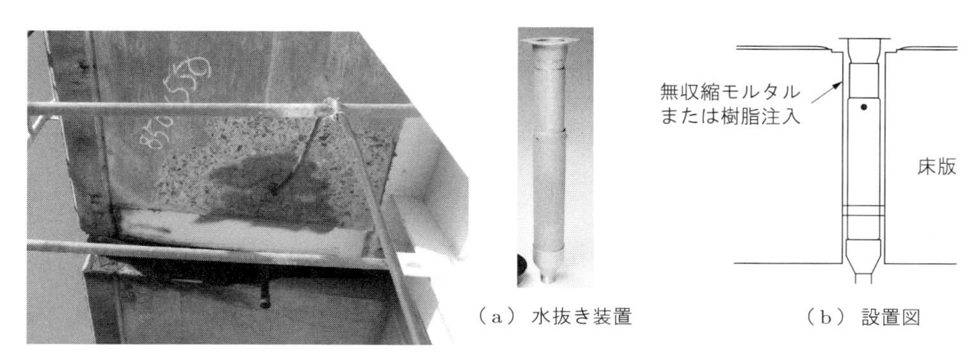

写真 3.19　水抜き孔近傍の損傷

図 3.33　水抜き孔の構造

簡単に長さ調整が可能で，導水管との接続が容易である [43].

また，新設時に水抜き孔に異物が混入し，機能を低下させる事例もあることから，水抜き孔の上面の孔を保護する工夫も必要である.

また，合成床版では，底鋼板に雨水が浸入した場合の目視確認を目的として，底鋼板にモニタリング孔を空けているが，従来，打設中のコンクリートの漏れ止めに設置していたゴム栓では，コンクリート硬化後の撤去作業が必要であった．このため，時間経過により，材料である樟脳が昇華（固体から気体への状態変化）して消える**図 3.34** のようなモニタリング用止水栓が開発されている [44]．現時点では，上記の目的の大きさしかないが，この材料を用い構造を変えることができれば，舗装施工時の水抜き孔の保護など，多くの使途が期待できる.

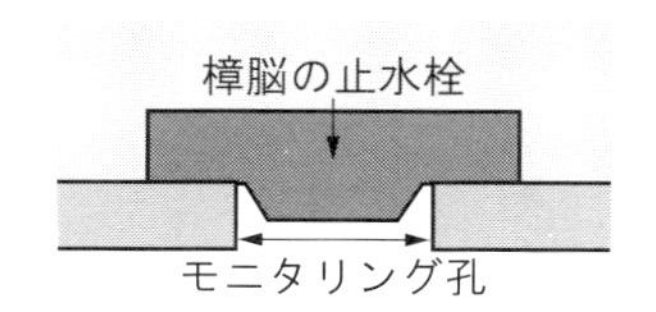

図 3.34　昇華して消える止水栓

3.4.4　寒冷地における排水計画

寒冷地においては，防水層上の滞水による寒冷地特有の凍結融解が舗装の早期劣化や舗装と防水層の付着力低下の要因となるため，より高度な排水計画 [45] が求められている．寒冷地における排水計画の概要を以下に示す.

たとえば，**図 3.35** に示すように，排水桝間隔，縦断勾配を勘案した水抜き孔間隔，各部位の構造の細部に工夫を加えた全体的な排水設備が提案されている．排水桝の設置間隔は 20 m 以下を基本としており，水抜き孔の設置間隔は縦断勾配などに応じて，

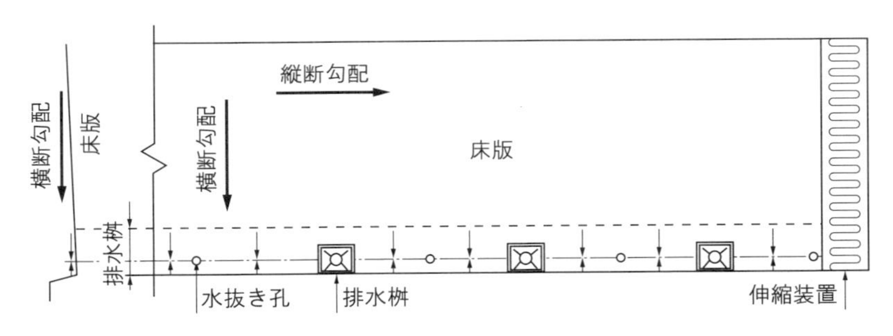

図 3.35　排水設備の設置

縦断勾配が 1% 以下の場合は 5 m 間隔，1% 以上の場合は 10 m とするなど，路肩堆雪の融解水などに配慮した計画としている．

さらに，水抜き孔に設置する配水管も，泥などにより目詰まりしない構造とするため，**図 3.37** に示すように，水抜き孔の径は可能な範囲で大きいものとするとともに，舗装が抜け落ちないよう金網などを配置する構造を採用している．

排水桝に関しても，**図 3.36** に示すように，防水層の端部を排水桝と接着一体化することで雨水を確実に排水桝に導くという基本的な思想は，前項で述べたとおりである．ただし，一般的な排水桝と比べると，排水孔をより大きくしており，水だけでなく，泥や細かいゴミもスムーズに排出できる構造としている．

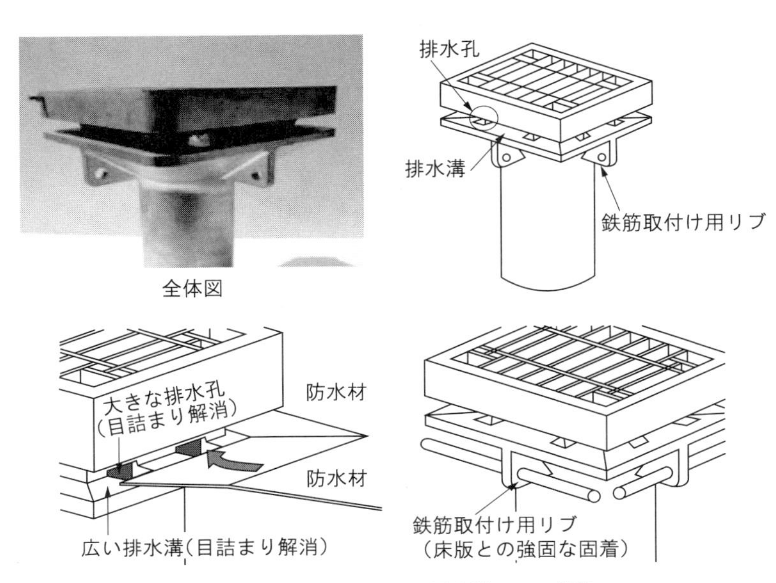

図 3.36　積雪寒冷地用の排水桝とその特徴

また，排水桝の設置位置についても，排水の全体計画の中で，**図 3.38** に示すように地覆および歩道マウントアップの端部に設け，図 3.36 に示す構造を用い排水桝や水抜き孔に確実に導水するようにしている．

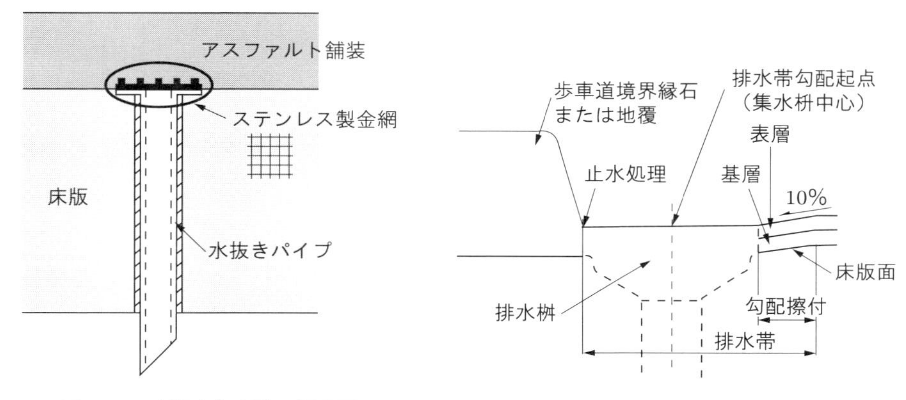

図 3.37　床版水抜き孔の概要図　　図 3.38　床版端への排水桝の設置例

3.4.5　排水桝周辺部の維持管理

排水設備の今後の維持管理では，自動車荷重の影響を受けにくい幅員端部において，遮水性が期待できるウレタン系材料 [46] を用いた**図 3.39** に示すような注入による止水工法の開発も期待されている．この工法は，現時点では，地下道，共同溝などの地下構造物の漏水対策やトンネルの止水材として使用されている．車両が常時走行している床版に関しては，長期的な効果は期待できないかもしれないが，短期的には止水効果は期待できるであろう．とくに，防水層が設置されていない場合や，排水桝近傍の

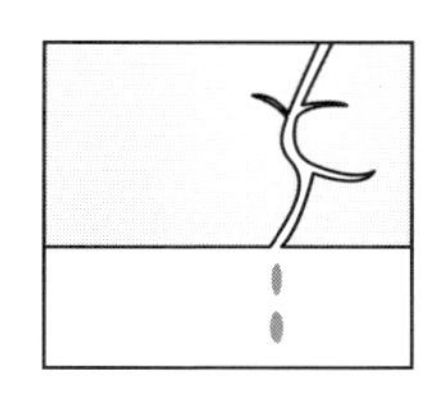

①コンクリートのクラックから漏水する．

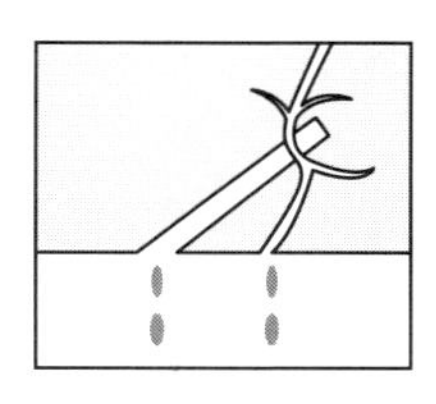

②左または右のほうからドリルで約 45 度に孔を空ける．

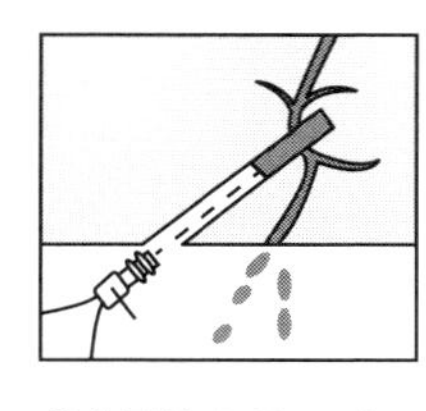

③特殊注入用ノズルを挿入し，0.5 ～ 245 kg/cm^2 で樹脂を注入する．深部まで注入が終わると，樹脂がクラックからあふれてくる．

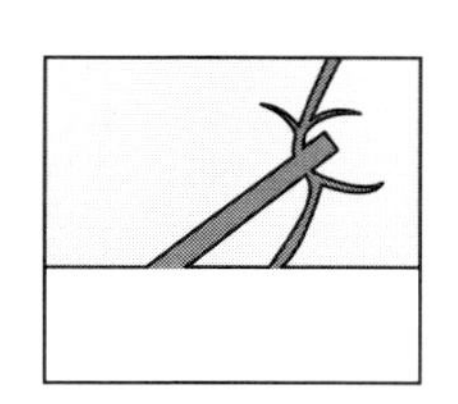

④ドリルで空けた孔に特別のモルタルを充填する．樹脂は重合硬化し，表面を汚すことなく，効果は半永久的に続く．

図 3.39　コンクリートクラックの注入止水

防水層が損傷している部位には，上面からの防水層設置，アスファルト舗設までの5年程度の短期的な漏水対策としては効果が期待できる．なお，ここで使用したウレタン系材料は，写真3.18のように排水桝と床版コンクリートの界面から漏水しているケースに対して有効と考えられる．

▶ 既設橋排水桝据付部の材料および構造のイノベーション

排水桝を取り替える場合には，通常，既設床版と排水桝の間には，無収縮モルタルなどが使用されるが，数年後には漏水が確認される事例も多い．このため，4.1節に紹介する現場打設が可能な超緻密高強度繊維補強コンクリートに注目したい．すでに床版上面の補修材としての使用実績もあり，繊維入りで，高強度はもちろん，高気密性，ひび割れ抵抗性，高い遮水性・遮塩性，耐久性が期待できる．また，流動性・自己充填性にも優れ，早強で工期が短縮でき，一般車両の早期解放も可能となる．ただし，工費，時間の制約などについては配慮する必要があるものの，今後の維持管理には期待できる材料といえる．

また，防水層が設置されていても，既存のドレーン工法では縦断方向の排水は期待できるかもしれないが，横断方向の排水は横断勾配に依存する．このため，抜本的な対策として，4.1節に紹介する超緻密高強度繊維補強コンクリート（モルタル含む）を利用して床版上面に勾配をもたせ，横断方向の排水をスムーズに行う手法も考えるべきであろう．

■3.5　コンクリート打継目の止水対策

3.5.1　コールドジョイント（ひび割れ）の止水対策

コールドジョイントは，所定の打継ぎ時間を過ぎて連続するコンクリートを打ち足した場合，前に打ち込まれたコンクリートに隣接して後から打ち込まれたコンクリートが一体化できず，打ち継いだ部分に不連続な面が生じる現象で，コンクリート構造物の代表的な損傷の一つになっている．

コールドジョイントから床版内に水が浸入すると，周知のとおり，床版の疲労寿命が急激に低下するとともに，床版内の鉄筋が腐食，膨張し，コンクリートの剥離・剥落も引き起こす．また，床版下面は第三者から見えるため，美観の観点からも好ましくない．建設初期から損傷が目立つ場合や経年変化によって損傷が出る場合があるが，それらの進行の程度によって，そのランクは表3.3のように分類できる．

表 3.3 コールドジョイントの損傷ランクと損傷状況，対策方針

ランク	程度	損傷状況	状況診断	対策
A	軽微	ひび割れは確認できるが軽微（0.2 mm未満）で漏水はない	曲げ耐力，せん断耐力とも所定の耐力を有している	経過観察
B	漏水	軽微な漏水程度で，エフロレッセンスは確認できない	曲げ耐力，せん断耐力とも所定の耐力有している	樹脂注入
C	要注意	明らかな漏水が確認され，エフロレッセンスが確認される．ただし，所定のせん断耐力は有していると推測できる	所定のせん断耐力は有しているが，曲げ耐力は低下している	詳細調査後対策の有無を決定
D	要対策	漏水，エフロレッセンス石灰露出が確認され，茶褐色の物質が確認される	曲げ耐力，せん断耐力とも低下している	WJ＋モルタル充填
E	緊急対策	コールドジョイント近傍に剥離，鉄筋露出などが顕著である	曲げ耐力，せん断耐力とも著しく低下しており，抜け落ちの可能性がある	部分打替え

一般的なコールドジョイントの補修工法としては，エポキシ樹脂を注入することが多いが，その問題点も含めた損傷ランクと損傷状況に対する対策の一例も表 3.3 に示している．対策方針については，防水層が設置されていない既設橋梁を対象としているため，防水層設置は絶対条件となる．また，防水層が設置されていても漏水がある場合には，防水層が破損している可能性が高いため，防水層の改修も含めた対策が必要となる．

表中，A，B ランクの損傷なら，防水層があれば，経過観察，（エポキシ）樹脂充填工法で問題ないと思われる．ただし，エフロレッセンスを含んだ漏水の場合には，樹脂を注入しても，白色析出物などが阻害して樹脂が充填されない場合もあるため，部分的に詳細調査を行う必要がある．白色析出物などの影響がない場合には，充填工法を用いてもよいが，白色析出物などが多量に検出される場合には，ウォータージェット（WJ）工法により，ひび割れ前後のコンクリートを貫通するまではつり落とし，膨張コンクリート，無収縮モルタル，もしくはジェットコンクリートを充填する．

また，**写真 3.20** に示すように白色析出物などに茶褐色の物質が含まれている場合には，上面からの土の流出，もしくは鉄筋の錆汁を含んでいる可能性があり，せん断耐力が低下している懸念もあるため，ひび割れを中心に前後 200 mm（床版厚程度）をウォータージェットではつり落とし，鉄筋状況を確認したうえで，膨張コンクリート，無収縮モルタル，もしくはジェットコンクリートを充填する．さらに，コールドジョイント近傍の下面に剥離，鉄筋露出が確認される際には，面積が小さな場合はウォータージェットで補修する．**写真 3.21** に示すように面積が大きな場合は，損傷部のコンクリート撤去に電動ピック（振動ピック）を用いてもよいが，健全部の近傍はウォー

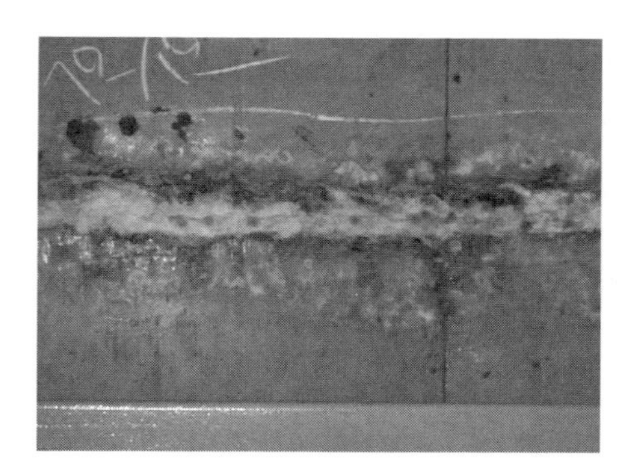

写真 3.20　不純物を含むエフロレッセンス

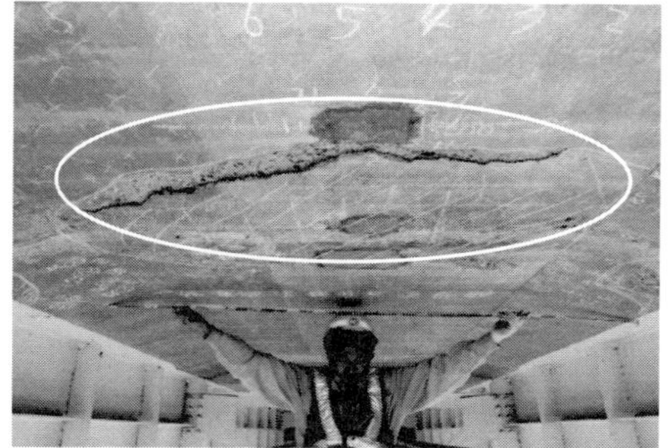

写真 3.21　範囲が大きな打継目の損傷

タージェット工法を使用して，マイクロクラックを除去したうえで，膨張コンクリート，無収縮モルタル，もしくはジェットコンクリートを用いて補修する．なお，無収縮モルタルやコンクリートを打設する前には，旧床版側面に接着剤を塗布すると効果が向上する．

コールドジョイントの補修工法選定においては，せん断耐力の有無が大きな要因であり，劣化が進行している場合には，注入工法で補修を行ってもすぐに再劣化する可能性もあるため，コールドジョイント部で床版の連続性が確保されているかが一つの判断基準となる．

このため，床版の連続性を確認するための評価手法として，比較的簡易にひび割れ

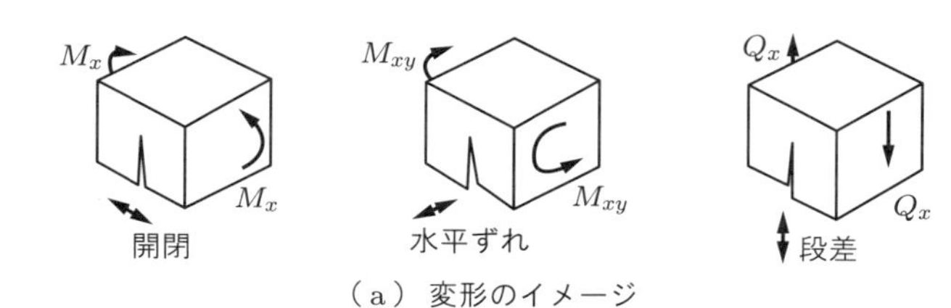

（a） 変形のイメージ

（b） 全体図

図 3.40　3方向クラックゲージ

性状が確認できる 3 方向クラックゲージ[47] を使用する方法が提案されている．3 方向クラックゲージの概要を**図 3.40** に示すが，ひび割れを挟んで計測器を設置することで，車両走行時のひび割れの開閉，水平ずれ，段差の 3 方向の挙動を確認すること

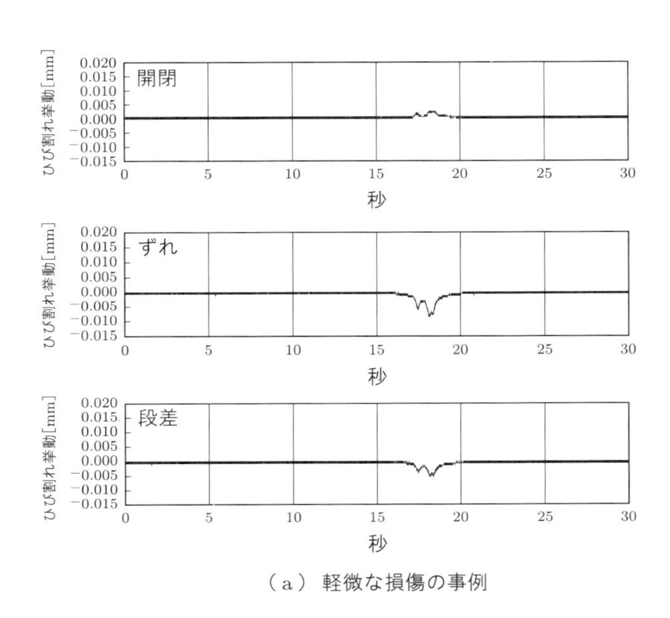

（a） 軽微な損傷の事例

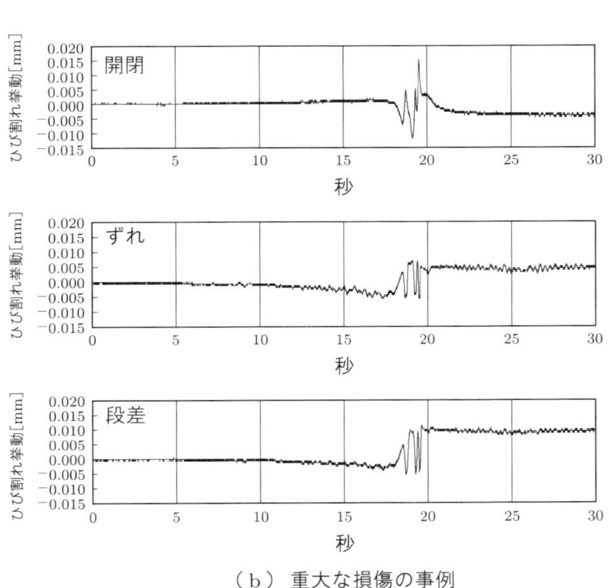

（b） 重大な損傷の事例

図 3.41　3 方向クラックゲージで採取した動的波形

ができる．この動的波形が初期の曲げひび割れであれば，ひび割れの開閉，水平ずれ，段差とも値が小さく，輪荷重通過後もとのレベルに戻るが，損傷が大きくなれば，それぞれの値も大きくなる．さらに劣化が進行してくると，車両通過後，すべての値がもとのレベルに戻らず，残留変位として蓄積される（**図3.41**参照）．この場合，ひび割れは上面まで貫通しているものと推測できる．また，せん断耐力が低下しているため，ここまで劣化が進行している場合は，注入工法で補修を行っても，長期的な効果は期待できないと判断できる．

このようなケースにおける床版の維持管理対策としては，床版の上面あるいは床版上面における防水層および排水設備の設置が効果的である．

3.5.2　高欄・地覆の止水対策

(1) 地覆拡幅などの止水対策

既設橋梁においては，**写真3.22**に示すような漏水を目にすることが多い．新橋では，道路橋床版防水便覧[6]に従って設計施工されているため，大きな問題はないと考えるが，既設橋梁については，防水が完全に施工されておらず，施工されている場合にも，初期の構造的欠陥や劣化によって機能していないことも多い．

写真3.22　張出床版下面からの漏水

現在では，**図3.42**(a)に示すように，床版側面の端部は路面排水の導水路であるため，防水層を床版上だけでなく，側面端部にも端部防水層を設置し，地覆（壁高欄，縁石）の側面から漏水しないよう配慮されている．しかし，初期の防水層は床版上面だけに設置されているか，側面部に設置されている場合でも，図(b)に示すように防水層の高さが足りず，図(c)の防水層がない場合と同様に，床版と後打ちの地覆，壁高欄の打継目などから雨水が漏水し，床版下面や地覆外側に変状が見られる事例も多い．また，示方書の改訂で地覆幅（600 mm）が拡幅された初期の施工では，防水層が設置されていなかったため，図(d)に示すように拡幅時の新旧コンクリート界面からの漏水が多く確認されている．

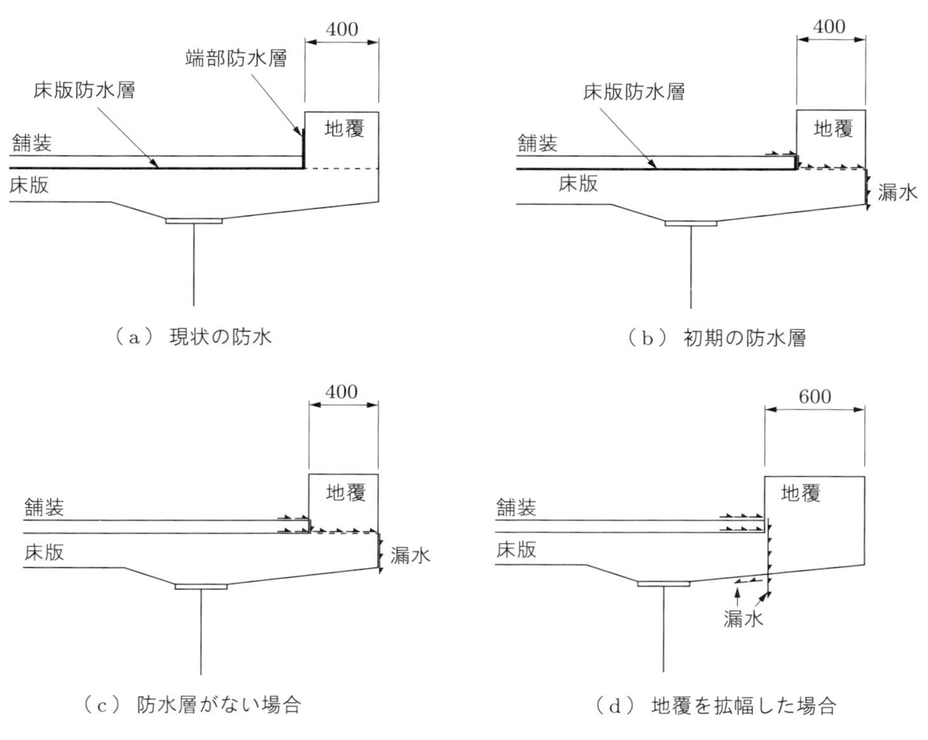

図 3.42　地覆近傍からの漏水

上記の補修方法としては，図 3.42(a) に示したように，端部も含めた防水層の設置を行えば十分であるが，補修後も橋梁点検が実施されることを考えれば，床版下面に残っているエフロレッセンスや汚れは，ケレンなどにより除去しておく必要がある．ただし，漏水やエフロレッセンスに茶褐色の不純物が混ざっている場合には，鉄筋が腐食し，断面減少の可能性もあるので，詳細調査を実施するのがよい．

(2) 既設橋梁のコンクリート高欄誘発目地からのひび割れ対策

比較的新しい橋梁でも，張り出し床版先端部で，**写真 3.23** に示すような橋軸直角方向の白色析出物を含むひび割れが発生している事例が多い．この白色析出物の主たる原因は，壁高欄の誘発目地であると考えられる．すなわち白色析出物は，誘発目地のひび割れからの雨水の浸入でコンクリート内部のセメント分が溶解して，床版端部側面，あるいは床版内部のひび割れを通して浸出したものと推測できる．壁高欄の誘発目地付近には，通常，エポキシ鉄筋が使用されているため，鉄筋の腐食問題はないと考えられる．しかし，床版内の鉄筋は時間の経過とともに腐食する可能性があり，

写真 3.23　壁高欄からのひび割れ

さらに，橋梁下面の通行者から最も見えやすい場所にあることも考慮すると，早急な対応が望まれる．

上記の補修方法の一例を**図 3.43** に示す．また，図 3.43 に示したひび割れ補修工法の手順を以下に示す．

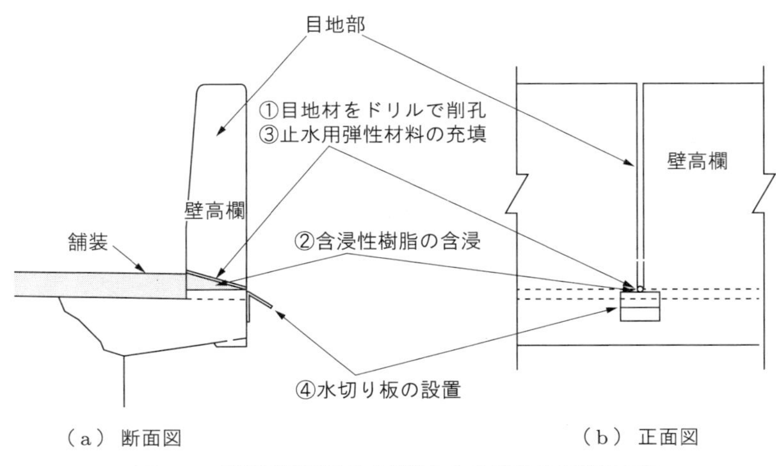

図 3.43　高欄誘発目地から発生したひび割れの補修方法

①壁高欄の誘発目地に挿入した瀝青材料下縁部で内側に，登り勾配でコンクリートにドリル孔を設ける．

②その孔から，下面ひび割れを閉塞するための含浸性樹脂を入れる．

③上部からの水を高欄外に排出する目的で，削孔内部に止水用弾性材料を挿入する．

④側面から排出した水が垂れ流しにならないように水切り板を設置する．ただし，第三者被害に配慮して，水切りが落下しないようアンカーなどで固定する．

(3) 高欄・地覆からの漏水対策

高欄・地覆からの漏水対策については，新橋の設計・施工時からの構造検討が必要である．前述の床版防水層，端部防水層の設置は不可欠であるが，それ以外にも排水桝間隔，縦断勾配を勘案した水抜き孔間隔などとの総合的な計画が必要である．一例として，**図 3.44** に示すように，地覆・壁高欄内側の床版に勾配をもたせて排水桝に雨水を誘導する方法も考えられる．

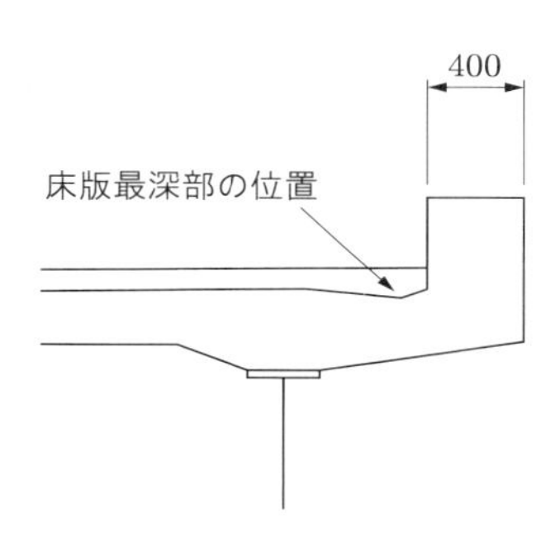

図 3.44　地覆手前の床版に勾配をもたせる方法

地覆には，一般にガードレールや照明柱が埋め込まれており，この場合には，その支柱位置で橋軸直角方向の貫通ひび割れが発生しているケースが多く見受けられる．降雨時には，このひび割れを伝って床版内部に雨水が浸入して鉄筋腐食の原因となることから，この部位での防水をはかることが重要となる．海外においては，床版と一緒に地覆や壁高欄も包み込んで防水層を施工する事例もある．この対策は，床版内への雨水などの浸入を防止するうえでは非常に有効であるが，下地処理の実施や被覆材料によっては，紫外線劣化に対する検討も必要と思われる．

また，床版上面に雨水が滞水して排水しにくい状況となった場合には，ϕ 30～50 mm 程度の削孔により排水パイプを設置し，水抜きをはかる応急対策が効果を上げている例もある[4]．ただし，排水設備については，適切な勾配と径を有する排水管の設置などにより，目詰まりなく水処理ができる構造としておく必要がある．

床版材料に関する長寿命化技術

■4.1 超高強度コンクリートの採用

4.1.1 高強度材料を使用した床版の断面修復

積雪寒冷地域にあるコンクリート床版では，交通量が少なく大型車両の混入率が低くても，早期に表面コンクリートの土砂化が起こり，損傷を発生する場合が多い．これらは，第3章で述べた床版の表層部における凍害と塩害の複合劣化と見られる．従来の補修技術でこのような床版の補修・補強を行ったり，維持更新したりするためには莫大な費用を必要とするので，一時的にでも損傷部位を部分的に修復し，劣化の進行を食い止める合理的でかつ耐久性の高い補修材料の開発が求められている．

このため,床版上面の断面修復材に適する材料開発の取り組みが各機関で実施され，劣化因子が遮断でき，高強度で高流動かつ材料分離抵抗性に優れた補修材料が開発されている．それらの材料は無機系と有機系に大別されるが，いずれも床版損傷部の補修材として適用されている．

ここでは，無機系のセメントを主材とした超緻密高強度繊維補強コンクリートを紹介する．この材料は，EUで補修･補強を目的に開発されたものを，日本のコンクリート構造物に適用するため，日本の材料を用いて配合設計が構築されたものである．

表4.1にその材料物性値を示す．塩化物浸透性や中性化および透気係数の数値から，劣化因子浸入の遮断性が伺える．とくに，圧縮強度（**図4.1**(a)）は，材齢1日で100

表4.1 超緻密高強度繊維補強コンクリートの材料物性値

項目	特性値	備考
圧縮強度（設計）	130 N/mm^2 以上	1日で100 N/mm^2 以上（材齢28日）
引張強度	13 N/mm^2 以上	ひび割れ発生強度10 N/mm^2
曲げ強度	35 N/mm^2 以上	試験JIS A 1171（材齢28日）
ヤング係数	3.5×10^4 N/mm^2	（材齢28日）
フロー値	打設条件に適合する範囲	試験JIS R 5201 モルタルフロー
付着強度	2.1 N/mm^2 以上	試験JIS A 1171（材齢28日）
長さ変化率	収縮 128×10^{-6}	試験JSCE-K561-2010（材齢28日）
塩化物イオン浸透深さ	0 mm	試験JIS A 1171（材齢28日）
中性化深さ	0 mm	試験JIS A 1171（材齢28日）
透気係数	0.001×10^{-16} 以下	透気係数試験（トレント法など）

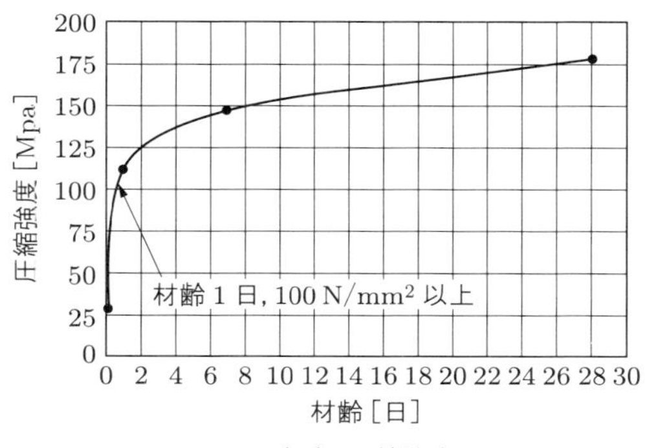

（a） 圧縮強度

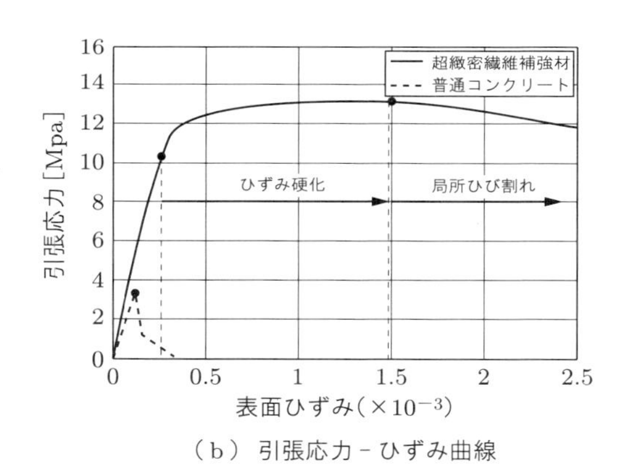

（b） 引張応力 - ひずみ曲線

図 4.1　超緻密高強度繊維補強材の実験値

N/mm^2 以上の高強度となる早強性がある．図 4.1(b) にこの材料の引張応力 - ひずみ曲線を示す．この図から，一般的なコンクリートをはるかに上回る引張強度があり，引張力に対する変形性能（hardening 範囲）が大きく，対ひび割れ抵抗性とひび割れの開口を抑制する特性が伺える．また，**写真 4.1** に示すように，施工性の観点からは，流動性と自己充填性および材料分離抵抗性に優れた材料といえる．

既存床版コンクリート上面の断面修復材料に用いた際の疲労耐久性を把握するため，輪荷重走行試験が実施されており，疲労耐久性と既設床版コンクリート界面での付着抵抗性が検証されている．実験は，まず損傷床版を疑似化した実物大 RC 床版供試体に対して，その上面にこの材料によるコンクリートが平均厚 20 ～ 30 mm 程度となるよう増厚補修する．次に，事前に輪荷重走行で床版下面に曲げひび割れを発生させた床版に，上面損傷を模擬化した部分補修部を輪荷重走行区間の中央部に設け，かつその補修部の中央位置に打継部を設けたものを供試体として，**図 4.2** に示す載荷プ

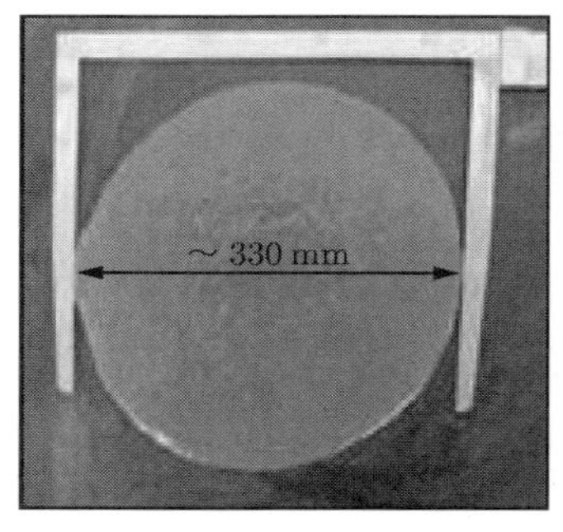

（a）スランプフロー試験

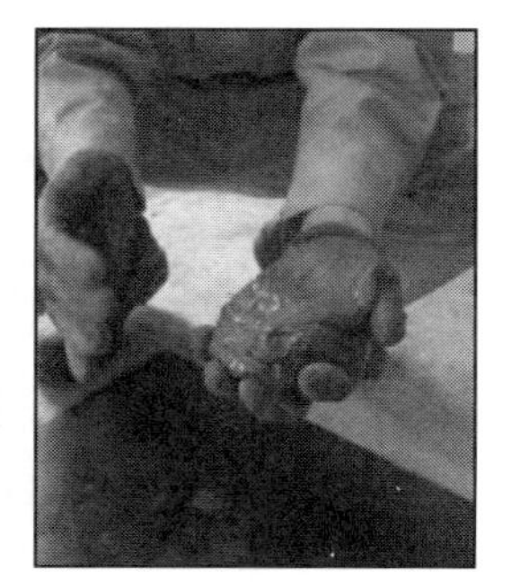

（b）手で持ち運びできる

写真 4.1　超緻密高強度繊維補強コンクリートの性状

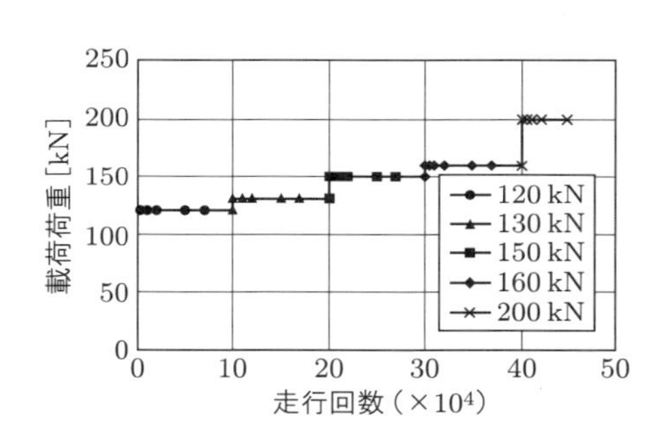

図 4.2　荷重載荷プログラム

写真 4.2　輪荷重走行試験の実施状況

ログラム（RC 床版での 150 kN の荷重換算で合計 200 万回に相当）に従い試験を実施している．試験の実施状況を**写真 4.2** に示す．

実験結果は，150 kN 換算で走行回数 200 万回相当でも，補修材料の剥離や損傷は発生せず，床版の鉛直変位の著しい上昇もなかった．また，除荷後の残留変位も 1 mm 程度で，変形性能が高く十分な疲労耐久性を保有していることが確認されている（**写真 4.3**，**図 4.3**）．

試験後の供試体を走行方向に切断した**写真 4.4** では，曲げひび割れが圧縮鉄筋位置における水平ひび割れに進展している様子がわかる．このような水平ひび割れの進展が生じても，超緻密高強度繊維補強材料との界面での付着ずれはなく，RC 床版に見られる上面圧縮側主鉄筋に沿った水平ひび割れへの進展が抑制されている．

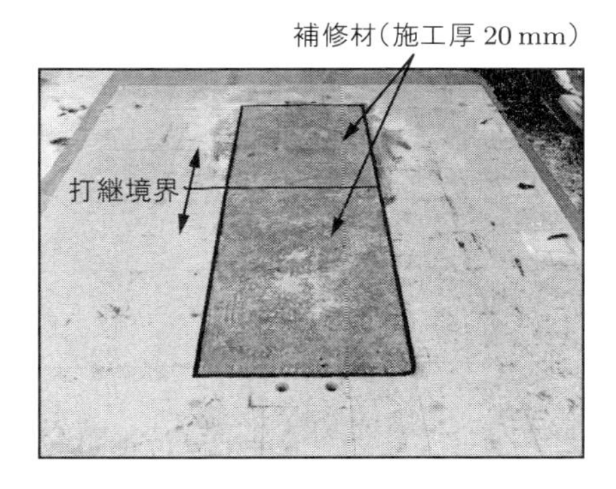

写真 4.3 実験後の供試体上面の状況

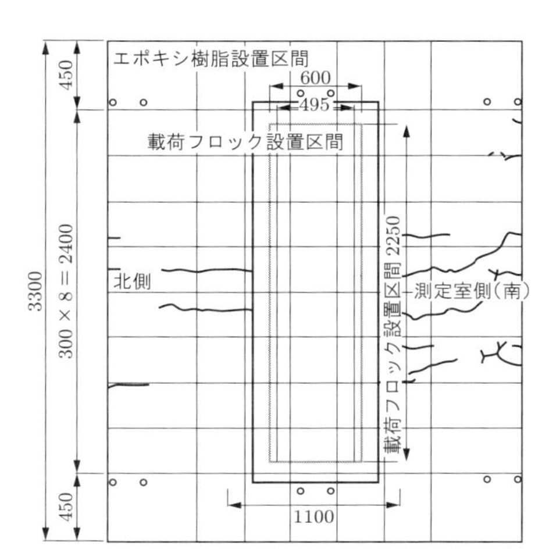

図 4.3 実験後のひび割れ図

写真 4.4 供試体支間中央での橋軸方向切断面の状況

4.1.2 高強度材料を使用した床版の開発

近年，強度が 150 N/mm^2 以上の高強度コンクリートが開発され，上部工重量の軽量化が可能で，かつ耐久性も期待できるため，各種土木構造物への適用が進んでいる．

最近では，羽田空港 D 滑走路の桟橋工事でプレキャスト床版の一部として，超高強度繊維補強コンクリートを使用した床版が設計，施工され [1]，2010 年 10 月に供用が開始されている．この床版については 5.2.2 項に詳述するが，これらの高強度材料を使用した場合，床版厚の抑制，自重の低減が期待されるため，床版材料として利用するための研究，開発が進められている．しかし，現時点ではまだ，道路橋床版としての適用例は報告されていない．ここでは，現在開発中であり，実施工への期待が高い 2 種類の高強度床版の事例を紹介する．

(1) 超高強度繊維補強道路橋床版（PC）

近年，都市部の高速道路橋に多く使用されてきた鋼床版において疲労き裂が多発し，その補修・補強に多大な労力が払われている．このため，鋼床版に代わる軽量かつ耐久性の高いコンクリート系材料として超高強度繊維補強コンクリート（以下，UFCと記す）が注目され，道路橋床版への適用研究が2011年ごろから開始されている[2].

UFCは，圧縮強度が150 N/mm^{2}以上，ひび割れ発生強度が4.0 N/mm^{2}以上，引張強度が5.0 N/mm^{2}以上の繊維補強したセメント質複合材である．これを用いた床版は，通常のコンクリートの約5倍という高い圧縮強度を有しているため，より大きなプレストレスが導入できる．さらに，鋼繊維の補強効果から高い引張強度が得られ，鉄筋が省略できるため，極限まで部材を薄くでき，軽量化が可能である．また，組織が非常に緻密であるという材料特性から，高い環境耐久性も期待できる．

UFC床版の概念図を**図4.4**に示す．リブの配置をワッフル型として軽量化をはかるとともに，**図4.5**に示すようにリブには高強度PC鋼材を配置し，プレテンション方式で2方向にプレストレスを導入している．UFC床版設計のコンセプトは，直接活荷重を受けるスラブを高強度PC鋼材を配置したリブで補剛し，床版重量を鋼床版

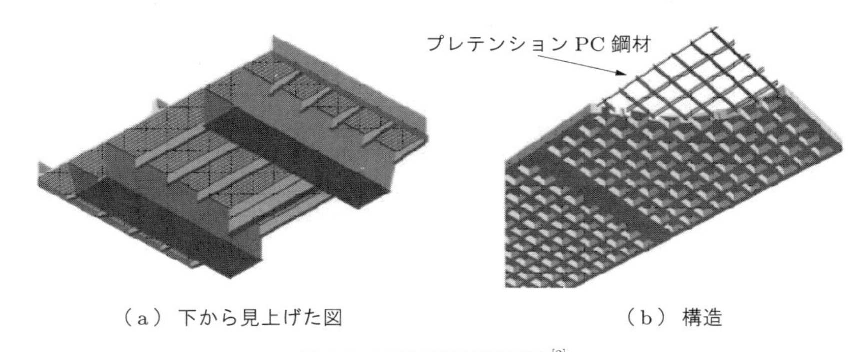

（a）下から見上げた図　（b）構造

図4.4　UFC床版の概要図[2]

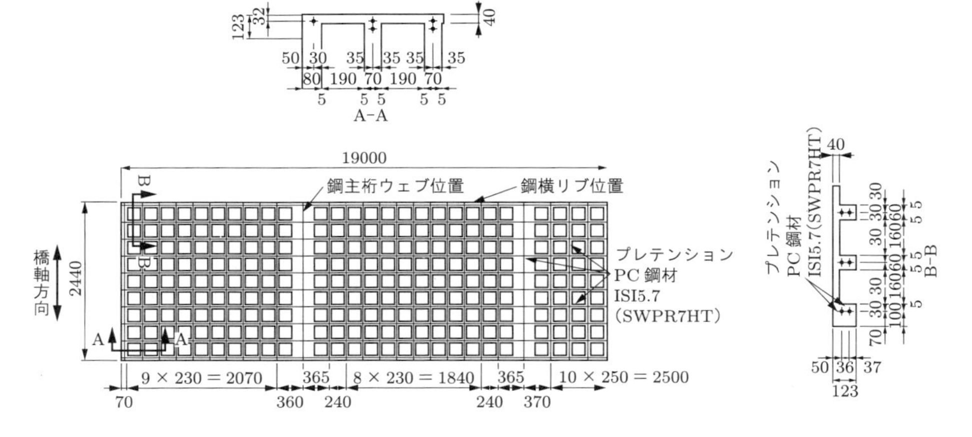

図4.5　UFC床版の構造詳細図[3]

と同等とすることを目標に，それぞれの部材厚を最小にして，斜張橋の床版への適用を想定している．そして，UFC 床版としての詳細な解析と試設計が実施され，鋼床版と同等の軽さで床版を構成できることが確認されている．また，橋軸方向と橋軸直角方向のリブ間隔がともに約 250 mm の補剛板を，主桁に直交する鋼製の横リブで支持し，この鋼横リブ間隔を床版支間長とする全長 2.5 m の UFC 床版の供試体を用いて，**図 4.6** の載荷プログラムで輪荷重走行試験が実施されており，その安全性および疲労耐久性が検証されている [3].

（a） 輪荷重走行試験の状況

● 静的計測
― 疲労試験
- - - 水張疲労試験
載荷荷重 [kN]
250
200
150
100
50
0
輪荷重走行試験
水張疲労試験
挙動確認試験
0　5　10　15　20　25
走行回数（×10⁴）

（b） 載荷プログラム

図 4.6　UFC 床版の輪荷重走行試験 [3]

(2) 高強度合成繊維補強道路橋床版（RC）

橋梁床版の薄肉軽量化による主桁や下部工・基礎工の規模縮小，および橋脚の耐震補強規模の縮小などを目指して，床版厚は極端に薄いが，疲労耐久性は現行床版よりも優れるような RC 床版の材料開発研究も実施されている．

その一つが，鋼繊維の代わりに合成繊維を用いた超高強度繊維補強コンクリート材料 [4] である．簡便な装置により真空脱泡を施すことで，緻密化された硬化体が形成され，圧縮強度が 150 N/mm^2，曲げ強度が 20 N/mm^2，引張強度が 7 N/mm^2 となり，普通のコンクリートに比べて格段に高い強度特性を実現している．鋼繊維を使用しないので，腐食による劣化リスクも少なく，長期的な劣化が起こりにくいこと，また，透水係数や透気係数，塩化物イオンの拡散係数も，土木学会が定める「超高強度繊維補強コンクリートの設計・施工指針（案）」での 設計耐用年数 100 年相当の耐久性能を満たしていることが，試験によって確認されている [5]．また，材料特性試験，小型の押抜きせん断試験，定点疲労試験などでも良好な結果が得られている．この材料は，工場製作のプレキャスト部材として利用できるだけでなく，現場打ちでも利用でき，流動性が高く自己充填性があるので，薄い部材や複雑な形状の構造物にも利用できる．

この材料を用いた床版の疲労耐久性確認のため，高強度モルタルと高強度鉄筋(USD685)を用いた床版厚 120 mm の供試体による輪荷重走行試験が実施されている．試験は，**図 4.7** に示す床版支間 2.0 m で橋軸方向長さ 2.5 m の供試体 4 体を並べて実施され(**図 4.8**(a))，走行輪荷重を図 4.8(b) に示す載荷プログラムに従って載荷したが，試験体が厚さ 120 mm と非常に薄いにもかかわらず，載荷終了後に微少なひび割れが一部観測されただけで，目立った損傷は発生しなかったと報告されている．

このように高強度合成繊維補強床版が高い疲労強度を有する理由としては，

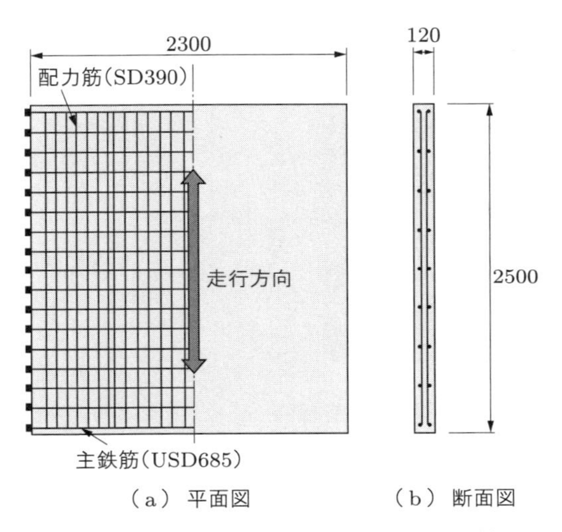

（a） 平面図　　（b） 断面図

図 4.7　高強度合成繊維補強床版の試験体 [5]

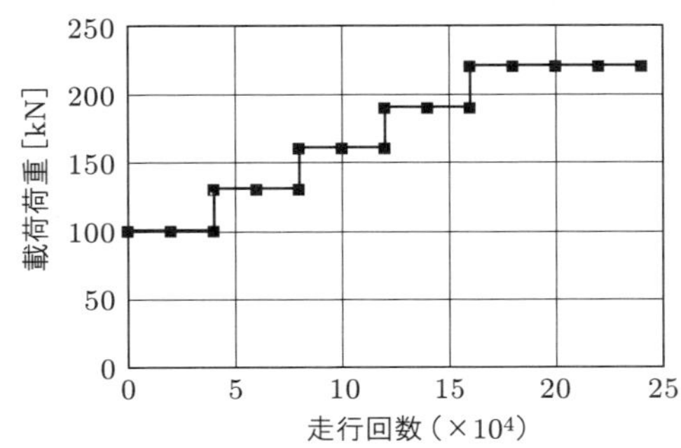

（a） 輪荷重走行試験の状況　　（b） 載荷プログラム

図 4.8　高強度合成繊維補強床版の輪荷重走行試験 [5]

①超高強度コンクリートであるため，ひび割れ発生耐力が大きく，配合される合成繊維の効果により，ひび割れの進行およびひび割れ幅が抑制される．

②コンクリートのせん断耐力が非常に大きいため，押抜きせん断強度が向上する．

などが考えられる．

4.1.3 床版剛性の低下に対する懸念

(1) 低周波空気振動の影響

前項で述べたように，高強度材料を使用することで床版を軽量化，薄厚化することができるが，それによって床版のたわみが大きくなり，低周波空気振動問題が発生することが懸念される．このため，低周波空気振動の解析手法[6],[7]を用いて，床版の剛性を変化させたときの低周波空気振動の影響に関する解析が実施されている[8]．

実施された解析モデルを図 4.9 に示す．解析では，床版剛度の影響を確認するために，以下に示す 3 タイプの床版を想定して，橋梁床版の時刻歴振動解析および空気振動解析を行い，対象橋梁のトラス橋から 10 m の位置での空気振動の音圧レベルを比較している．

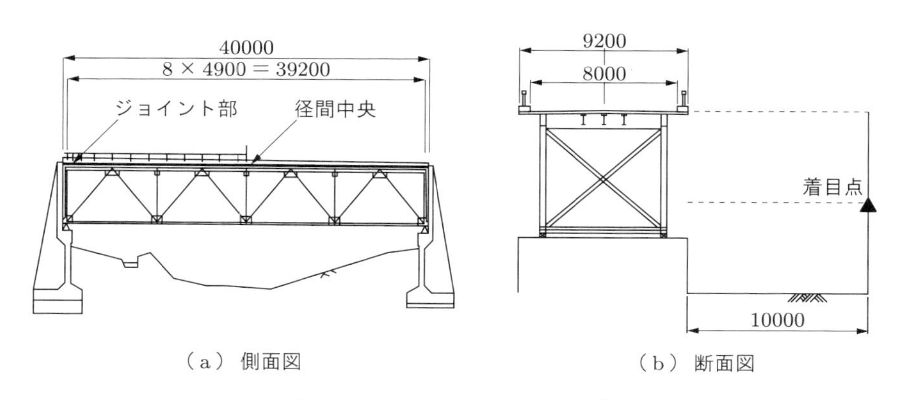

（a） 側面図　　（b） 断面図

図 4.9 低周波空気振動の解析モデル

タイプ 1：床板厚 160 mm，全断面有効

タイプ 2：床板厚は 160 mm であるが，RC 断面（剛度はタイプ 1 の約 1/3）と仮定

タイプ 3：タイプ 1 に 50 mm の増厚を行い，床板厚 210 mm を全断面有効と仮定

解析結果を表 4.2 に示すが，この解析結果からは床版剛性の違いによる音圧レベルに有意な差は確認できなかった．

低周波空気振動は，橋梁上を通過する車両特性，橋梁床版部，および橋梁の伸縮継手部から誘発される振動が原因となる場合が多いといわれている．しかし，空気振動

表4.2　低周波空気振動の解析結果

タイプ	床版	音圧レベル
1	床板厚 160 mm，全断面有効	102.9 dB
2	床板厚 160 mm，引張無視（RC断面）	98.8 dB
3	床板厚 210 mm，タイプ1を50 mm増厚	99.4 dB

の起振力となる橋梁床版の振動は，床版のみならず，橋梁の全体剛性，主桁（縦桁）間隔，鈑桁橋の場合は主桁のウェブ厚，全体床組の剛性条件，支持条件（ゴム支承への交換），立地条件など，様々な要因に支配されており，この解析結果は床版の軽量化がそのまま低周波空気振動を誘発するとは言い切れないことを示唆している．

ただし，全体剛性に対し床板厚が比較的薄いため，床版に大きな変位が発生しやすい少数主桁橋や鋼床版橋の場合には，低周波空気振動が誘発されやすいので配慮する必要がある．

(2) 床版剛性の低下に関するその他の懸念

高強度材料を使用することで，床版厚を劇的に薄くすることができるが，低周波振動に関しては問題ないとしても，実橋への適用に関しては，以下の課題に配慮する必要がある．

①道路橋示方書の最小床版厚の規定との関係
②高強度材料（コンクリート，鋼材）のバランス
③床版厚減少による床版たわみの増大
④床版の曲げ破壊の先行
⑤たわみ増による防水工を含む舗装の早期劣化

■4.2　長寿命化のための鉄筋材料

第1章に述べたように，コンクリート中の鉄筋は，コンクリートの中性化やひび割れからの塩化物イオンの浸入により，腐食が発生，進行する．このため，床版の長寿命化には，耐食性の高い鉄筋の適用が有効であり，これまでエポキシ樹脂塗装鉄筋[9]や亜鉛めっき鉄筋が用いられてきたが，近年，ステンレス鉄筋やFRP筋などの新たな材料も実用化されてきている．さらに海外においては，鋼としての組成を変えることで，鉄筋そのものの耐腐食性能を高める研究も進められている．

これらの耐食性の高い材料を鉄筋として用いることは，構造物の寿命を延ばすだけでなく，中長期的な維持管理コストの縮減にも有効であることから，腐食環境が厳しい場所では極めて有効な対策といえる．また，新設だけでなく，施工や環境面での制

約が多い既設構造物の補修・補強に対しても，適用範囲が広まるものと予想されることから，高性能，低コストを実現する材料の開発と現場への適用が望まれている．

4.2.1 エポキシ樹脂塗装鉄筋[9]

エポキシ樹脂塗装鉄筋は，エポキシ樹脂を耐食性が確保できる静電粉体塗装法を用いて塗装した鉄筋で，ほかの樹脂系塗料と比較すると比較的薄膜で，鉄素地との密着性に優れている．エポキシ樹脂被覆による防食効果は，劣化因子と鋼との腐食反応をいかに抑制，防止できるかによるため，その性能は，塗膜の品質，塗膜厚，損傷の有無などによって著しく異なる．また，エポキシ樹脂塗装鉄筋のコンクリートとの付着強度は，無塗装鉄筋と比べ85%となることから，重ね継手を用いる場合，定着長を長くとるなど，その品質および使用方法については守らなければならない種々の条件がある．なお，鉄筋を保護する役目を担うコンクリートについても，空隙の少ない密実なものが好ましく，鋼材の防錆とコンクリートの保護効果が一体となって防食効果を発揮させることが望ましい．

わが国では近年，塩害が想定される沿岸部や寒冷地においてエポキシ樹脂塗装鉄筋の採用が増加しているが，歴史が浅く使用実績，経験も少ないことから，今後は材料の品質向上や供用環境に応じた適用範囲の設定など，さらなる研究開発が望まれる．

一方，高速道路網が発達するアメリカにおいては，わが国と若干異なり，床版の環境劣化，とくに凍結防止剤による塩害に対する維持管理が最大の目標となっており，多くの州でエポキシ樹脂塗装鉄筋の採用が標準となっている．また，上側鉄筋のコンクリートかぶりが2インチ以上とされているうえ，路面舗装の約7割がコンクリート表層であり，エポキシ樹脂塗装鉄筋の適用と十分なかぶりを確保した断面構成とすることで耐久性の向上がはかられている．なお，コンクリート表層の上面を1～2インチの樹脂製コンクリートでオーバーレイすることで，コンクリート表面のひび割れ対策，および耐摩耗性，耐すべり・ころがり性などが確保されている．さらに，床版のコンクリートには，混和剤として透水係数の非常に小さなシリカヒュームを用いたハイパフォーマンスコンクリートを使用している．この両者の組み合わせによって，鋼材腐食に起因する変状を抑制している．

アメリカでは，エポキシ樹脂塗装に代わって亜鉛めっきで表面被覆した鉄筋の採用も見られるが，コスト面からはエポキシ鉄筋のほうが安価ということもあり，現時点ではエポキシ鉄筋の使用が主流となっている．しかしながら，フロリダ州の高温な海洋環境下では，気体化した水蒸気がエポキシ被覆を貫通して腐食が生じるという理由でエポキシ鉄筋の使用が禁止されているほか，カナダなどの極寒な地域においてもエポキシ鉄筋の効果が疑問視されている．このため，亜鉛めっきした鉄筋にエポキシコーティングするような複合的な対策も進められてきており，いまなお耐食性に優れた材料の開発は大きなテーマとなっている．

写真 4.5 に，アメリカおよびわが国におけるエポキシ樹脂塗装鉄筋の使用事例を示す．

（a）アメリカ

（b）日本

写真 4.5　エポキシ樹脂塗装鉄筋の使用事例

4.2.2　ステンレス鉄筋 [10]

ステンレス鉄筋は，腐食環境の程度に応じて SUS316，SUS304，SUS410 などのグレードが選択できる．これらの材質ごとの腐食発生塩化物濃度は，SUS316 で 24 kg/m^3 以上，SUS304 で 15 kg/m^3 以上とされており，最もグレードの低い SUS410 においても 9 kg/m^3 程度と考えられている．これらの材料性能は，クロムやニッケルの含有量などに応じて変わるが，いずれもレールや手すり，港湾構造物として露出した状態で使用しない限り，コンクリート中での耐食性能は普通の鉄筋と比べて極めて高い．

また，ステンレス鉄筋は，普通鉄筋とステンレス鉄筋が接触することで発生する異種金属間腐食の可能性が低いことが確認されており，コスト縮減のため環境条件の厳しい部分のみの適用も可能である．ただし，既設の鉄筋と一体化させるような場合には，溶接性に課題があるため，両者の接合には配慮が必要となる．また，素材自体が耐食性に優れることから，通常の鉄筋と同様の取扱いが可能である．

そのほかのステンレス鉄筋の課題としては，その価格が問題となることが多い．しかしながら，50 年，100 年を単位とした構造物の維持管理を考えた場合，初期コストがたとえ普通鉄筋の 3 倍かかったとしても，総工費に占める割合はそれほど大きくなく，LCC を踏まえたランニングコストでは経済効果が期待できる．供用中の耐久性と安全性が確保できれば，構造物を維持管理する立場からは大いに歓迎される．

このようなことから，ステンレス鉄筋は 2008 年に JIS 化され，最近では塩害環境や凍害環境下にある構造物に対して，国内外でその使用が増加傾向にあり，2014 年

写真 4.6 ステンレス鉄筋 (SUS410) の使用例 (提供：国土交通省高田河川国道事務所) [11]

表 4.3 ステンレス鉄筋の機械的性質

種類の記号	強度区分	0.2%耐力 [MPa]	引張強さ [MPa]	伸び[%]	曲げ性
SUS304 SUS410	295A	295以上	440～600	16以上a)，17以上b)	180°曲げにてき裂なし
	295B	295～390	440以上	16以上a)，17以上b)	180°曲げにてき裂なし
	345	345～440	490以上	18以上a)，19以上b)	180°曲げにてき裂なし
	390	390～510	560以上	16以上a)，17以上b)	180°曲げにてき裂なし

a)呼び径：D22以下のとき　b)呼び径：D25以上のとき

には新潟県の日本海沿岸において，ステンレス鉄筋を用いた橋が初めて建設されている（**写真 4.6**）[11].

参考のため，ステンレス鉄筋の機械的性質を**表 4.3** に示す.

4.2.3 FRP ロッド [12]

1 方向繊維強化プラスチック（以下，FRP と略す）をコンクリート用補強材として用いることに関する開発研究は，主に 1950 ～ 1960 年代にわたり，アメリカ，ソ連およびイギリスにおいて行われてきた．FRP が高価であることから，鉄筋の代替ではなく，PC 用緊張材として利用することが目的とされていた．わが国では，1980 年ごろから厳しい腐食環境下に建設される PC 構造物の抜本的な腐食対策として，現在の高張力鋼製緊張材を，これとほぼ同等の引張耐力を有する 1 方向 FRP 製緊張材で置き換える研究が行われ，1988 年にプレテンション方式による単純桁橋が石川県で建設されている [13].

現在，コンクリート補強材として使用されている FRP には様々なものがあり，大きく分類すると，1 方向強化 FRP ロッドと，2 次元または 3 次元の格子状 FRP 材がある．いずれも補強繊維としては，ガラス繊維，カーボン繊維，アラミド繊維などが用いられており，ロッド状のものでもコンクリートとの付着改善などを目的として様々な形状寸法のものが製造されている．

FRPロッド（写真4.7）は，高張力であることに加えて耐食性に富み，非磁性材料であるだけでなく，軽量であるため現場作業が容易となる利点が活用の理由となっている．その一方で，ヤング率が鋼材と比べ小さいこと，引張には強いものの圧縮や曲げに対しては課題が残ること，また端部の定着方法も確立されたものが少ないことから，鉄筋と同等の効果を期待するための代替品としての利用には限界があり，適用範囲について検討を要する．また，これらの弱点をカバーできる工夫についても考える必要がある．FRP補強筋の機械的性質の一例を表4.4に示す．

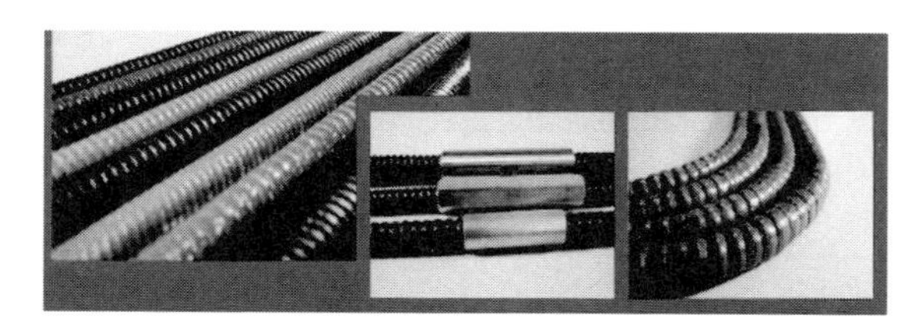
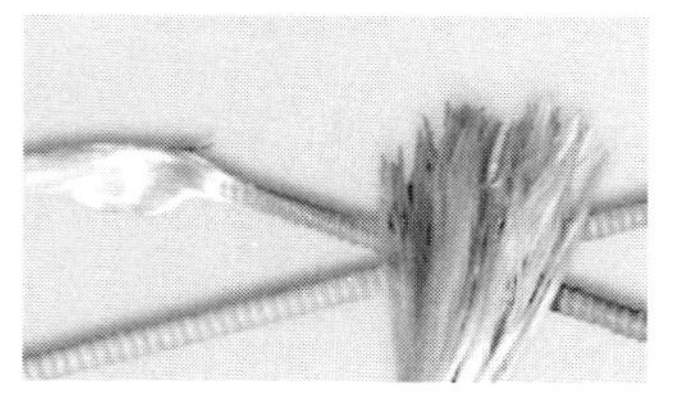

写真4.7　FRPロッド[14]

表4.4　FRP補強筋の機械的性質の一例[15]

種類	S	P	E（特注品）
繊維	ガラス繊維	ガラス繊維	カーボン繊維
樹脂	ポリエステル	ビニルエステル	ビニルエステル
使用用途	仮設用	恒久用	恒久用
形状	S,L,U,O	S,L,U,O	S,L,U,O
色分け	青色	灰色	黄色
張力［MPa］	900 ~ 1000	900 ~ 1000	> 3200
ヤング率［MPa］	> 50000	> 60000	> 230000
密度［kg/m^3］	2.2	2.2	2.2
直径［mm］	8,12,16,20,25,28,32	8,12,16,20,25,28,32	6,20
破断時の変形［%］	> 2.5	> 2.5	−
表面（ねじ方向）	左	左	左

4.2.4　亜鉛めっき鉄筋[16]

100年近い使用実績のある溶融亜鉛めっき法は，信頼性の高い防食性能が認識されており，塩害などによって起こるコンクリート構造物内の鉄筋の早期腐食の防止対策として，有効な手段の一つである．

このため海外では，シドニーのオペラハウス，北海油田のプラットフォームなど，塩分の影響を受けやすい厳しい環境下において，亜鉛めっき鉄筋コンクリートが施工されてきた．1953 年にアメリカ海軍により建設され半世紀以上が経過しているアメリカバミューダ諸島のロングバード橋は，厳しい海洋性気候下にあり，コンクリート中の塩化物レベルが 1 ～ 4 kg/m^3 の高濃度にまで達しているものの，1995 年の調査では健全な亜鉛めっき被膜が十分に残存していると報告されている．

大部分に亜鉛めっき鋼材が使用されている部材の大気中での耐食性については，長期の経験と多数の暴露試験などで耐用寿命の推定がかなりの精度で可能になっているものの，腐食環境としてのコンクリートは，水分や酸素の浸透拡散が複雑であり，未解明な部分も多い．しかし，最近では研究や暴露試験も頻繁に行われており，これらの結果から，コンクリート内での亜鉛めっき鉄筋の腐食メカニズムの説明が可能となっている．

亜鉛めっき鉄筋コンクリートの暴露試験報告書では，通常鉄筋の場合はコンクリート中の塩分濃度が 0.034% を超えると鉄筋が発錆し，コンクリートがひび割れ，剥落を起こす可能性が増大するものの，亜鉛めっき鉄筋では 0.3% 程度までは劣化原因を生じるおそれはないという結果となっている．

実コンクリート構造物の塩分含有量は，海岸近くの構造物で海水飛沫にさらされる頻度の高い場所では 1% を超えるものもあるが，直接海水飛沫を受けない場所では，特異地形を除き，（かぶり 40 mm 付近では）長期供用後も 0.3% を超えないといわれている．このようなデータを参考にし，かなり安全に考えても，海岸線より 100 m 程度以上離れた場所であれば，通常品質のコンクリート構造物で，かぶり 40 mm での亜鉛めっき鉄筋は，長期に腐食を生じることはない．

亜鉛めっき鉄筋は，ISO 14657 として規格化されており，オーストラリアとニュージランドでは AS/NZS 4671，アメリカでは ASTM A 767，フランスでは NF A35-025，イタリアでは UNI 10622 など多数の国で規格化され，北米やオーストラリア，欧州を中心に普及している．

一方，わが国では，昭和 54 年（1979 年）12 月に日本建築学会が「亜鉛めっき鉄筋を用いたコンクリート造の設計施工指針（案）」を，昭和 55 年（1980 年）4 月に土木学会が「亜鉛めっき鉄筋を用いるコンクリートの設計施工指針（案）」を策定し，塩害対策として 1980 年代に普及の機運が高まったものの，沖縄県を除き採用が進んでいないのが現状である．

わが国で現在主流のエポキシ樹脂塗装鉄筋は，防食性が高いものの，ピンホールや傷を付けずに均質に施工するために技術を要する．これに対し，溶融亜鉛めっきは傷が付いても，傷周囲の亜鉛が陽イオンとなり電気化学的に母材を保護する「犠牲防食作用」がはたらくことから，施工面で有利となる．亜鉛めっき鉄筋の外観写真を**写真 4.8** に示す．

写真 4.8　亜鉛めっき鉄筋 [16]

4.2.5　鋼の材質を変えた製品 [17]

自然界に存在する鉄鉱石は電気化学的に安定しており，そのままでは腐食を生じることはほとんどない．しかし，これを採取して製錬して生み出される鋼は，電気化学的には不安定な状態となるため，周辺の酸素と結合し酸化鉄となって安定化するための反応を生じるようになる．さらに，鋼材内部においても電気的に高密度の電流が流れ，鋼の内部で直流電池のようなはたらきが生じる．これをミクロの構造レベルで見てみると，一般的に使用されている鋼ではフェライト（陽電荷）とカーバイド（陰電荷）が放出され，これが直流電流のはたらきをして両者の間に電流が流れ，その結果フェライトから電子が奪われて酸化反応が促進されることになる．

すなわち，このような直流電流による腐食を防ぐには，基本的にカーバイドを除去することが必要となり，それを実現させる材料として，鋼の性質を変えた新しい鋼材が開発されている．開発された組成は，微細組成のオーステナイトが細かいマルテンサイトと結合することによってカーバイドの生成が抑えられ，その結果として直流電流の発生と腐食の促進が抑えられている．さらに表面には，酸化クロム不導体被膜も形成されるとしている．

これらの開発の成果として得られた新しい鋼材の特徴は，次のようなものである．

①高い防食性を有すため被覆が不要
②コンクリート中では 75 年以上の耐久性を有し，経済的
③優れた脆性破壊抵抗性と良好な延性，低温曲げ性能を有する
④一般構造用鋼材の 2 倍の引張強度

構造物の耐荷力や耐久性の低下は，鋼材の腐食に起因したものが非常に多いことから，鋼そのものの組成を変え，防食性能が高く廉価な材料を開発することは永遠のテーマであろう．

第5章 PC床版を用いた橋梁の高性能化と長寿命化

■5.1 場所打ちPC床版を用いた橋梁の構造改善

5.1.1 場所打ちPC床版を用いた上部構造

波形鋼板ウェブ橋や複合トラス橋に代表されるPC床版を用いた鋼・コンクリート複合橋は，鋼橋あるいはPC橋の単独構造とは異なる力学特性の活用により，橋梁の高性能化やコスト縮減に寄与するイノベーティブな橋梁形式として，近年採用実績が増加している．鋼・コンクリート複合橋では，軽量化を目的としてウェブを鋼部材とし，床版構造には長支間場所打ちPC床版が一般的に採用されている．

鋼・コンクリート複合橋としては，鋼合成桁橋が古くから採用されており，多数の施工実績があるが，1990年代，場所打ちPC床版を用いた鋼少数主桁橋が経済的で合理的な構造形式として開発され，高速道路の高架橋を中心に採用実績を伸ばした．鋼少数主桁の合成桁橋は，橋軸直角方向にプレストレスを導入した場所打ちPC床版を採用することにより床版支間長を大きくすることができるため，図5.1に示すように，鋼I桁2本のみでPC床版を支持する構造が可能となった．第二東名高速道路のモデル橋梁となった藁科川橋は，幅員18050 mmに対して2本の鋼I桁を配置した構造であり，場所打ちPC床版の支間長は11000 mm，床版厚は床版支間中央で360 mm，支点上で530 mmである[1]．鋼合成桁橋における長支間場所打ちPC床版の技術的な種々の検討を踏まえて，鋼合成桁橋とは異なった床版構造ではあるが，その後，海外で開発され日本に導入された波形鋼板ウェブ橋，複合トラス橋およびストラット付き床版を有するPC箱桁橋などの新しい上部構造形式に対しても，PC床版が採用されるようになった．

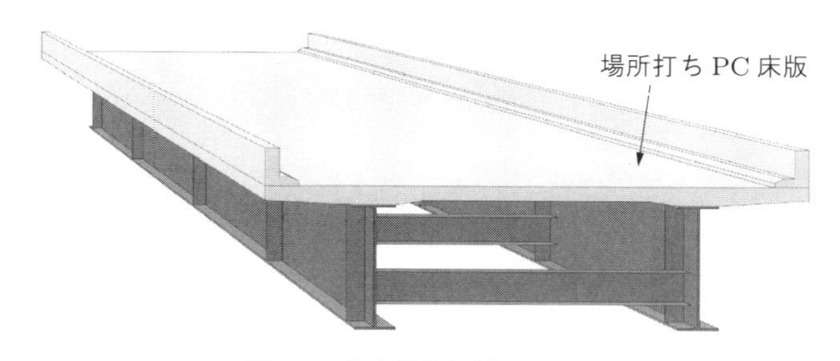

図5.1　鋼少数主桁橋の概要図

近年開発されている鋼・コンクリート複合橋の多くは，PC箱桁のウェブを鋼部材に置き換えた構造である．しかしながら，PC床版と鋼ウェブ部材との接合部が，PC構造単体として設計・施工される従来の構造とは異なること，また，複合構造としての力学性能を担保するために最も重要な部分であることから，各方面で様々な検討がなされ，詳細構造が提案されている．一方，PC上部工における新しい合理化構造として，長支間場所打ちPC床版技術を用いたストラット付き床版を有するPC箱桁橋も，2方向プレストレスによって広幅員橋梁などで実績が増加している．

ここでは，鋼・コンクリート複合橋およびストラット付き床版を有するPC箱桁橋に用いられている場所打ちPC床版の特徴と設計手法について述べるとともに，場所打ちPC床版と鋼部材との接合部の構造詳細の事例を紹介する．

5.1.2　波形鋼板ウェブ橋

波形鋼板ウェブ橋とは，**図5.2**に示すように，コンクリートの箱桁断面のウェブ部分を波形鋼板に置き換えた構造である．主桁重量の軽減がはかれるとともに，波形鋼板のアコーディオン効果により，上下床版への橋軸方向の主プレストレス導入効率が向上する合理的･経済的な上部構造形式として認知されている．波形鋼板ウェブ橋は，新しい鋼・コンクリート合成構造として1986年にフランスで開発・実用化され，わが国においても，1993年に新開橋が施工された．その後，高速道路の高架橋を中心に数多くの施工実績がある[2],[3]．

波形鋼板ウェブ橋は，広幅員などの特別な条件でないかぎり，2本の波形ウェブと上下床版を有する1室箱断面構造であり，上床版に場所打ちPC床版を適用すること

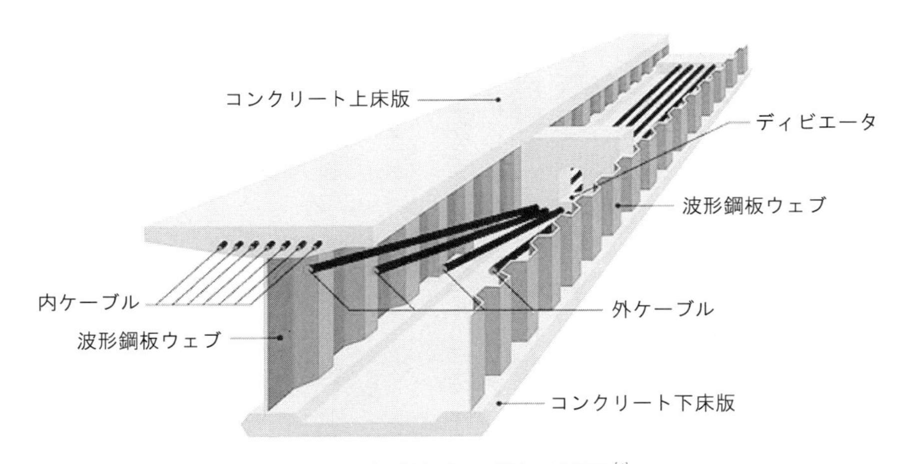

図5.2　波形鋼板ウェブ橋の概要図[4]

が多い．波形鋼板ウェブ橋の床版の設計は，基本的にPC箱桁橋の床版と同様であるが，波形鋼板ウェブ橋特有の構造的配慮が必要である．具体的には，活荷重による床版の設計曲げモーメントは，薄板理論により算出することが基本であるが，床版の支持状態，波形ウェブの曲げ剛性や床版の接合方法による影響，載荷状態などを考慮して適切なモデル化を行う必要がある．FEM解析などを実施し，床版の設計曲げモーメントを算出している事例も多くある．また，PC箱桁橋と比べてねじり剛性が小さいため，曲線橋への適用には十分な検討が必要となる．

波形鋼板ウェブとコンクリート床版の接合部の構造は，主構造の成立および床版と波形鋼板ウェブとの応力伝達上，最も重要な部分である．これまでに提案され実績のある接合部の構造としては，**図5.3**に示すように，(a) フランジプレートにスタッドジベルを設置して接合する方法，(b) 波形鋼板に孔を空けて，そこに橋軸直角方向に鉄筋を配置してコンクリート床版に埋め込む方法，(c) フランジプレートに鋼製のアングル材を接合する方法，(d) パーフォボンドリブを接合し，橋軸直角方向鉄筋を配置する方法などがある．

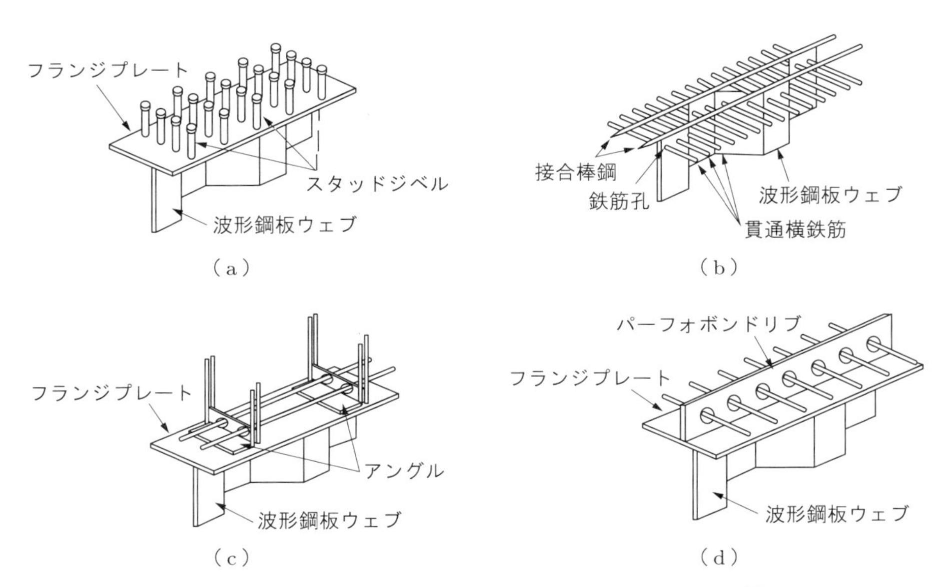

図5.3 波形鋼板ウェブとコンクリート床版の接合部の構造[3]

波形鋼板ウェブPC橋は，鋼とコンクリートの接合部分の健全性が確保されることにより，その特徴的な力学的性能が担保されるものであるため，鋼とコンクリートと水の接点（トリプルコンタクトポイント）部の防水性能が，橋梁の耐久性を確保するうえで重要である．

5.1.3　複合トラス橋

複合トラス橋とは，一般に，上下のコンクリート床版を鋼トラス材で結合したトラス構造のPC橋梁である．**図5.4**に複合トラス橋の概要図を示す．複合トラス橋も波形鋼板ウェブ橋と同様に，上部工の重量軽減を目的として開発された．現在，複合トラス橋で一般に用いられているのは，上弦材を設けないで直接鋼トラス材とコンクリート床版を結合する構造である．これは，フランスで開発・実用化されたものであり，わが国においても徐々に施工実績が増加している [2],[3]．

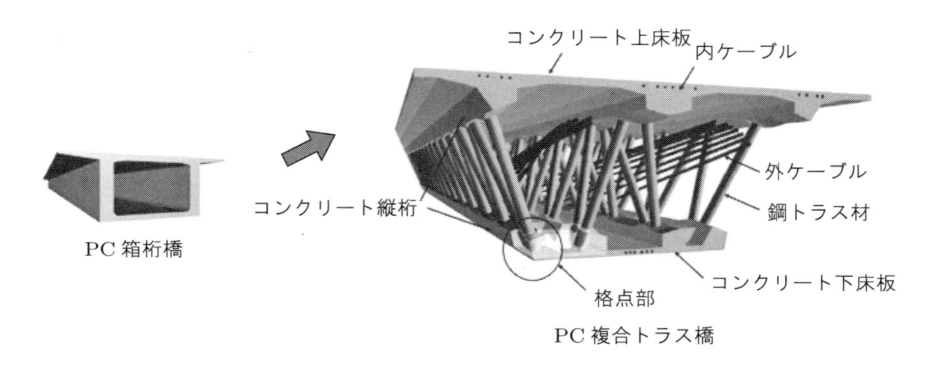

図5.4　複合トラス橋の概要図 [4],[5]

複合トラス橋のコンクリート床版の曲げ変形特性については，上下コンクリート床版に結合されている鋼トラス材の剛性の影響が大きいと考えられるため，コンクリート床版と鋼トラス材の結合条件を十分考慮しなければならない．また，床版の曲げモーメントを算出するための解析モデルは，コンクリート床版と鋼トラス材の結合条件を十分反映させるとともに，結合部の剛性を適切に考慮する必要もある．

コンクリート床版と鋼トラス材が結合される格点構造は，複合トラス橋における重要部分であり，複合トラス橋全体の挙動のみならず，床版の曲げモーメントにも大きな影響を与えるため，格点部の応力伝達機構などの力学的性能を十分に解明したうえでその構造を提案する必要がある．これまでに提案され実績のある格点構造として，**図5.5**に示すような (a) 二重管格点構造 [4],[5]，(b) 二面ガセット格点構造 [4]，(c) リングシア・キー構造 [6]，(d) 鋼製ボックス構造 [7] などがある．複合トラス橋においても，鋼とコンクリートの接合部分の防水工とその後の維持管理は，波形鋼板ウェブ橋と同様に重要である．

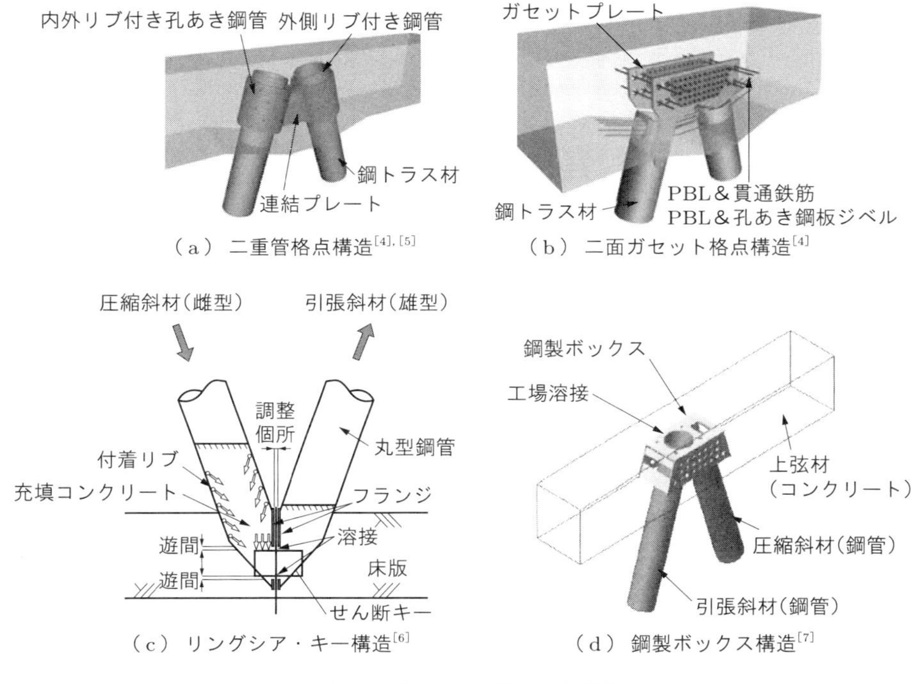

図 5.5 複合トラス橋の格点構造

5.1.4 ストラット付き床版を有する PC 箱桁橋

ストラット付き床版を有する PC 箱桁橋は，**写真 5.1** に示すように，張出し床版をコンクリート充填鋼管やコンクリート製のストラットで支持した橋梁である．この構造の特徴は，張出し床版を斜めのストラットで支えることにより，張出し床版支間長を長くするとともに，箱桁下床版幅を小さくできることである．これにより，上部工

写真 5.1 ストラット付き床版を有する PC 箱桁橋

の重量軽減がはかれ，下部工への負担を軽減できるとともに，下床版幅に合わせて橋脚幅を小さくすることも可能となる．

ストラット付き床版を有するPC箱桁橋の設計における留意点は，ストラットで受ける張出し床版の発生曲げモーメントの評価である．一般的な解析手法は確立されてはいないが，橋梁ごとにFEM解析などで評価することが多い．また，張出し床版を受けるストラットと床版の接点の構造も重要な項目となる．通常では，張出し床版先端にエッジビームを設け必要に応じてプレストレスを導入する．施工においては，固定式支保工の使用が困難な場合，拡幅施工に対応できる移動作業車を使用した事例がある．**図5.6**に，ストラット付き床版を有するPC箱桁橋の拡幅部の断面を示す．

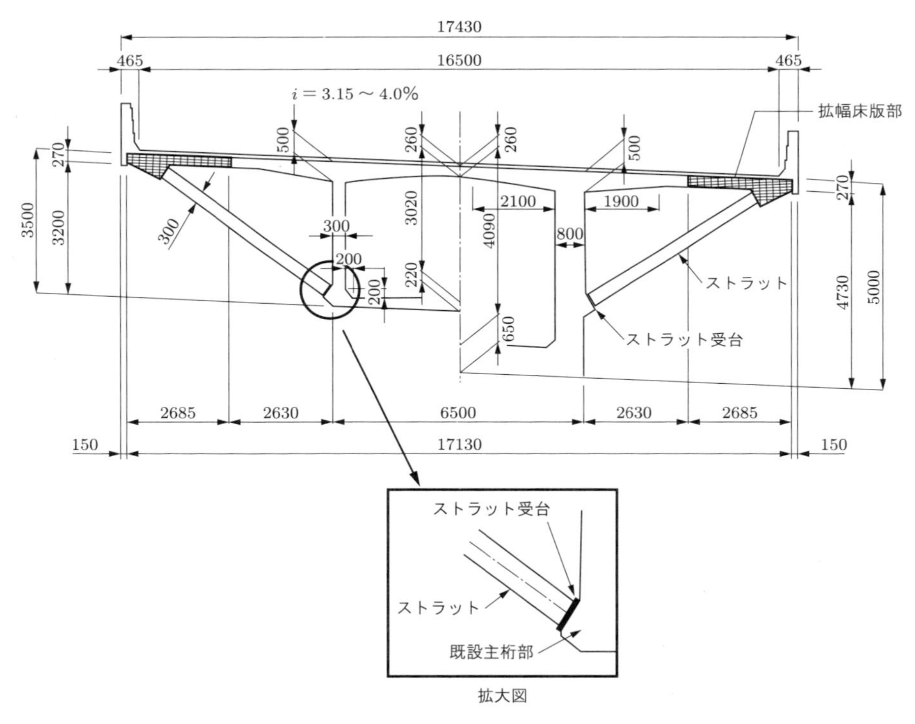

図5.6　ストラット付き床版を有するPC箱桁橋の拡幅部の断面[8]

拡幅床版部のコンクリートには，先行打設したコンクリートが橋軸方向の収縮ひずみおよび温度変化によるひずみを拘束し，ひび割れが発生することが懸念される．これに対し，膨張コンクリートを使用した事例[8]や温度上昇を抑えるためにエッジビームにパイプクーリングを行った事例[9]もある．

ストラット付き床版を有するPC箱桁橋は，広幅員の橋梁に対して自重の軽減が可能となる有効な構造であるため，主要な高速道路において適用実績がある．とくに，幅員の広いPC上部工や非常駐車帯などの拡幅部を有する構造に適用するメリットがある．

5.1.5　場所打ちPC床版を用いた複合橋の課題

場所打ちPC床版を用いた複合橋は，橋梁の高性能化や上部工自重の軽減効果によるコスト縮減に寄与する構造として施工実績を伸ばしている．波形鋼板ウェブ橋や複合トラス橋では，自重軽減の目的から，ウェブに鋼部材を用いると同時に場所打ちPC床版を適用する場合が一般的である．いずれの構造も，鋼部材と場所打ちPC床版との接合部が重要となるため，各機関で研究・開発が行われ，橋梁の規模，構造形式，施工条件などに応じた接合構造の検討と実橋への適用が進められてきた．今後も，引き続いて場所打ちPC床版を用いた複合橋は進化を続けるものと予想されるが，そのためには，より合理的な応力伝達機構を有する接合構造の提案と，鋼・コンクリート境界部の防水技術の確立が課題である．

■5.2　プレキャストPC床版の省力化と耐久性向上

コンクリート床版にプレストレスを導入することにより耐久性が向上することは，既往の研究により広く知られている．一方，建設工事ではコスト縮減，周辺環境への配慮などの目的から，現場施工の省力化が強く望まれており，橋梁建設においても，工場で主要部材を製作し，現場での作業を極力省くプレキャスト工法があり，床版はプレキャスト化の好対象の部材である．コンクリート橋におけるプレキャストPC床版はすでに40年以上の歴史を有しており，現在までに数多くの施工事例がある．とくに，疲労による損傷を受けた鋼橋のRC床版の打替工法として，急速施工ができるプレキャストPC床版が用いられるようになってきた[1]．図5.7に，プレキャスト

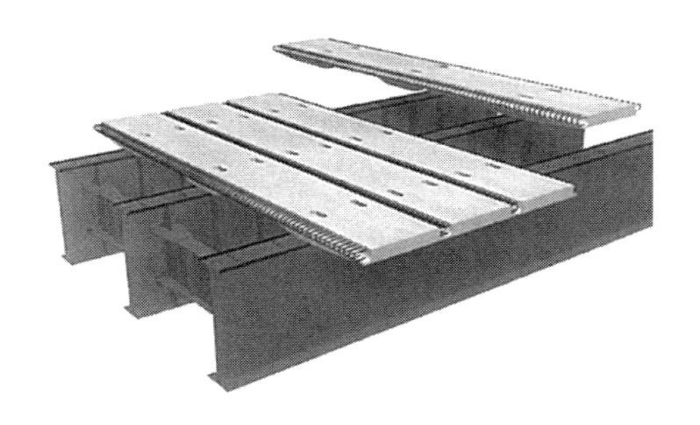

図5.7　プレキャストPC床版[10]

PC床版の概要を示す．高速道路や一般国道などにおけるプレキャストPC床版による取替工法は，設計・施工上の改善を重ね，補強対策工法としての高い評価を得て現在に至っている．この床版取替工法については，第8章の床版取替工法で詳述する．

一方，近年，プレキャストPC床版の急速施工，高耐荷性能，高耐久性能に着目し，高速道路の大規模更新への適用が検討されており，各方面で新しいコンセプトを有するプレキャストPC床版の開発が行われている．以下にこれらの概要を述べる．

5.2.1　プレキャストPC床版の耐久性向上を目指す試み

プレキャストPC床版の耐久性向上を目指す新しい試みとして，いくつかの事例を以下に紹介する．

①塩害対策地域に適用するプレキャストPC床版に，耐塩害性能向上のため，高炉スラグ微粉末混入コンクリートを使用した事例がある．PC部材として必要な初期強度発現のため，高炉スラグ微粉末の比表面積は6000 cm^2/gのものを用い，さらに設計基準強度も70 N/mm^2とし，コンクリートの高強度化，高耐久性化をはかっている[11]．

②冬期に凍結防止剤を散布する高速道路においても，塩害対策として，早強セメントの50%を遮塩効果の高い高炉スラグ微粉末（比表面積は6000 cm^2/g）に置換して混入し，耐久性向上をはかった事例もある．製作時におけるコンクリートの養生としては，プレキャストPC床版のコンクリート表面を緻密化させるため，型枠の取外し直後から水中養生を3日間行っている[12]．

③コンクリート床版では，疲労，塩害，中性化などの劣化要因により鉄筋やPC鋼材が腐食し耐荷性能が低下する場合がある．鋼材の腐食劣化を引き起こさないコンセプトとして，通常の鉄筋やPC鋼材を使用せず，超高強度繊維補強コンクリートと錆びないアラミド繊維補強緊張材（AFRP）によって構成されたプレキャストPC床版が開発され，輪荷重走行試験などにより，疲労特性に関する検討が報告されている[13]．

④プレキャストPC床版の軽量化をはかる試みとして，膨張頁岩系の人工軽量骨材を用い，単位重量18.5 kN/m^3以下，設計基準強度50 N/mm^2以上の高強度軽量コンクリートを使用したプレキャストPC床版がある．2方向にプレストレスを導入することにより疲労耐久性の向上をはかり，従来のプレキャストPC床版より重量が約20%軽減されるため，架設機材の簡素化やコスト縮減効果も期待できる[14]．

プレキャストPC床版のさらなる耐久性向上を目指し，使用材料面および製作・施工方法からの様々な改良がなされており，過酷な塩害が想定される立地条件の床版にも高耐久性プレキャスト PC 床版の適用が進められている．

5.2.2 超高強度繊維補強コンクリートを用いたプレキャスト PC 床版

羽田空港 D 滑走路の桟橋に一部採用された超高強度繊維補強コンクリート（UFC）を用いたプレキャスト PC 床版について，4.1.2 項で一部概要を述べたが，以下にその詳細を紹介する．

UFC は，高強度と高耐久性を兼ね備えている無機系複合材料で，空港滑走路の床版部材として開発検討され [15],[16]，実際に UFC プレキャスト PC 床版として採用された．羽田空港 D 滑走路の桟橋には，この UFC プレキャスト PC 床版が約 7000 枚製作・施工され，2010 年に供用が開始されている．

UFC プレキャスト PC 床版の開発条件は，高強度を生かした高い耐荷性能を有すること，従来の RC 床版と比較して 50% 以上の軽量化がはかれること，製作・施工上のコスト面からも優位性を有することであった．検討の結果，**図 5.8** に示す 2 方向にプレテンションを導入するリブ付き床版形状となった．UFC プレキャスト PC 床版は，UFC の優れた力学特性を活用することにより，部材厚さを非常に薄くすることが可能となり，従来の PC 床版と比較して 56% の軽量化を実現した．非常に薄い UFC プレキャスト PC 床版には鉄筋が 1 本も配置されていないが，超高強度コンクリートのため，導入が可能となった大きな 2 方向のプレストレスにより，優れた耐荷性能を有している．実物大の床版を用いた載荷実験では，ジャンボジェット機約 2 機分の荷重に耐えうることが確認されている [16]．

また，4.1.2 項（1）に示したように，UFC プレキャスト PC 床版を道路橋に適用する研究も行われており，これまでに，試設計 [17] や輪荷重載荷試験 [18] および構造性能に関する研究 [19] が行われ，その構造成立性が検証されている．

UFC プレキャスト床版は，超高強度材料を使用することにより，部材厚を抑えて床版自重を軽減することが可能である．したがって，都市部の橋梁において，上部工の構造高さを抑える必要がある場合には，有効な手段である．また，維持管理上，疲労亀裂が問題となっている鋼床板の代替構造としても期待されている．

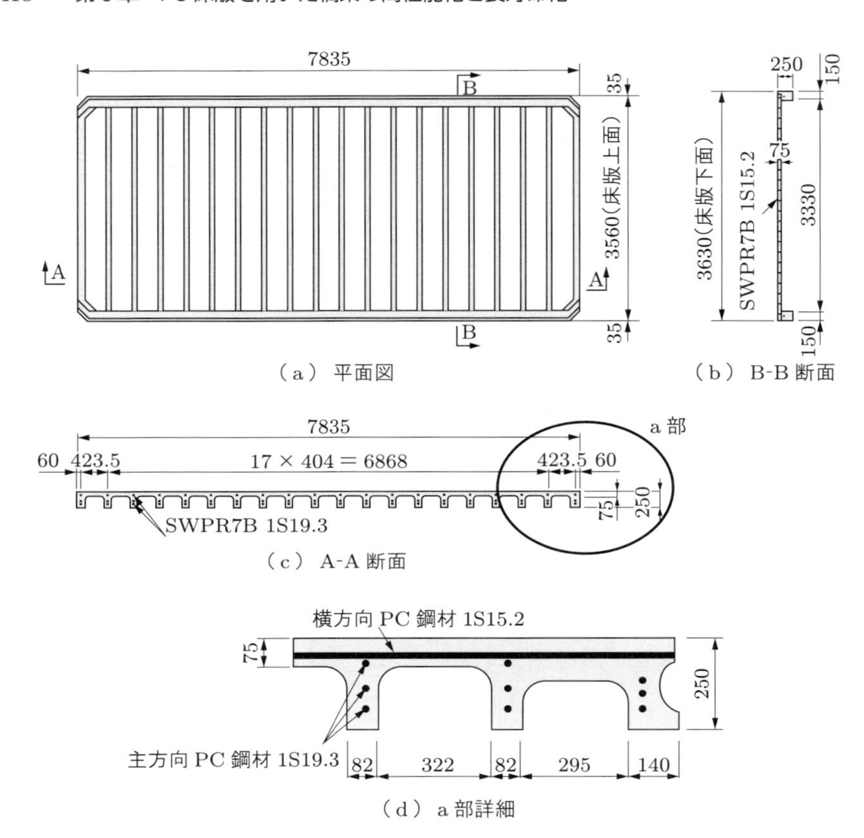

図 5.8　UFC プレキャスト PC 床版の構造（羽田空港 D 滑走路の桟橋に適用）[15]

第6章 合成床版の構造改良と適用事例

■6.1 鋼板・コンクリート合成床版

鋼板・コンクリート合成床版のルーツは，1950年ごろにパリ市役所の土木技師であるロビンソンが開発したジベルにスタッドを用いた形式がその原型と考えられている．わが国では，ロビンソン床版の開発から20年ほど遅れて種々の鋼板·コンクリート合成床版が実橋に採用されてきたが，1990年ごろから始まった鋼橋の少数主桁化で床版が長支間化し，高耐久性床版の需要が高まったことにより，その適用が一挙に拡大した．

わが国の最近の鋼板・コンクリート合成床版の施工量は年間約25万m^2であり，RC床版やPC床版とともに鋼橋の床版としての地位を確立した．これは，近年の橋梁床版における大きなイノベーションである．現在においても，合成床版の設計法の合理化，耐久性の向上，維持管理手法の改善が継続して進められており，本節ではこれらの合成床版のさらなる技術革新について述べる．具体的には，曲げモーメント設計法に代わるせん断疲労設計法の提案，スタッドの高耐久性化，工場製作や現場施工の省力化，非破壊検査手法の提案などについて，最近の動向を紹介する．

代表的な鋼板・コンクリート合成床版の概要図を図6.1に示す．

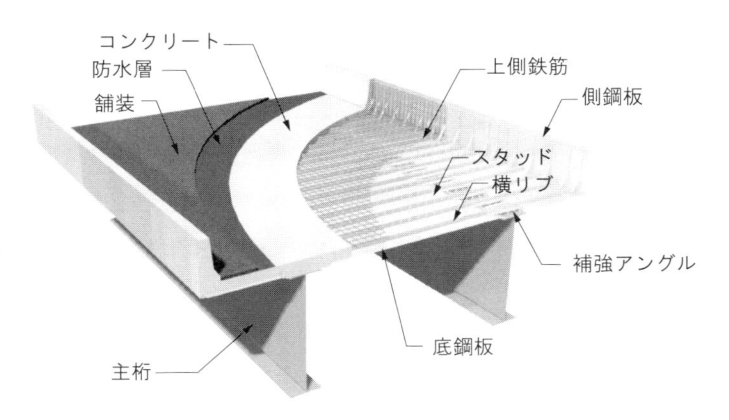

図6.1　鋼板・コンクリート合成床版の概要図

6.1.1　せん断疲労設計法の提案

現在，一般に用いられている鋼板・コンクリート合成床版の設計方法は，RC 床版と同様であり，床版の最小全厚の規定により床版厚を設定し，設計曲げモーメントに対して発生応力度を求め，これが材料の許容応力度以内に収まるように断面を設定している．しかしながら，鋼板・コンクリート合成床版は，底面の全面に鋼板が配置されており，RC 床版に比較して曲げ剛性が高く，設計曲げモーメントにより発生する応力度が床版厚や鋼板厚を決定する根拠とはなっていない．床版厚は最小全厚の規定に従ったものであり，鋼板厚は工場の製作性や現場における施工性により決定されている．

しかしながら，最近の研究により，鋼板・コンクリート合成床版の代表的な破壊形態は，RC 床版に類似した押抜きせん断疲労破壊であることがわかっており，またその強度および疲労寿命も明らかになっている．具体的には，以下に示すとおりである．

RC 床版と鋼板・コンクリート合成床版の輪荷重走行試験における破壊形態と抵抗モデルを，それぞれ図 6.2 に併記する[1],[2]．鋼板・コンクリート合成床版の場合，引張部材である底鋼板の断面積が RC 床版の下側鉄筋に比較して著しく大きく，これに対応してコンクリートの圧縮領域が拡大し，疲労耐久性の向上に寄与している．一方，底鋼板自体のせん断抵抗力は，RC 床版の下側鉄筋の剥離破壊抵抗力に比較して小さ

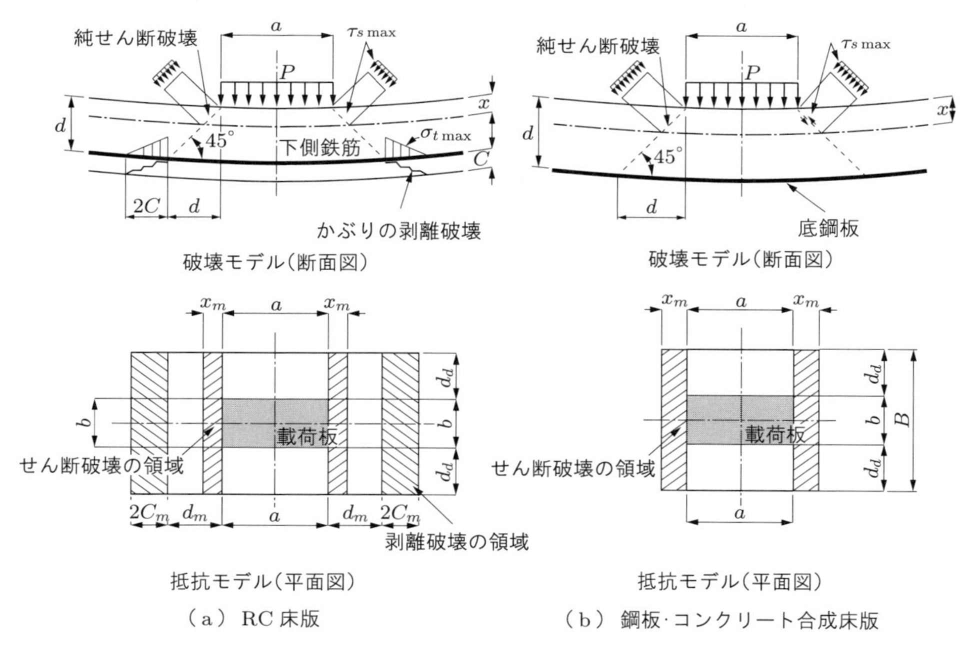

図 6.2　各床版の走行試験における破壊形態と抵抗モデル

く，無視することができる．これらをまとめると，鋼板・コンクリート合成床版の押抜きせん断強度は，式 (6.1) および式 (6.2) により評価することができる．

$$P_{sx} = 2\tau_{s\,\max} x_m B \tag{6.1}$$

$$B = b + 2d_d \tag{6.2}$$

P_{sx} : 貫通ひび割れ発生後の押抜きせん断強度 [kN]

$\tau_{s\,\max}$: コンクリートの最大せん断応力度 [N/mm^2]

x_m : コンクリートの引張領域を無視した場合の主鉄筋断面の圧縮側コンクリート表面から中立軸までの距離 [mm]

B : 疲労に対する床版の有効幅 [mm]

b : 配力鉄筋方向の載荷板の辺長 [mm]

d_d : コンクリート版厚 [mm]

さらに，**図 6.3** に示すように，載荷荷重をこの押抜きせん断強度で除した無次元量と換算走行回数の関係が，RC 床版の疲労寿命曲線である式 (6.3) 上にプロットできることから，鋼板・コンクリート合成床版の疲労寿命を求めることが可能になった．

$$\log\left(\frac{P}{P_{sx}}\right) = -0.07835 \log N + \log 1.51965 \tag{6.3}$$

P : 載荷荷重 [kN]

N : 繰返し回数

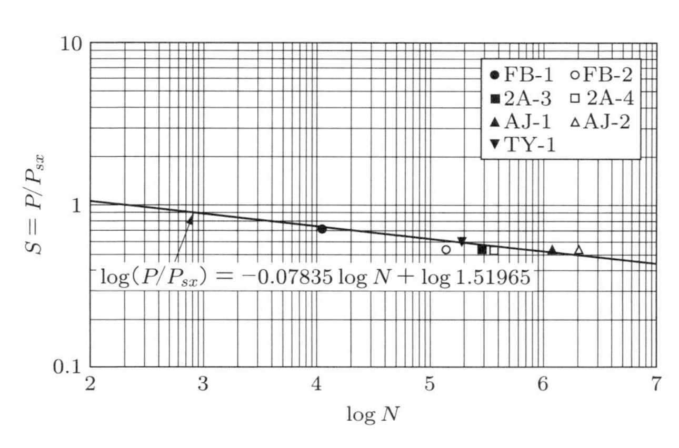

図 6.3　各試験体の輪荷重走行試験結果と疲労寿命曲線

以上の研究成果に基づいて，従来の曲げモーメント設計法の代わりに破壊形態に即したせん断疲労設計法を取り入れることにより，より合理的な設計法を提案することができる．従来の曲げモーメント設計法と提案するせん断疲労設計法のフローを，それぞれ**図 6.4** に併記する．せん断疲労設計法は，床版の最小全厚を規定せずに，上述の疲労寿命曲線によりせん断疲労照査を行い，加えて底鋼板やスタッドなどの鋼部材溶接部の疲労照査や設計曲げモーメントによる安全性の照査を行うものである．

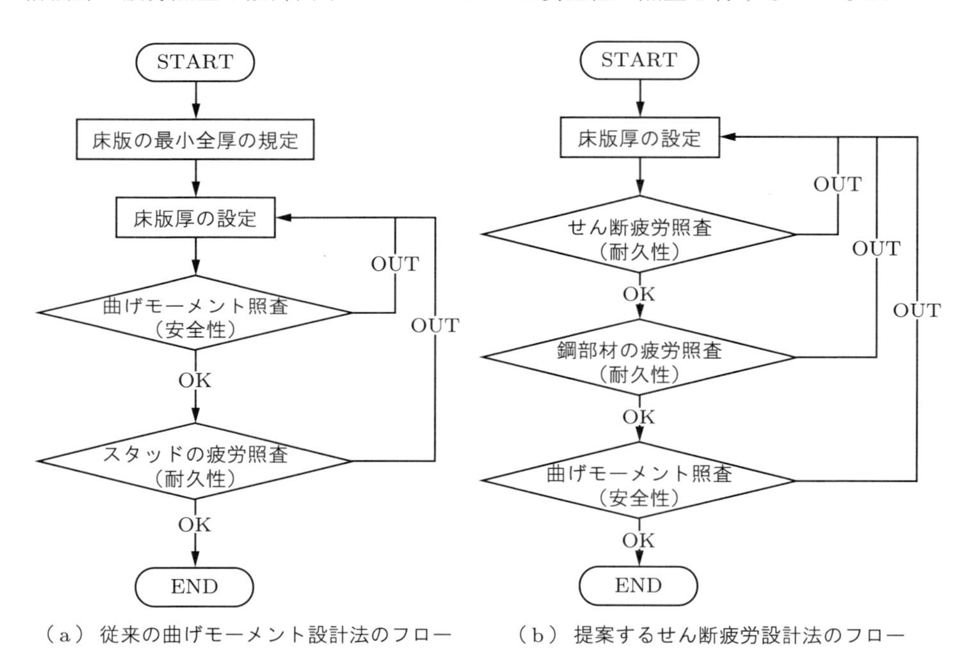

（a）従来の曲げモーメント設計法のフロー　（b）提案するせん断疲労設計法のフロー

図 6.4　床版の設計フローの比較

提案するせん断疲労設計法を用いて，鋼板・コンクリート合成床版の試設計を実施した結果を**図 6.5** に示す．設計条件は，橋梁形式を単純非合成 I 桁橋とし，床版は単純版として設計した．また，日交通量 13000 台，大型車混入率 45% の重交通路線を想定し，設計供用期間は 100 年とした．なお，図 6.5 には比較のために，鋼板・コンクリート合成床版の曲げモーメント設計法を用いた場合の結果，および現行の道路橋示方書による RC 床版および PC 床版の最小全厚を併記する．両設計法を比較すると，床版支間が 4.0 m 以上においてはせん断疲労設計法のほうが床版厚は小さくなり，床版支間が 8.0 m においては最小全厚の 77% となった．一方，床版支間が 4.0 m 未満においてはせん断疲労設計法のほうが床版厚は大きくなり，床版支間が 2.0 m においては最小全厚よりも 13% 程度大きくなった．試設計結果から，鋼板・コンクリート

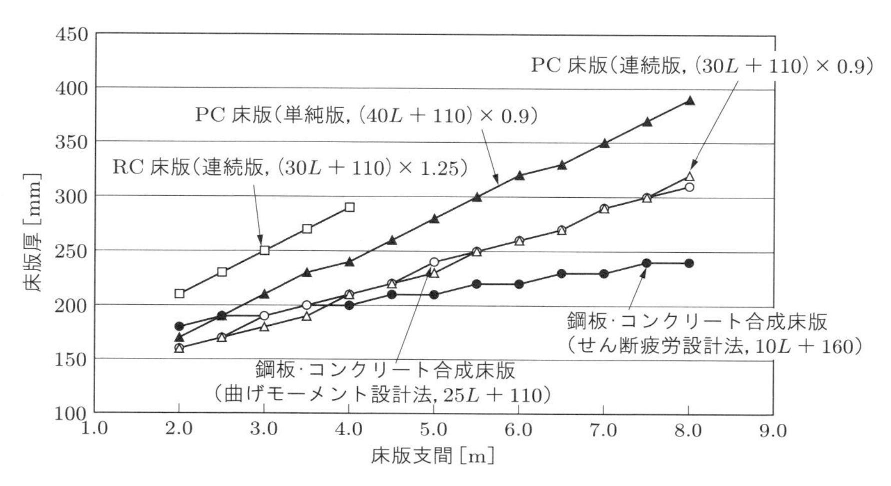

図 6.5　曲げモーメント設計法とせん断疲労設計法との床版厚の比較

合成床版の床版厚は 10 $L + 160$ mm（L[m]は床版支間）と表すことができる．

6.1.2　スタッドの高耐久化技術

図 6.3 に示す疲労寿命曲線の近傍において，鋼板・コンクリート合成床版がせん断疲労破壊するための前提条件は，それ以前にスタッドの疲労破断が発生せず，コンクリートと底鋼板が一体として挙動していることである．**写真 6.1** に示すように，スタッドが早期に破断してしまうと，コンクリートと鋼板が 2 層化してたわみが増加し使用

写真 6.1　底鋼板に溶接したスタッドの破断状況

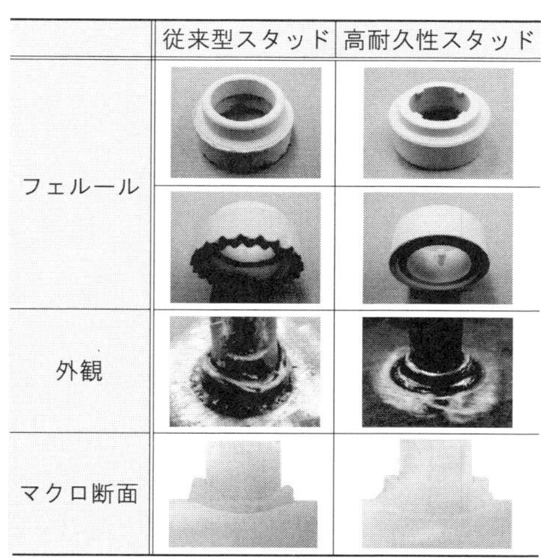

写真 6.2　従来型スタッドと高耐久性スタッド

限界を超えてしまうことから，スタッドの疲労強度は鋼板・コンクリート合成床版の疲労寿命を左右する大きな要因となる．さらに，鋼板·コンクリート合成床版のスタッドには作用方向が変化する回転せん断力が作用するため，溶接部が疲労亀裂の始点となり疲労寿命が短くなる．よって，疲労耐久性の高いスタッドの適用は非常に有効である．

高耐久性スタッドは，溶接時に型枠となるフェルールを改良し，溶接時に発生するシールドガスをフェルールの上側から噴出させ，溶接部の下端の止端形状を滑らかにしたスタッドである[3]．従来型スタッドと高耐久性スタッドの比較は**写真 6.2** に示すとおりであり，従来型スタッドの止端形状が波形となるのに対し，高耐久性スタッドの止端は非常に滑らかとなる．スタッドの疲労耐久性については，実際のせん断力の作用状況を再現できる回転せん断力試験により確認している．**図 6.6** に示すように，高耐久性スタッドの疲労耐久性は，従来型スタッドの約 3 倍となる．

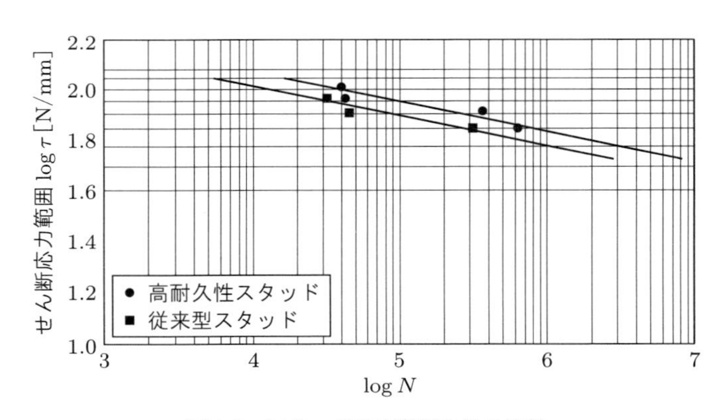

図 6.6　スタッドの疲労耐久性の比較

6.1.3　底鋼板の溶接方法の改善

一般に，鋼板・コンクリート合成床版に使用される底鋼板の厚さは 6 ～ 9 mm と薄く，横リブとのすみ肉溶接により比較的大きな溶接ひずみが発生する．一方，底鋼板の製作精度は，床版厚さの許容誤差をふまえて ± 5 mm 程度に抑えている場合が多く，溶接による変形が大きい場合には，底鋼板形状の矯正を行っている．

一般に，底鋼板と横リブの溶接は炭酸ガスアーク溶接を採用している場合が多いが，溶接ひずみや残留応力を抑制するために種々の検討が行われている．**写真 6.3** に示すフィラーワイヤを挿入するタンデム MAG 溶接もその一つであり，先行するワイヤでアークを発生させ，後行のワイヤは通電せずに挿入する方式を採用している．この方式は，溶接量に比較して入熱量が少なく，溶接変形やアンダーカットを低減するとと

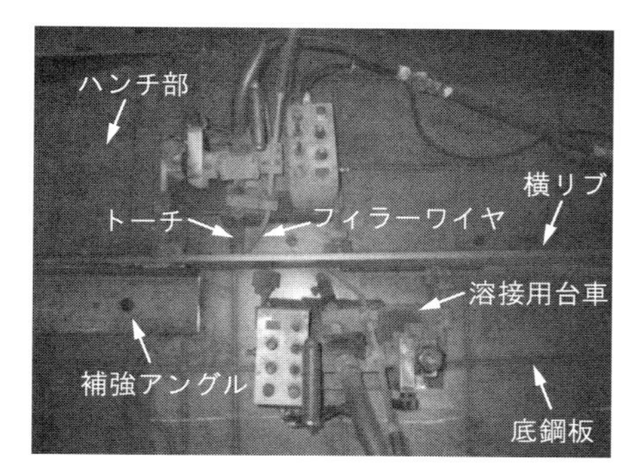

（a） 溶接用台車の設置状況

（b） 自動溶接の状況

写真 6.3 フィラーワイヤを挿入するタンデム MAG 溶接

もに，高速の溶接が可能である．底鋼板と横リブの溶接にこの溶接工法を採用した場合，炭酸ガスアーク溶接に比較し，底鋼板の鉛直方向の変形を 25% 程度低減できる．なお，この方法の溶接速度が速いことを利用し，写真 6.3(a) に示すように溶接用台車と組み合わせることで，作業効率を大きく向上させることができる．

また，レーザ光とホットワイヤを熱源とするレーザホットワイヤ溶接の鋼板・コンクリート合成床版への適用も試みられている [4]．この溶接方法は，4 〜 6 mm の小脚長のすみ肉溶接に適しており，溶接変形は補助熱源を用いないレーザ溶接と同程度であることが特徴である．なお，レーザホットワイヤ溶接の施工は，従来のアーク溶接と同様な施工管理方法で対応が可能である．

6.1.4 底鋼板の現場接合部の合理化

鋼板・コンクリート合成床版の現場施工においては，底鋼板がコンクリートの型枠および支保工の役割を担うことから，底鋼板の上面側のみの作業で床版の施工ができれば，床版用の足場・支保工・型枠をすべて省略することができる．しかしながら，底鋼板の接合には高力ボルトを用いることが一般的であり，高力ボルトの挿入や締め付け後の底鋼板下面の防錆処理に足場が必要となる場合が多い．

そこで考え出されたのが，工場で底鋼板に高力ボルトを取り付けておき，現場での底鋼板の下面側の作業を省略したワンサイド工法である．底鋼板の製作工場において，**写真 6.4** に示すような，仮締めナットで底鋼板に高力ボルトを固定する方法 [5],[6] や，**写真 6.5** に示すような，底鋼板下面のナットによりボルトの軸部を締め付ける節付き両ねじ高力ボルトを用いる方法 [7] などがある．後者の施工ステップを写真 6.5(b) 〜 (d) に示す．両方法とも，工場で底鋼板に高力ボルトを固定し，底鋼板の下面と高力ボルトの頭部ないしナット部の防錆処理を完了させる．この状態で架設現場に輸送し，底

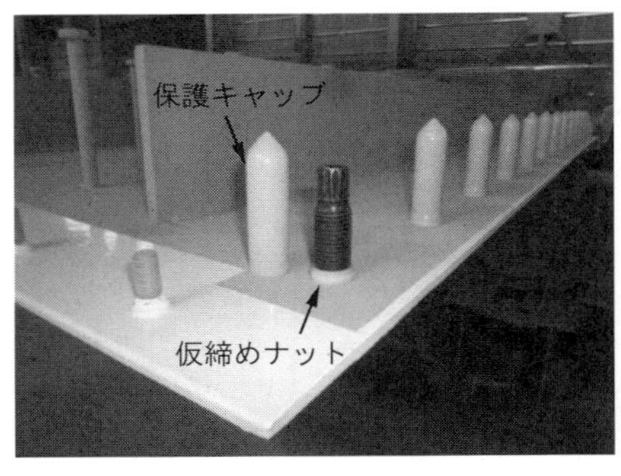

（a）仮締めナットと軸部の保護キャップ

（b）高力ボルトの頭部の塗装状況

写真 6.4　仮締めナットを用いたワンサイド工法

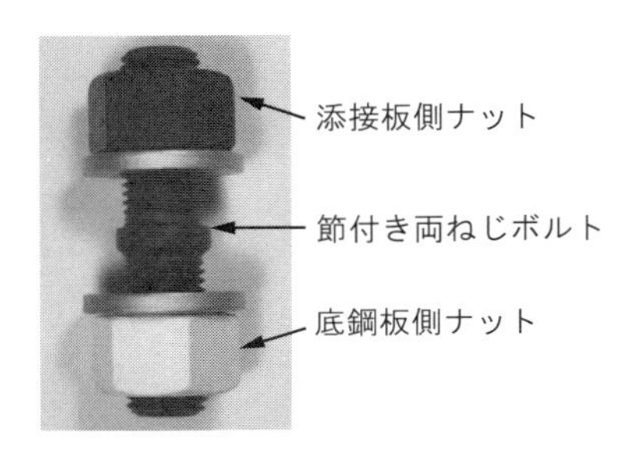

（a）節付き両ねじ高力ボルトの構造

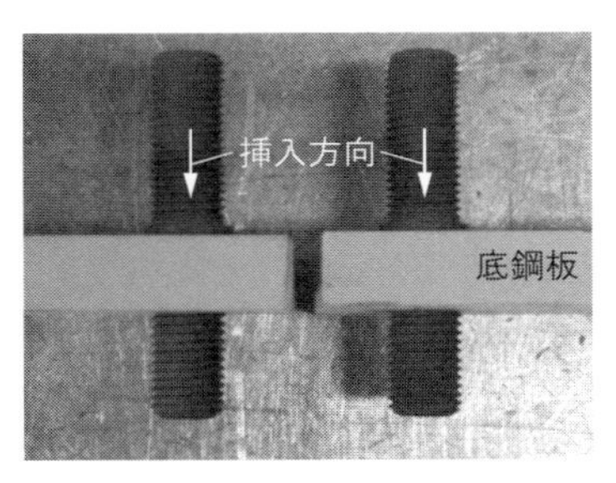

（b）ステップ1：ボルトの挿入

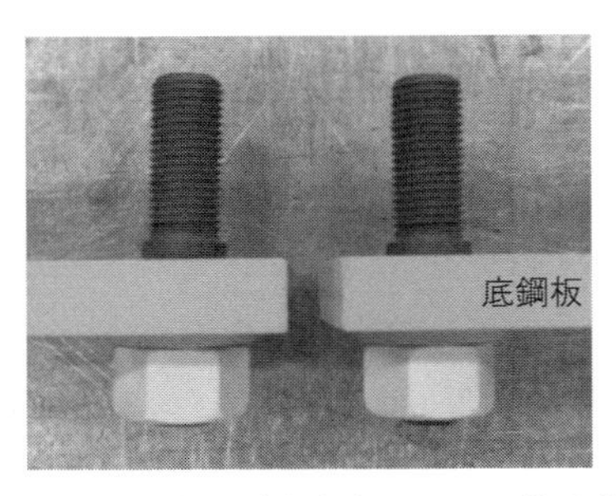

（c）ステップ2：底鋼板側ナットの締め付け

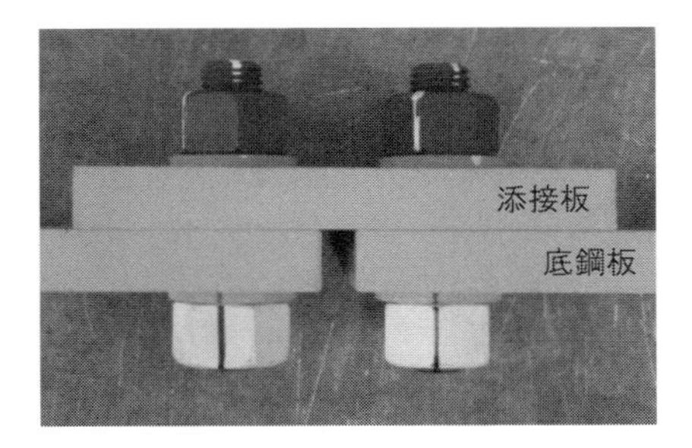

（d）ステップ3：添接板側ナットの締め付け

写真 6.5　節付き両ねじ高力ボルトを用いたワンサイド工法[7]

鋼板を鋼桁上に配置した後に添接板を設置してナットの本締めを行う．これら方法により，高力ボルトは底鋼板の上面側のみでの施工が可能となり，床版用の足場は省略することができる．

現場接合部のワンサイド工法のメリットは，足場を省略することのみではなく，底鋼板下面の防錆処理を作業条件のよい製作工場で施工できることである．一方，デメリットは，底鋼板の保管時・輸送時・架設時の長期にわたって，ボルトねじ部の品質管理に留意する必要があることである．また，仮締めナットを用いた工法では，高力ボルトの締め付け時，ナットとボルトが共回りした場合の対策が課題である．

6.1.5 床版内部の非破壊検査技術

鋼板・コンクリート合成床版の欠点の一つに，底面に鋼板があるので目視により内部の状況を確認できないことがある．その打開策として，打音法や超音波法など種々の検査方法が提案されているが，可視化が困難であることや面的に状態をとらえられないことなどの課題があった．

最近，それらに変わる手法として，赤外線サーモグラフィ法が提案されている[8]．この方法は，物体の表面から放出される赤外線エネルギー分布を赤外線センサにより測定し，これを温度分布に換算・画像化して表示するものである．この方法により，コンクリート打設時や輪荷重走行時の底鋼板下面の温度分布を計測し，広範囲に内部の状況を可視化できる．

まず，コンクリート打設時の底鋼板下面での温度分布の計測結果を**図 6.7** に示す．図 6.7(a) は，健全な試験体の計測結果である．この図から，スタッドや横リブなどの鋼部材の状況が比較的明瞭に確認することができる．また, 図 6.7(b) は発泡スチロールにより空洞を模擬した欠陥を配置し，その上にコンクリートを打設した試験体の測定結果で，模擬欠陥の位置や形状を判別することが可能である．このような観察は，事前にジェットランプなどで熱照射し，照射遮断後の温度変化時に行うことができる（アクティブ法）．

次に，輪荷重走行試験時の底鋼板下面での熱弾性応力の計測結果を**図 6.8** に示す．計測により，スタッドや横リブ溶接部における応力の発生状況が把握できる．画像に

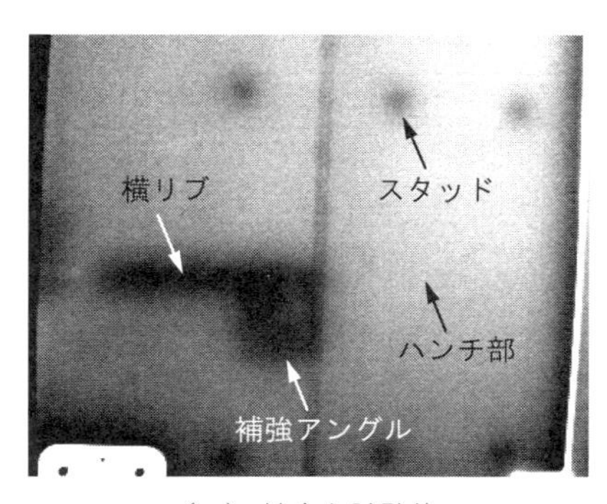

（a） 健全な試験体

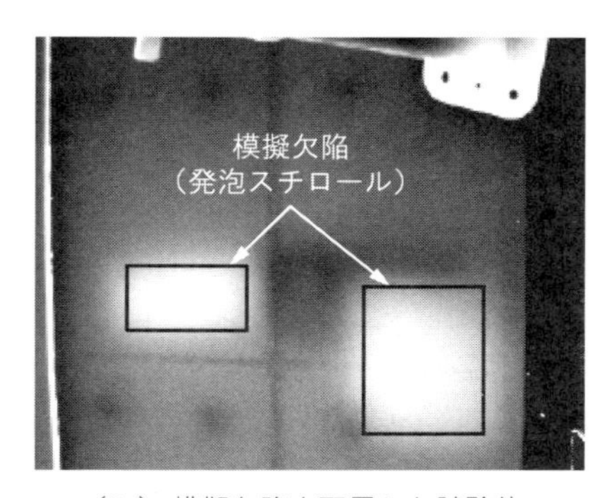

（b） 模擬欠陥を配置した試験体

図 6.7 コンクリート打設時の温度分布の計測結果

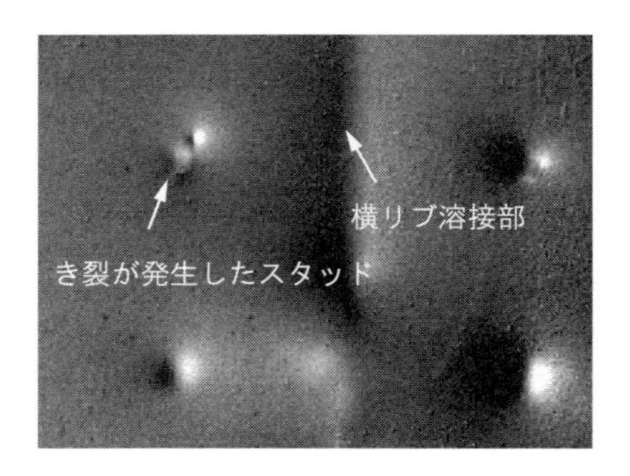

図6.8　輪荷重走行試験時の熱弾性応力の計測結果

おいて，黒く示されているところは引張応力が作用し温度がわずかに低くなっている部分であり，白く示されているところは圧縮応力が作用し，温度がわずかに高くなっている部分である．輪荷重走行試験終了後にコンクリートを撤去すると，図6.8の左上のスタッドの溶接部に疲労き裂が発生していることが確認された．このことから，輪荷重走行試験途中の赤外線サーモグラフィ法による非破壊検査によって，疲労による変状の発生を検出できることがわかった．これより，熱照射は行わず，鋼材内部の分子熱発生をとらえる方法（パッシブ法）の有用性が認められた．

スタッド周辺に着目した輪荷重の通り抜けによる応力の変化を図6.9に示す．図に矢印で示すように，スタッドに引張応力が作用している黒い部分を観察すると，輪荷重の移動とともに時計回りに変化している．したがって，6.1.2項において述べた，スタッドに作用するせん断力の方向が回転する現象を可視化できていることがわかる．

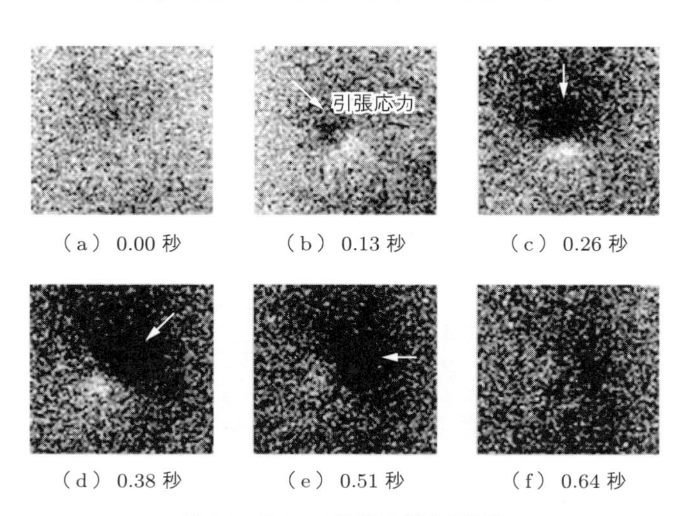

図6.9　スタッド周辺の応力の変化

6.1.6 そのほかの改良技術

鋼板・コンクリート合成床版は，疲労耐久性が高いことや施工性に優れていることから，橋梁以外にも適用範囲が広がっており，**図 6.10** に示すような滑走路の連絡誘導路[9]や空港ターミナルの人工地盤などにも採用されている．近年では，首都圏などの大都市部における高速道路の建設に大断面シールドトンネルが用いられているが，トンネル内の空間を有効利用するために，**図 6.11** に示すような中床版を有する構造が採用される場合が比較的多い．この中床版にはプレキャスト PC 床版が用いら

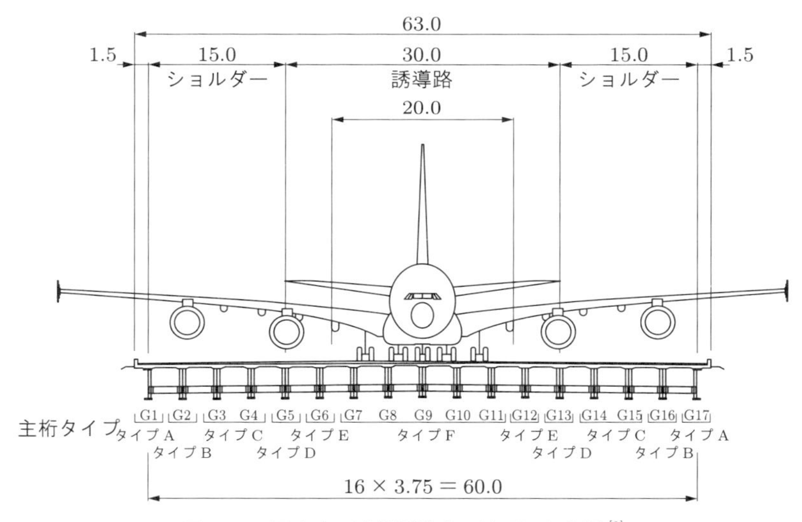

図 6.10 滑走路の連絡誘導路に適用した事例 [9]

図 6.11 トンネル中床版に適用した事例 [10]

れることもあるが，トンネル内における移動が簡便であることや床版厚を低減できることから，底鋼板が軽量な場所打ち鋼板・コンクリート合成床版が大規模に採用された実績[10]もある．

■6.2　FRP合成床版

一般に，鋼板・コンクリート合成床版では，凍結防止剤や飛来塩分などの塩分を含んだ水が床版内部に浸入した場合，底鋼板の腐食が懸念される．一方，FRP合成床版は，床版内部に水が浸入した場合でもFRP材が腐食しないことから，維持管理の観点からも有用といえる．

FRP合成床版は，図6.12の概要図に示すように，軽量で耐食性に優れたFRP材を支保工兼用の永久型枠として使用するもので，コンクリート硬化後の荷重に対しては，鉄筋コンクリートとFRPの合成断面として抵抗する合成床版[11]である．この床版は，1997年に高知自動車道の松久保橋[12]に採用され，以降20数橋の施工実績があるものの，鋼板・コンクリート合成床版と比べると，採用実績は少ない．これは，FRP材料が鋼材と比べ高価であることが主な要因であるが，軽量，高耐食性という特徴が生かし切れていないことも要因の一つとなっている．このため，ここでは施工事例をもとに，FRP合成床版の特徴を生かした適用方法について示す．

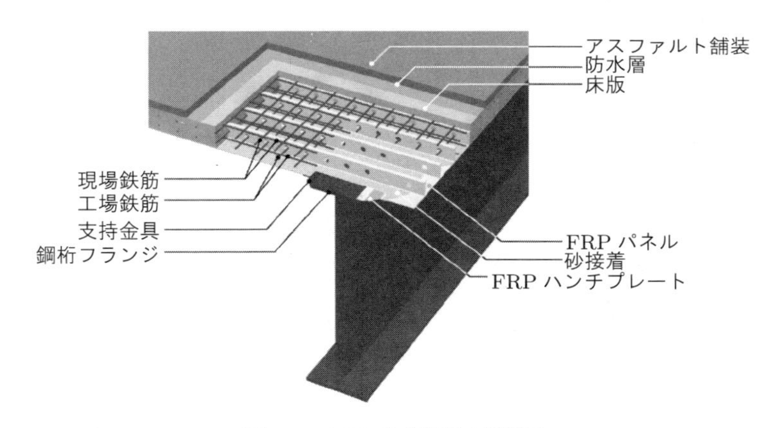

図6.12　FRP合成床版の概要図

6.2.1　FRP合成床版の特徴

FRP合成床版は，耐食性の高いFRP材で床版下面を覆うことから，飛来塩分や凍結防止剤による塩害をもたらす環境で多く適用されている．しかし，耐食性のみでの採用は少なく，軽量であることによる施工性や，耐久性，耐食性の向上による維持管理の軽減といったメリットを併せた検討が必要となる．以下に，FRP の軽量性が生かされる特徴について示す．

FRP 合成床版の床版厚[13]は，一般に床版支間が大きくなるに従って厚くする必要があるが，床版厚ごとに FRP の断面を変えるとなると，成形金型を用いた引抜き成形法では，製造コスト上問題がある．そこで，リブ高さを 130 mm，160 mm，180 mm，200 mm の 4 種類に絞ることで合理化をはかっている．このときの床版支間長と床版厚の関係を，適用する FRP 型の使用範囲とともに**図 6.13** に示す．なお，FRP の比重は 1.9 程度と鋼材に比べて非常に軽いため，床版死荷重計算時，RC 床版と同様に 24.5 kN/m^3 で設計できるといった利点がある．

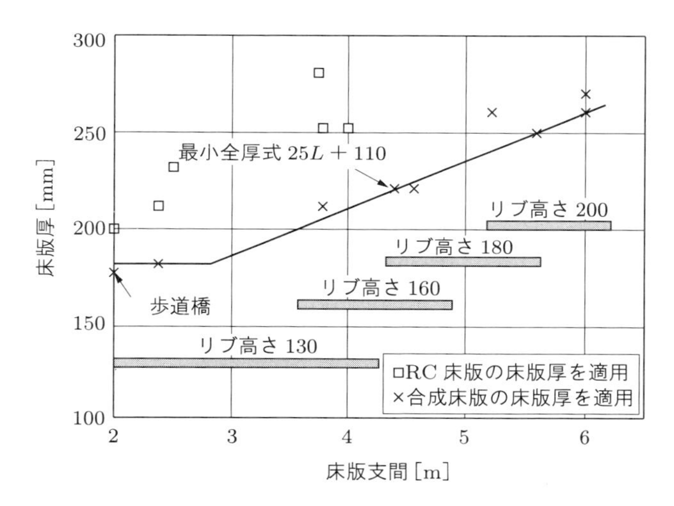

図 6.13　床版支間長と床版厚の関係

以上のように FRP 合成床版は，RC 床版や PC 床版と比べ床版厚を薄くでき，鋼板・コンクリート合成床版より単位体積重量が小さいことから，最も死荷重が軽減できるコンクリート系床版といえる．しかしながら，一般に，鋼桁設計に当たっては，安全側を見て RC 床版としての死荷重で設計され，死荷重軽減の特徴が生かされない場合が多い．したがって，設計段階から FRP 合成床版を考慮した設計とすることが重要である．

FRP パネルの架設は，型枠が軽量で，小規模なクレーンなどにより設置が可能なため，架設条件の厳しいオーバーブリッジなどにおいて，送り出し工法（**写真 6.6**）や一括架設工法（**写真 6.7**）の適用が容易となる．また，現場架設時，FRP パネルが型枠・支保工を兼用しているため床版用の足場が不要であり，さらに，鋼桁が耐候性鋼材の場合や，上塗りまで工場塗装する場合には，現場継手部のみの簡単な足場で対応可能となるため，大幅な現場工期の短縮や工事費の削減が期待できる．したがって，

写真 6.6　送り出し架設の事例

写真 6.7　一括架設の事例

路下での作業が制限される跨道部や跨線部などへの適用が有用である.

6.2.2　耐食性を生かした桟橋構造への適用事例

桟橋構造は，杭上に格子配置された梁の上に床版が設置される構造であり，港湾構造物に多く用いられている．一般的にRC構造が用いられているが，海上に設置されることから厳しい塩害環境の影響を受けるので，コンクリート内部の鉄筋腐食に対する維持管理が課題[14]となっている．ここでは，外海と幅約10 mの水路でつながっている公有水面内に施工された桟橋構造の道路橋の事例[15]について紹介する.

この橋梁の上部工は，海面から近く，施工の際に型枠・支保工を設置する空間が確保できないことから，プレハブ形式の床版を適用する必要があった．また，干満により部分的に梁が海水中に没むため，床版にも海水飛沫がかかることが予想され，塩害に対する対策が必要であった．そこで，この問題を解決できる床版形式として，FRP合成床版が適用された．また，満潮時に縦断勾配の低いところで梁下面が海水に浸かることから，海水に対する耐食性はもちろんのこと，型枠・支保工の海水中での施工性が課題となった．このため，支保工を梁内に埋め込み，FRPの埋設型枠でコンクリート梁を覆う構造とすることで，耐食性の向上がはかられた．さらに，壁高欄が高潮時の防潮堤も兼用しており，路面からの高さが約2.3 mと非常に高いうえ，海面上での施工であることから，施工時における壁高欄外側の型枠・足場の施工が困難であった．そこで，壁高欄外側にもFRPパネルを埋設型枠として使用することで，施工性の改善がはかられた．以上より，この橋梁は，高潮時，直接海水に接する部分をすべてFRPで覆う構造となった．この橋梁の構造概要図を**図6.14**(a)に，橋梁断面図を図6.14(b)に示す.

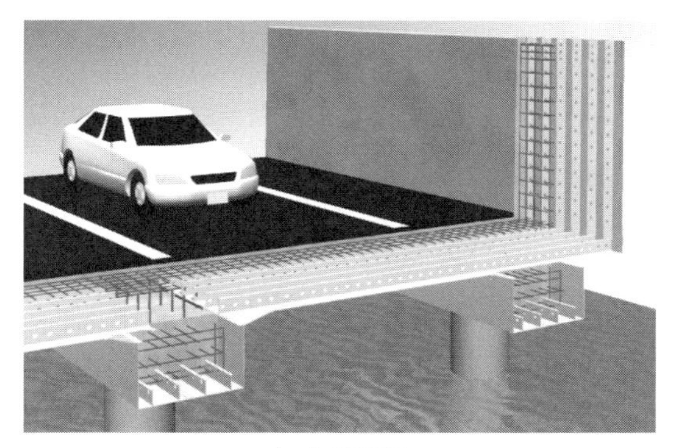

（a）概要図

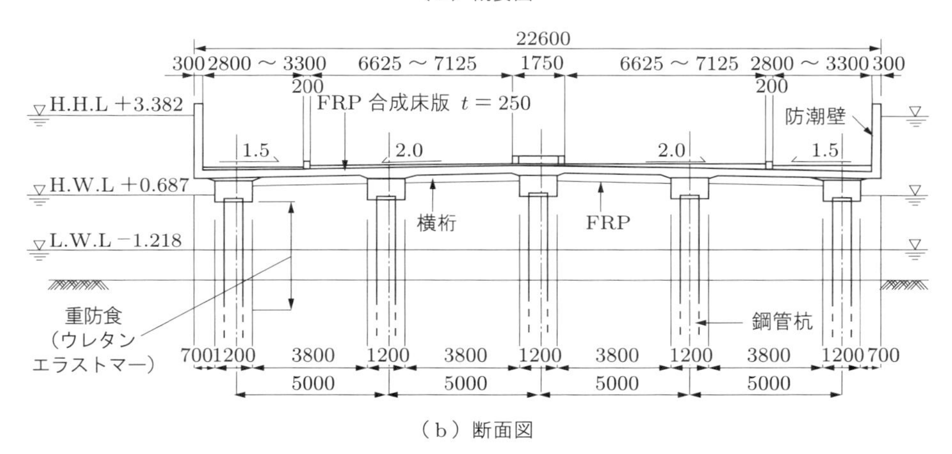

（b）断面図

図 6.14　FRP 床版による桟橋構造

床版パネルの架設は，**写真 6.8**(a) に示すように，橋軸直角方向梁（横桁）のパネル設置後，格子状の梁に囲まれた部分に設置した．その後，現場で上側鉄筋を配置するが，FRP リブがスペーサーとなるため，配筋作業・管理の簡略化が可能となった．このときの配筋状況を写真 6.8(b) に示す．防潮堤兼用の壁高欄は，高さ約 2.3 m と非常に高いうえ，幅が下端で 300 mm と狭いため，コンクリートの充填性および FRP 型枠の変形が問題となる．そこで，事前に実物大の施工確認試験および FEM 解析を行い，型枠の支持構造を決定したうえで施工が実施された．防潮壁の施工状況を**写真 6.9** に示す．なお，コンクリートは，充填性および施工性に配慮して高流動コンクリートを使用している．**写真 6.10** に，この橋梁の完成時の状況を示す．この構造は，高潮時，海水に浸かるという特殊な事例ではあるが，全面を耐食性の高い FRP 材で覆うことで，大幅な耐久性向上が期待できる．

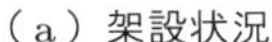

（a）架設状況

（b）現場配筋

写真 6.8　床版パネル

写真 6.9　防潮壁の施工状況

写真 6.10　完成時の状況（満潮時）

6.2.3　床版打替えへの適用事例

FRP 合成床版は，疲労耐久性の観点から床版厚を RC 床版より薄くできるうえ，強度部材となる FRP が軽量であることから，床版としての単位体積重量が小さくなり，死荷重を軽減することが可能となる．したがって，床版の死荷重軽減が要求される床版打替えへの適用は良策といえる．ここでは，関門トンネルの床版打替えに FRP 合成床版が適用された事例 [16] を紹介する．

関門トンネルは，1958 年 3 月に完成した海底トンネルであり，本州と九州を結ぶ大動脈として，平均交通量約 34000 台 / 日，大型車混入率約 24% と非常に重交通な路線である．このトンネルは，約 3.5 km の自動車トンネルであるが，海底部（780 m）には歩道を併設している．このため海底部では，**図 6.15** の断面図に示すように，上側に車道, 下側に歩道と送気ダクトを有する 2 層構造となっており, 境界が床版となる．

この床版は，直接輪荷重の影響を受けるうえ，海水がトンネル内に絶えず浸み出し（4800 トン/日）ており，送気ダクトでは，この海水の塩分を含んだ空気が床版下面を流れることから，床版下面にコンクリートの剥落や鉄筋の腐食などの損傷が多く発

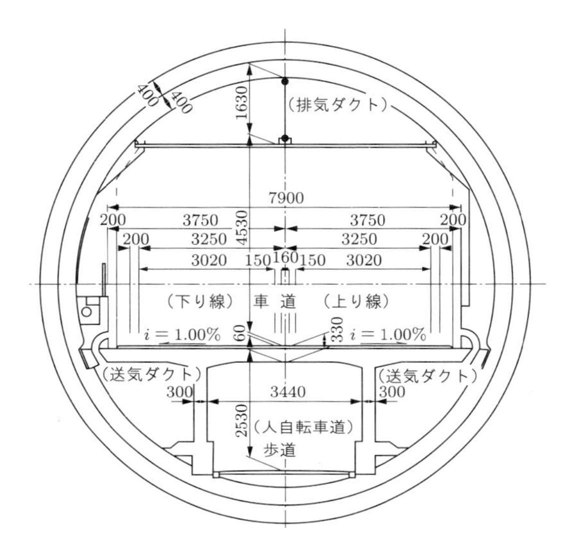

図 6.15　関門トンネルの断面図

生していた．なお，海底部の床版は，約 20 年前に RC 床版で打替えが行われており，今回の打替えは 2 度目であることから，交通荷重に対する耐久性と耐塩害性に優れた床版構造が求められ，これらに対応できる床版として，FRP 合成床版が採用された．

通常，FRP パネルの設置にはクレーンが使用されるが，FRP パネルが軽量であることから，歩道部を走行路として使用できる小規模な機材で運搬・設置することとなった．そして，**写真 6.11** の①～④の手順で施工が実施された．

FRP 合成床版は，FRP 材が曲げ加工できないことから，これまでは床版上面の横断勾配に対して床版厚を変化させることにより調整されてきた．しかし，関門トンネルでは，床版上側の車道と下側の歩道に対する高さの余裕がほとんどなく，このような処置は不可能であった．

このため，第 1 期施工では FRP パネルを中壁部で分割し，継手を設けることで横断勾配に対応したが，第 2 期施工では，中壁部の負曲げモーメントに FRP 材が抵抗できることから，**図 6.16** に示すように FRP パネルを一体化し，その状態でパネルを設置した後に，コンクリート打設後の仕上がり形状が路面勾配を満足するように，両端部を押さえて強制変形を与える方法が採用された．このように，FRP の材料特性である鋼より小さい弾性係数を生かした施工方法の改善は注目に値する．

①FRP パネルの小型運搬機

②小型クレーンによる FRP パネルの設置

③鉄筋組立

④コンクリート打設

写真 6.11　FRP 合成床版の施工状況

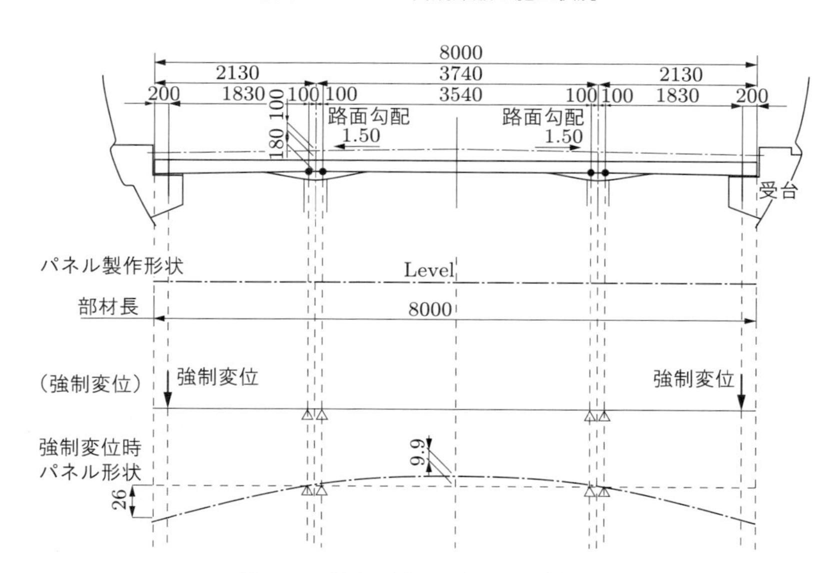

図 6.16　FRP パネルに与える強制変位

■6.3　ハーフプレキャスト PC 合成床版の活用による耐久性向上

6.3.1　ハーフプレキャスト PC 合成床版の構造と変遷

PC 合成床版は，道路橋における RC 床版の損傷・劣化問題に端を発し開発されたものであり，プレキャスト PC 床版のような全厚プレキャスト部材であるフルプレキャスト版と対比して，ハーフプレキャスト版とよばれている．具体的には，半厚のプレキャスト版を現場仮設後に，残り半分のコンクリートを現場で打設して両者を一体化するもので，材齢の違うコンクリートどうしの合成床版である．

損傷が発生しにくい床版としての構造面からの具体的な改善方法として，1970 年代前後に PC 合成床版工法が開発された[17]．この工法は，プレテンション方式でプレストレスを導入した薄板（70 ～ 120 mm）のプレキャスト版（以下，PC 版と記す）を橋梁床版の埋設型枠として用い，現場で打設する後打ち床版コンクリートと合成させるものである．現場施工の省力化，単純化，安全化を目的として，PC 合成桁橋の床版および鋼橋の床版に採用され多くの施工実績がある．**図 6.17** に，この工法を用いた PC 合成桁橋の概要図を示す．

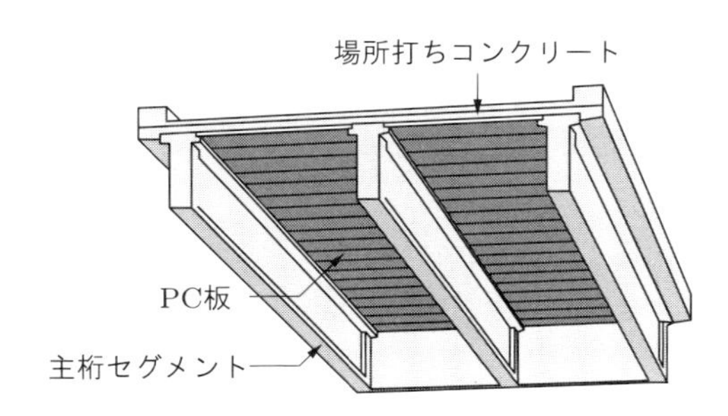

図 6.17　ハーフプレキャスト PC 合成床版を用いた PC 合成桁橋[18]

近年，都市内の大規模 PC 上部工工事では，工期短縮，安全施工などを目的として，PC 合成桁橋や鋼橋とは異なる構造形式のハーフプレキャスト PC 合成床版工法の適用が報告されている．以下に，これらの工法について紹介する．

6.3.2　大規模 PC 高架橋への PC 合成床版工法の適用

(1) U 型リフティング架設工法への適用[19]

大阪府の市街地に位置する橋長 790 m の PC20 径間連続箱桁橋の施工法として，U 型リフティング架設工法が採用された．U 型リフティング架設工法とは，下床版とウェブのみで構成される U 型断面プレキャスト桁（以下，U 桁と記す）を現場ヤードで一括製作し，場内運搬して橋体を架設・構築するものである．**図 6.18** にリフティン

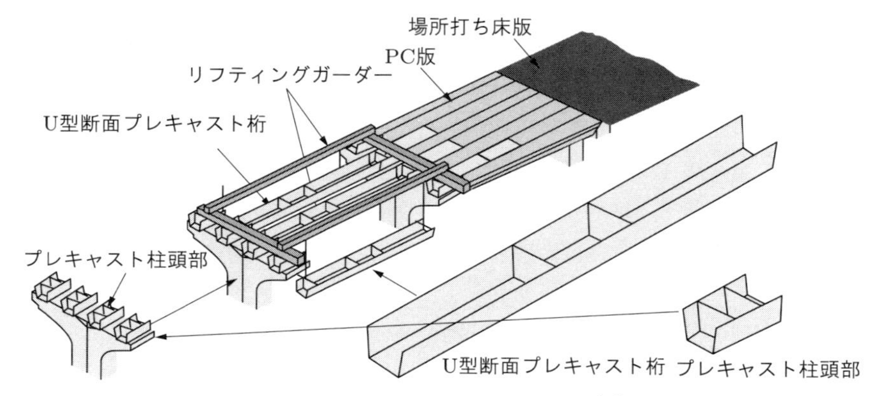

図 6.18　U 型リフティング架設工法 [19]

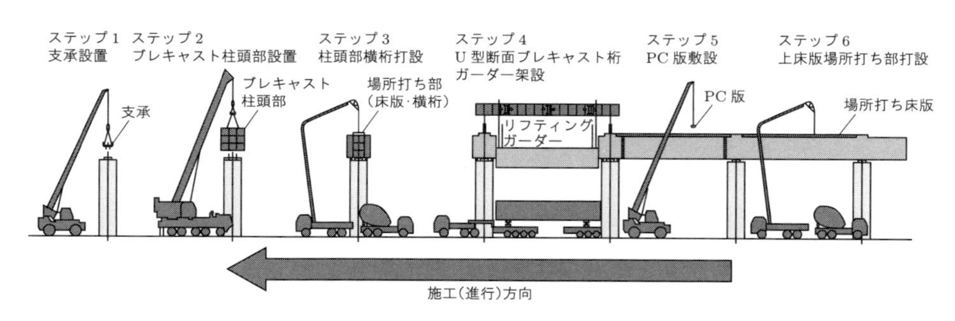

図 6.19　施工順序 [19]

グ架設工法の概要，**図 6.19** に施工順序を示す．最大 240 トンの U 桁の架設は，柱頭部セグメント上に設置したリフティングガーダーにて一括吊り上げし，間詰めコンクリートの施工後，1 次外ケーブルの緊張により自立させる．その後，U 桁上に PC 版を敷設し（**写真 6.12**），後打ち床版コンクリートを打設する PC 合成床版工法により，主桁断面を完成させる．U 型リフティング架設工法に，PC 合成床版工法を組み合わせることによって，架設ガーダー重量を大幅に軽減できる．施工荷重などによる初期ひび割れの発生を防ぐ目的から，床版の場所打ちコンクリートには，膨張材と普通セメントによる収縮補償コンクリートを使用している．

(2) スパンバイスパン工法への適用 [20]

大阪府の市街地に位置する橋長 812 m の PC20 径間連続高架橋の施工法として，後方組立方式スパンバイスパン工法が採用された．この工事は，工期短縮，周辺環境への負荷低減，工事の簡略化などの目的から，

写真 6.12 U 桁上に PC 版を敷設した状況 [19]

①工場製作のプレキャストセグメント
②後方組立方式スパンバイスパン工法
③コアセグメントと PC 合成床版工法

の 3 工法が採用された．主桁断面図を**図 6.20** に示す．

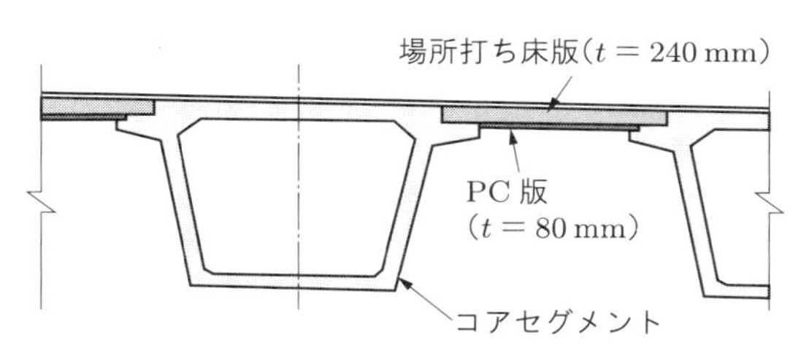

図 6.20 主桁断面図 [20]

後方組立方式スパンバイスパン工法は，1 支間分のコアセグメントを既設桁上で先行して組み立て，台車により橋面上を運搬してエレクションガーダーに吊り替え架設を行った後，横取りをして所定の位置に架設するものである．前方で架設作業を行っている間に次のコアセグメントの組み立て作業を行うことができるため，桁下条件に左右されず現場作業の効率がはかれ，工期短縮が可能となる．コアセグメント架設後に PC 版を敷設し，その後に場所打ちコンクリートを打設する作業が，前方のコアセグメントの架設作業と同時施工できるため，現場作業の効率化が可能となる．

後方組立方式スパンバイスパン工法のステップ図を**図 6.21** に示す．また，PC 版の敷設状況を**写真 6.13** に示す．

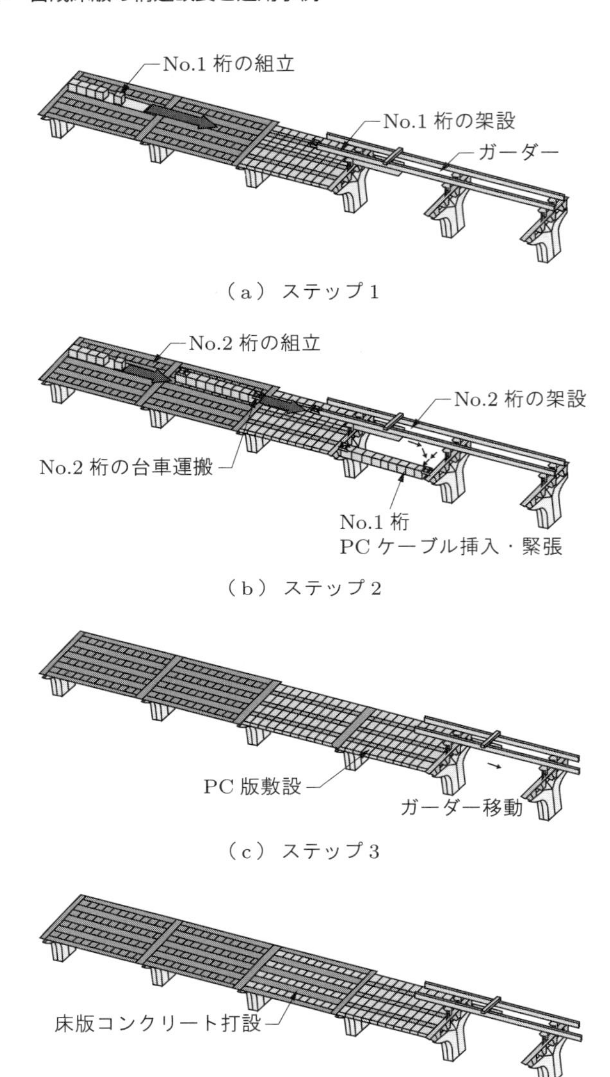

図 6.21　後方組立方式スパンバイスパン工法のステップ図 [20]

写真 6.13 PC版を敷設した状況 [20]

6.3.3 ハーフプレキャストPC合成床版の今後の展開

ハーフプレキャストPC合成床版工法は，都市内の大規模PC上部工工事において，工期短縮，安全施工などを目的として採用され，その効果が確認された．今後，このようなPC合成床版工法が，PC合成桁橋や鋼橋などに限定されることなく，様々な上部構造に対して活用されることを期待したい．

第7章 既設床版の補修技術

■7.1 断面修復工法

7.1.1 超速硬コンクリート

超速硬コンクリートは，これまで緊急コンクリート工事や既設 RC 床版上面の断面修復工法に使用されてきた．また，高速道路の集中工事で床版補強のために採用される上面増厚や伸縮装置の取替えの際にも，早期交通解放のために活用されている定着した技術であり，今後も活用される機会は多い．超速硬コンクリートは，材齢 3 時間で 24 N/mm^2 の強度を発現する超速硬性が特徴のコンクリートである．ただし，超速硬性のため，コンクリート自身の自己収縮や温度応力により，ひび割れの発生が予見されることから，ひび割れ抵抗性の向上を目的として膨張性を有する混和剤を混入し収縮率を抑える方法や，ひび割れ抵抗性の向上と曲げ靱性補強を目的として鋼繊維，ビニロン繊維あるいはポリプロピレン繊維などをコンクリートに混入する方法が採用されている．

また，超速硬コンクリートは超速硬性のため，レディミクストコンクリート工場での製造，運搬ができない．そのため，専用の自走式コンクリートプラント車による製造が行われている．自走式コンクリートプラント車には，**写真 7.1** および**図 7.1** に示すコンクリート材料の計量，供給および練り混ぜを連続的に行い，フレッシュコンクリートを連続して製造，排出する方式のコンクリートモービル車と，レディミクストコンクリート工場と同様に，コンクリート材料の計量，供給および練り混ぜを 1 バッ

写真 7.1 コンクリートモービル車

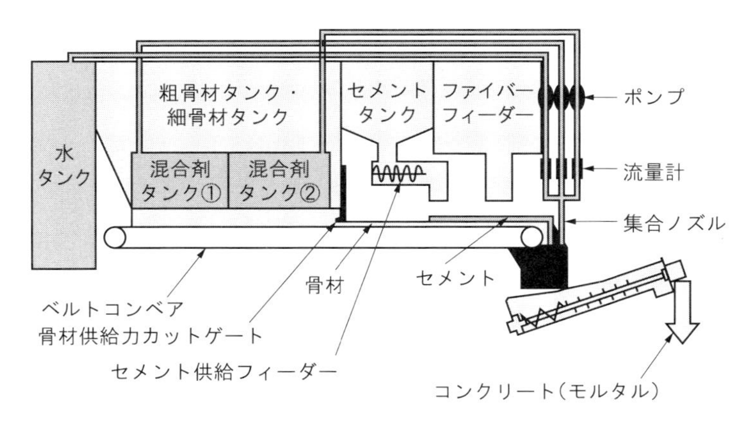

図 7.1 コンクリートモービル車の混練機構

チごとに行い，フレッシュコンクリートを連続して製造，排出するバッチャープラント車がある．それぞれの自走式コンクリートプラント車は，施工環境などに応じて使い分けがなされている．

道路橋 RC 床版の損傷を要因ごとに大きく分類すれば，①外荷重によるもの，②気象環境条件によるもの，③材料劣化によるものの 3 種類に分けられる[1]．これらの損傷に対して，断面修復材料として，超速硬コンクリートの特徴を生かしながら既存の技術が使用されているが，さらなる新技術の開発が望まれている．

①の外荷重による損傷は，その要因が過積載を含む重車両の繰返し走行による疲労劣化であるため，基本的には，床版の剛性を高めることを目的として既設床版の上側かぶりを 10 ～ 20 mm 除去し，それに 50 ～ 70 mm 厚の超速硬コンクリートを打設する上面増厚工法が多く採用されてきた．古くは鋼繊維入りコンクリートを使用したが，格子鉄筋を設置してコンクリートを打設している例もある．また，これまでに施工された上面増厚床版では，母床版と上面増厚部との界面で剥離が生じ水平ひび割れに進展することが報告されている．この経験から，既設床版の上側コンクリートの除去は，かぶりだけでなく，上面鉄筋の下面 2 cm 程度までウォータージェットで除去し，上面コンクリートを打設する方法に変わってきた．

②および③では，海浜部からの飛来塩分や凍結防止剤の散布による塩化物，雨水の浸入による鉄筋の腐食などが問題となっており，このような塩分環境において，**図 7.2** に示すような，塩化物イオンを取り込み，亜硝酸イオンを放出する塩分吸着剤混入型モルタル[2]を応用した，塩分吸着剤混入型超速硬コンクリートの開発が要望されている．塩分吸着剤は，正（+）に帯電させた層状構造をもち，塩化物イオン（Cl^-）を吸着し，あらかじめ保持させた亜硝酸イオン（NO_2^-）を放出することにより，鉄筋

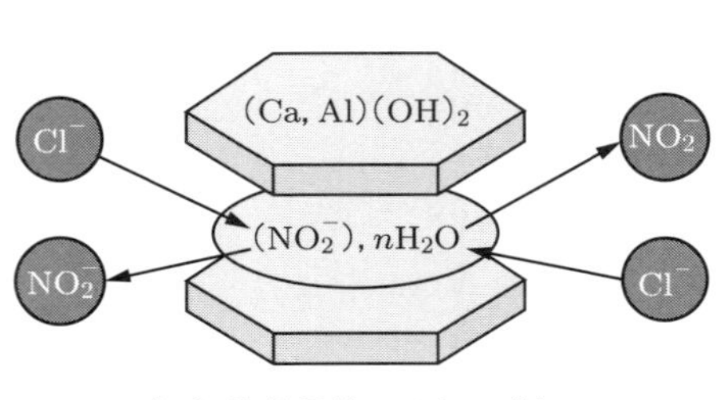

（a）塩分吸着のメカニズム

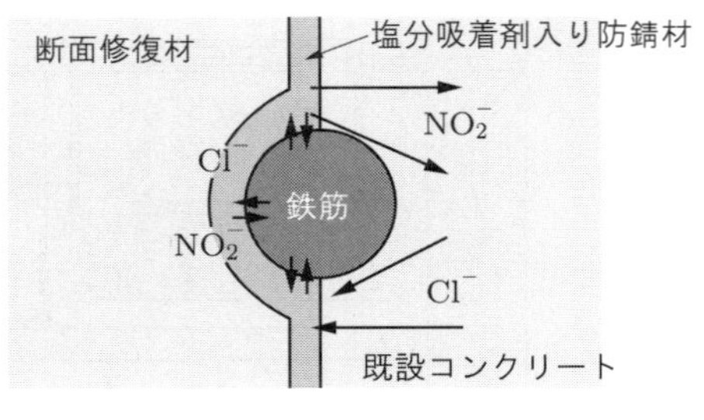

（b）塩分吸着による鉄筋腐食防止のメカニズム

図 7.2　塩分吸着剤混入型モルタル [2]

腐食を防止する．モルタル補修材としてすでに製品化されている材料をもとに，超速硬性コンクリートへの拡大使用が望まれている．**写真 7.2** に示す高靭性型モルタル [3] は，ひずみ硬化特性やひび割れ分散特性を有する高靭性セメント複合材料である．ひび割れ抵抗性（引張終局ひずみが 0.5% 以上），耐凍結融解性および耐摩耗性に優れているため，従来のポリマーセメントモルタルの 2 倍程度の長寿命化が期待できる．また，曲げ引張にも抵抗できるため，上面増厚のみならず，下面増厚にも適用可能と考えられており，実現に向けた開発が期待されている．

写真 7.2　高靭性型モルタル板の変形性状 [3]

7.1.2　超高強度コンクリート

(1) 超緻密高強度繊維補強コンクリートを用いた施工例 [4],[5]

4.1 節に述べた超緻密高強度繊維補強コンクリートを，損傷を受けた道路橋床版の補修工事に適用した事例を紹介する．一般に，劣化因子を内在する既設床版を健全な状態に回復させようとする場合，再劣化に対するリスク回避の観点から，床版の全面取替工法を採用することが望ましい．しかしながら，この工法は施工コストや通行止め期間の長期化などの面で，交通量の多い幹線道路に適用できない場合が多く，交通供用下での床版の陥没事故防止のために床版上面の断面修復工法を採用せざるをえない橋梁は多い．ところが，これまでに採用されている断面修復材料では，部分的な鉄筋露出部や局部的な脆弱部などへの適用が難しいことや，補修後早期に再劣化する場合があるなど，その性能が十分に満足できるものではないことが大きな課題であった．ここで提案する超緻密高強度繊維補強材料は，上記のような課題に対応できるとともに，施工現場で練り混ぜを行い連続打設が可能である．なお，以下に示す事例は，2014 年 10 月に実施した国内初の施工例である．

施行が実施された橋梁は，北海道庁が管轄している道路橋であり，建設後 48 年経過した単純鋼鈑桁橋である．近年の調査において，床版上面の著しい凍害劣化が認められ，耐荷力の確保が急務であった．対策として，床版上面をはつり取り，設計厚さ 20 mm の繊維補強流動性高強度材料により断面修復する方法が採用された．現場調査により明らかになった床版の下面および上面の劣化状況を**写真 7.3** に示す．床版下面の劣化状況は，ひび割れ幅が 0.2 mm 以下の遊離石灰を伴う 2 方向ひび割れが発生しており，凍害によるコンクリート表面の剥離が認められた（写真 7.3(a)）．一方，舗装上面にはポットホールが発生していた（写真 7.3(b)）．このポットホールは毎年発生し，そのつど補修が施されてきたが，この補修跡周辺の舗装を撤去した調査では，写真 7.3(c) に示すような床版コンクリート上面の著しい凍害劣化が確認され，耐荷力の著しい低下が推察された．これらの劣化の進行は，防水層が未施工であったことと，顕在化する舗装の局部補修に注力するあまり，床版コンクリートへの抜本的な対策が先送りされたことなどにより，雨水が床版内に浸透し，凍結融解が進行した結果といえる．

（a）床版下面

（b）舗装上面

（c）舗装撤去後の床版上面

写真 7.3　対象橋梁の劣化状況

対象とした橋梁の幅員は 6 m と狭く，片側の交通を供用しながらの半断面施工が困難であるため，全面通行止めを伴う全断面施工で断面修復が実施された．実施工に先立って試験施工を実施し，現場の施工環境における配合確認や 1 日当たりの施工量に対する練り混ぜ量を把握するとともに，既設コンクリートとの一体性や表面収縮ひび割れの有無などについても検証している [6]．また，**写真 7.4** に示すように，凍害を

写真 7.4　床版上面のはつり状況

受け脆弱化した床版上面のコンクリートをはつったところ，凍害劣化が深く進行し，床版上面の主鉄筋が広範囲に露出していた．そのため，施工厚さを当初の 20 mm から 40 mm に変更し施工している．

超高強度コンクリートの施工では，配調合における品質管理が重要である．とくに，材料攪拌から鋼繊維の投入および練り混ぜ完了までの時間管理に，現場の温度・湿度・部材の配筋密度などの環境に合わせた施工試験の結果を反映することで，室内試験値に相当する性能を引き出している．**写真 7.5** に，この材料の専用ミキサーの構造および鋼繊維投入の状況を示す．従来，わが国では繊維材料の混入量は 2.0 vol% 以下が標準であるが，この材料は 2.5 vol% の鋼繊維を混入することで，繊維の配置をマトリックス状に高密度化している．また，最近の研究では混入量を 3.0 vol% とした実績がある．なお，この材料は粘性が高く，国内製品ミキサーでは練り混ぜが困難であることから外国製のものを使用している．

超高強度コンクリートの施工状況を**写真 7.6** に示す．現場のプラントにおいて練り混ぜられたフレッシュ材料は，小型ショベル車で施工箇所に運搬して打設された．

（a）専用ミキサーの構造

（b）鋼繊維投入の状況

写真 7.5　超高強度コンクリートの専用ミキサー

（a） 簡易振動敷き均し装置

（b） 幅員を 2 分割した片車線ごとの施工

写真 7.6　超高強度コンクリートの施工状況

敷き均しと締固めには，写真 7.6(a) に示す簡易振動敷き均し装置を使用することで，残存エアを排出するとともに平坦性が確保されている．なお，運搬通路や施工スペースを確保するために，写真 7.6(b) に示すように，幅員を 2 分割して片車線ずつ WJ 工法によりコンクリートの上面をはつり，超高強度コンクリートを施工する．コンクリートの施工量は，現場練りミキサー 2 台を用いた場合で 150 m^2/ 日程度であった．

写真 7.7 に，片車線施工完了後における降雨時の状況を示す．写真 7.7(a) は床版上面の状況であり，伸縮装置側の床版上面に滞水が発生している．写真 7.7(b) は下面の状況であり，断面修復施工前の部分にはひび割れからの漏水が確認されるが，施工後の部分では同じ位置のひび割れからの漏水はない．このように，防水層がなくても高い遮水性を有することが確認されている．

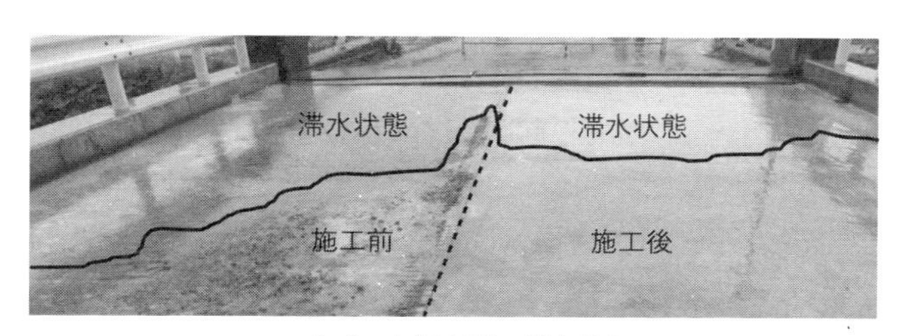

（a） 床版上面の滞水状況

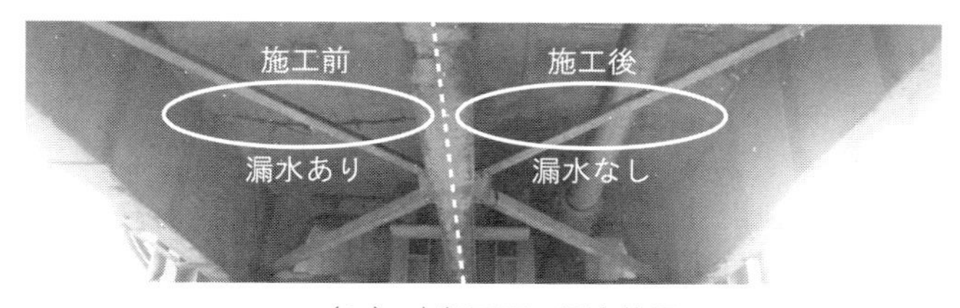

（b） 床版下面の漏水状況

写真 7.7　片車線施工完了後における降雨時の状況

床版全面の超高強度コンクリートの打設が完了した状況を**写真 7.8**(a) に，舗装の敷設が完了した状況を写真 (b) に示す．この材料は，表 4.1 に示したように透気性や透水性が極めて低く，床版防水層の省略が可能である．また，施工後の検査においても既設の床版コンクリートとの界面剥離はなく，打音検査により十分な一体性が確保されていることが明らかになった．このように，従来は品質の低下が避けられなかった現場練りの超高強度コンクリートに関して，現場条件に配慮した品質管理と配合技術をもとに，品質の高い床版の補修工法を実現している．

（a） 超高強度コンクリート打設後

（b） 舗装敷設後

写真 7.8　施工完了後の状況

(2) 超緻密高強度繊維補強コンクリートを用いた施工例 [6],[7]

EU において，超緻密高強度繊維補強コンクリート（以下，UHPFRC と記す）を用いた床版補修工法を適用した事例を紹介する．対象橋梁は，1969 年に建設されたプレキャスト PC ラーメン高架橋であり，全景を**写真 7.9** に示す．この補修では，床版張出し部上面の曲げ補強を目的として，補強鉄筋を配置して UHPFRC で断面修復を行っている．UHPFRC は，研究段階において，標準的強度の補強鉄筋を断面修復材料として使用することにより，曲げ補強として有効に機能することが確認されている．対象橋梁の主桁断面図を**図 7.3** に，張出し部の輪荷重の作用位置を**図 7.4** に示す．

写真 7.9　対象橋梁の全景

写真 7.10(a) に，この工法の補強鉄筋の施工状況を示す．写真 7.10(b) に示すように，中央部に配置した形鋼は，鉄筋の間隔保持と UHPFRC 補強材（40 mm 厚）の型枠を兼用している．

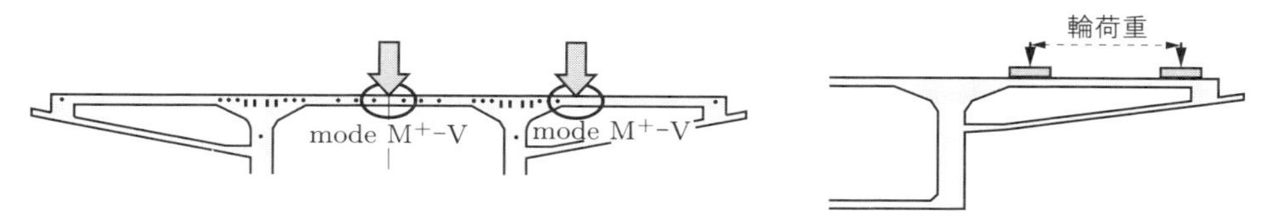

図 7.3　主桁断面図

図 7.4　張出し部の輪荷重の作用位置

（a） 配筋状況

（b） 中央部の形鋼

写真 7.10　補強鉄筋の施工

写真 7.11 に，UHPFRC の現場組立プラント設備を示す．材料は，専用車両によりプラントタンクに圧送され，ミキサー内に投入される．鋼繊維は，振動攪拌機の中央に人力により投入後，周囲に固定している網コンベアで振動拡散されて，頂部からベルトコンベアーによりミキサー内に投下される．2 基のミキサー内には回転羽根が下向きに設置されており，材料はミキサー下部のハッチから四輪ダンプ車に積み替えられる．配調合は，制御室において一元管理されており，低コストで，かつ高品質を実現している．練り混ぜ量は，運搬車両の積込み最大量により決定しており，1 バッチ 2 m^3 を標準としている．

UHPFRC の施工状況を**写真 7.12** に示す．振動敷き均し打設機械は，対象橋梁の施工用に製作されたものであり，一度の施工で幅 6.0 m まで敷き均しが可能である．運搬車両により打設機械のホッパーに材料を投入後，スクリューによって幅員方向に材料を押し出す機構を有する．吐出口は 9 箇所あり，吐出量を調整できる仕組みになっている．1 日当たりの敷き均し打設量は，厚さ 40 mm の場合で 400 m^2 であるが，プ

（a）プラント設備

（b）ミキサー

（c）鋼繊維の攪拌

（d）材料搬出および運搬車両

写真 7.11　UHPFRC の現場組立プラント設備

ラントの製造能力により決定されている．今後，EU における新たな補修技術の構築を踏まえて展開が期待されている．

7.1.3　マクロセル腐食対策

コンクリート構造物において，飛来塩分や凍結防止剤散布，あるいは内在塩分による損傷など，塩化物イオンによる損傷劣化が多く見られる．このため，塩害を受けたコンクリートを補修用モルタルで断面修復するが，既設コンクリートと断面修復部の界面付近でマクロセル腐食現象が発生し，比較的短期間に再劣化することが報告されている．マクロセル腐食では，アノード反応とカソード反応が互いに離れた位置で生じ，一部で局所的に腐食が進行する．

マクロセル腐食の形成メカニズムを**図 7.5** に示す．たとえば，ひび割れや打継目などから塩化物イオンや水，酸素などの腐食因子が浸透し不均一となる場合や，断面修

（a） 振動敷き均し打設機械

（b） 打設機械への材料投入

（c） 打設状況

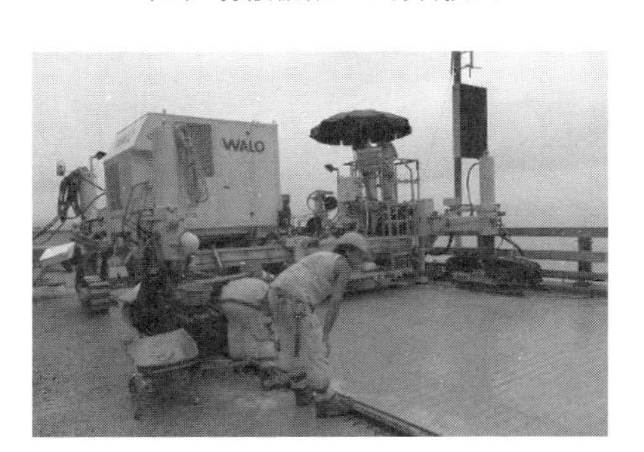

（d） 打設完了

写真 7.12　UHPFRC の施工状況

復後の母材コンクリートの残留塩化物イオン濃度が高い場合などにマクロセルが形成され，腐食速度が増加することが指摘されている [8]．

現在，塩害を受けたコンクリートの断面修復では，マクロセル腐食対策として，亜硝酸リチウム含有モルタルによる断面修復，塩分吸着型モルタルによる断面修復および電気防食工法などが提案され施工されている．**表 7.1** に，これらの腐食対策工法の種類と特徴を示す．これらの工法は，一般に，母材の含有塩分濃度に比例して施工費が高くなり，工法によってはランニングコストが発生する．そこで，マクロセル腐食対策の新技術として，シラン系またはシランシロキサン系の絶縁材を既設コンクリートと断面修復モルタルの打継目に塗布し，絶縁層を形成させることにより，鉄筋腐食を抑制する工法が提案されている．**図 7.6** に絶縁層の形成メカニズムを示す．マクロセル腐食を抑制する方法として，①アノードとカソード間の電気抵抗を増加させ，セルの形成を困難にする，②カソード反応に必要な酸素の浸透量を低減する，③アノード部において発錆を促す以上の塩分を除去する，などが考えられる．ここで紹介した工法は，①によるマクロセル腐食対策工法である [8]．

ここで，マクロセル腐食対策に使用するシラン系またはシランシロキサン系含浸材

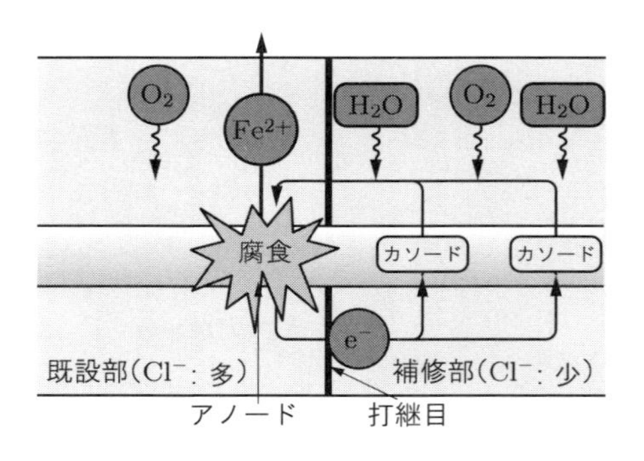

図 7.5　マクロセル腐食の形成メカニズム[8]

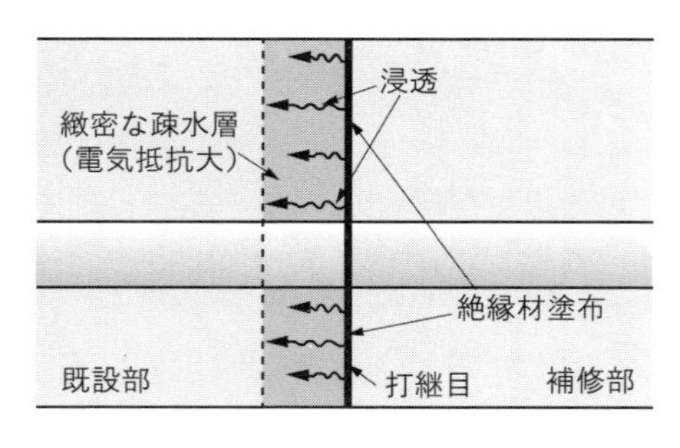

図 7.6　絶縁層の形成メカニズム[8]

表 7.1　マクロセル腐食対策工法の種類と特徴[8]

分類	工法名	主成分または使用材料	防錆のメカニズム	施工性
表面保護材による断面修復	亜硝酸リチウム含有ポリマーセメントモルタル	亜硝酸リチウム ポリマーセメントモルタル	亜硝酸リチウムを含有したポリマーセメントモルタルペーストを新旧コンクリート間に塗布し，鉄筋表面に亜硝酸塩による不動態を形成させ，鉄筋を防食する	モルタルペーストを塗布するため，凹凸の多いはつり面には適さない．刷毛塗りのため，施工は簡便である
	塩分吸着型モルタル	カルシウムアルミニウム複合水酸化物	鉄筋を腐食させる塩化物イオンを吸着し，防錆効果を有する亜硝酸イオンを放出することにより，鉄筋を防食する	吹付仕様なので，設備が必要だが，施工は簡便である
電気防食	外部電源方式	チタンメッシュなど	チタンメッシュ陽極をコンクリート内に埋め込み，外部電源より所定の電流を流し，鉄筋を防食する	チタンメッシュをコンクリート内に埋め込む必要があり，施工が長期となる
	流電陽極方式	亜鉛を用いた犠牲陽極	亜鉛を用いた犠牲陽極をコンクリート内に埋め込み，亜鉛と鉄筋間に電気回路を形成させ，イオン化傾向の違いを利用して亜鉛を腐食させることにより，鉄筋を防食する	コンクリートを現場削孔し犠牲陽極を埋め込む必要があり，現場施工は困難となる

などの遮蔽材は，**表 7.2** に示す性能を満足するものとしている．このマクロセル腐食対策工の最大の特徴は，施工費が安価であり，施工性がよいことである．ただし施工においては，表面水分率などコンクリート面の状態，気象条件など，現地での施工条件を十分に検討して施工を行う必要がある．

表 7.2　シラン系またはシランシロキサン系含浸材によるマクロセル腐食対策工の要求性能 [8]

項目	単位	規格値	試験方法
マクロセル腐食電流	μA/cm²	1.0以内	4週目の供試体による試験
ミクロセル腐食電流	μA/cm²	8.0以内	4週目の供試体による試験
電気抵抗（モルタル比抵抗）	Ω	2.0以上	4週目の供試体による試験
付着強度	N/mm²	1.0以上	建研式付着試験
浸透深さ	mm	5.0以上	1週目の供試体による試験

■7.2　床版増厚工法の課題と改善策

7.2.1　床版増厚工法の概要

床版増厚工法には，上面増厚工法と下面増厚工法の 2 種類がある．それぞれの工法の特徴を**表 7.3** に示す．どちらも，既設床版と鋼繊維補強コンクリートあるいはポリマーセメントモルタルとの一体化により，機能を発揮する工法である．旧日本道路公団が開発した上面増厚工法は，鋼板接着工法および縦桁増設工法と並ぶ鋼橋 RC 床版の補強工法の一つである．1978 年より，各種の室内試験や試験施工的な性格をもった実橋での施工が開始され，鋼橋 RC 床版の構造的耐久性向上と確実な機械施工を目指して改良が加えられ，1995 年に財団法人高速道路調査会から上面増厚工法設計施工マニュアル [9] が発刊された．一方，下面増厚工法は，1992 年ごろから種々の実験などを経て，交通規制を行わずに施工できる利点を生かし，本格的に実橋での施工が始まった．施工開始当初はコテ塗りであったが，近年では吹付工法が多く採用されている．また，ほぼ同時期に，炭素繊維シート補強，アラミド繊維シート補強などの新しい床版下面からの補強工法も実用化された．

図 7.7 に示すように，上面増厚工法には，鋼繊維補強コンクリートを使用する工法と鋼繊維補強コンクリート断面内に補強鉄筋を配置する工法がある．前者は，既設床版コンクリートの上面を切削後，切削面を研掃して鋼繊維補強コンクリートの打設を行い，新旧コンクリートを一体化させ増厚を行うことにより，床版の押抜きせん断，および曲げに対して補強する工法であり，主として鋼橋 RC 床版の補強対策として多く施工されている．一方，後者は，1993 年 11 月の車両制限令の改正に伴って，鋼橋 RC 床版の補強だけでなく，コンクリート橋などの橋梁本体に対する補強の必要性から開発された．押抜きせん断に対する耐荷性能の回復に加えて，連続桁橋の中間支点部や張出床版部の負曲げに対する耐力の向上にも有効である．補強目的を明確にして，いずれか適切な工法を選定することが重要である [9],[10]．

表 7.3　増厚工法の種類と特徴

	上面増厚工法	下面増厚工法
施工法の概要	既設床版上面に鋼繊維補強コンクリートを打設し，既設床版と一体化させる	既設床版下面に補強鉄筋格子を固着し，ポリマーセメントモルタルなどを用いて既設床版と一体化させる
効果	せん断および曲げに対する耐荷性能の回復	主に曲げに対する耐荷性能の回復
施工性	専用の施工機械が必要である．伸縮装置の嵩上げなどが必要となる	コテ塗りまたは吹付による施工
交通規制	上面からの施工で交通規制が必要である	下面からの施工であり交通規制は必要ない
特徴 留意点	既設床版と鋼繊維補強コンクリートを確実に一体化させることが必要である．RC 中空床版のボイド上面対策としても有効である	下面からの施工で，仮設足場などが必要である．上面からの床版防水工が必要である．補強効果は，補強鉄筋量および定着法に左右される

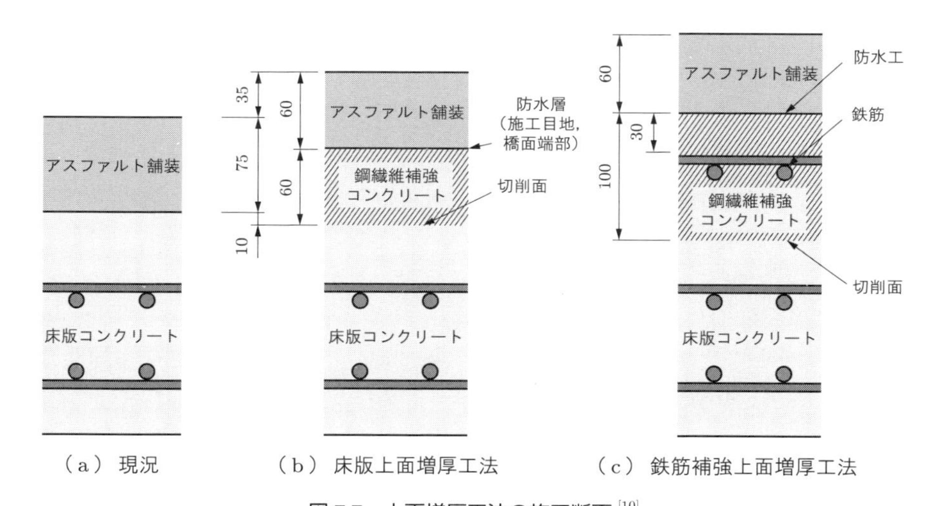

図 7.7　上面増厚工法の施工断面 [10]

一方，下面増厚工法は，設計荷重の改変による耐荷力不足や輪荷重による疲労劣化したRC床版の曲げ補強に使用されている．**図 7.8** に示すように，床版の下面に補強鉄筋を 100 ～ 150 mm 間隔で固着し，それにポリマーセメントを吹付けることによって補強鉄筋と既設床版を一体化し，曲げ耐力の向上をはかることができる．下面増厚工法は，ポリマーセメントモルタルを吹付け施工できるため，従来のコテ塗りによる人力施工と比較して施工性・経済性の改善がはかられている [11]．

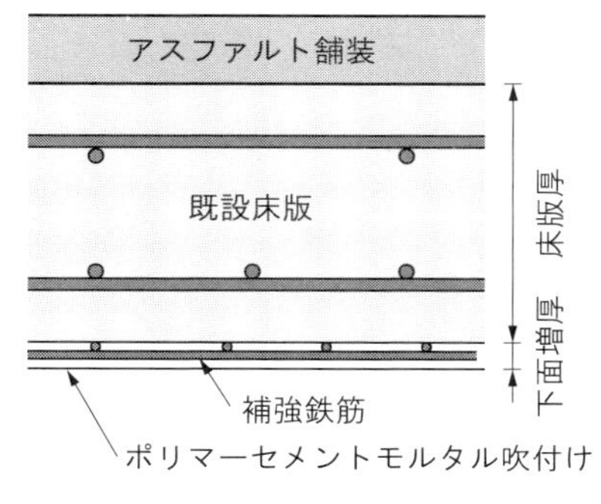

図 7.8　下面増厚工法の施工断面 [11]

7.2.2　新旧コンクリート界面付着に関する問題点

上面増厚工法を適用した床版においては，車線規制による分割施工が標準となっているため，1998 年ごろから施工目地部を起点として，施工要因，環境要因，施工目地位置など構造的な要因により既設床版の劣化が進み，施工後数年で床版増厚の水平目地付近に剥離損傷が発生するといった事象が確認された．このため，2006 年度末までに上面増厚工法の施工を行った橋梁に対して，床版の劣化状況を調査した結果，**写真 7.13** に示すように新旧コンクリート界面の水平剥離事例が多く発見されたが，損傷発生率は全体の 1% 程度であった [10],[12]．

車線規制の増厚コンクリートの分割施工目地部や地覆部など増厚コンクリートの施工端部は，増厚コンクリートの乾燥収縮や輪荷重などの外力により，せん断力や引張力がとくに大きく作用する箇所である．また，これらの目地部や端部から雨水が浸入し，既設床版と増厚コンクリートの境界面が滞水状態になり，既設床版の劣化が進行する．

一般的には，適切な方法により脆弱部を処理し，研掃処理や十分な増厚コンクリートの締固めなどの適切な施工を実施すれば，水平剥離に対する十分な付着耐久性が確保できると考えられる．2008 年に実施された既設床版の劣化状態と上面増厚床版の施工目地部を再現した移動載荷疲労実験においても，適切な研掃処理と締固めを行った場合は，十分な付着耐久性を有していることが報告されている [10]．

しかしながら，実施工において施工端部は，規制帯における作業スペースの制約により研掃や締固めが不十分となりやすく，弱点となる場合がある．そこで，施工端部に接着剤を塗布した結果，移動載荷疲労実験において十分な付着耐久性が確認された．その結果，2010 年に，床版上面増厚の設計･施工に関する技術資料の改訂 [10] において，これら施工上の弱点となりやすい範囲については，**写真 7.14** のように接着剤を塗布

写真 7.13　新旧コンクリート界面の水平剥離 [12]

写真 7.14　上面増厚工法の施工端部への接着剤塗布

することが標準となった．なお，上面増厚工法は，一般的に車線規制による交通供用下で反復施工するため，超速硬コンクリートが使用され，材料供給を含むすべての作業が交通規制内で実施されている．

7.2.3　新旧コンクリート界面における水平剥離部の補修工法

床版上面増厚工法が施工された RC 床版における増厚コンクリートと既設床版との境界部に生じた水平剥離に対する補修技術として，床版上面から樹脂注入する工法が，2001 年に東名高速道路において試験施工された．試験施工に先立って，新旧コンクリート界面の水平剥離部への注入材料の基本性能確認試験が実施され，効果を確認するために，エポキシ樹脂を充填した床版の輪荷重走行試験も実施されている．この工法は，その後，十数橋に適用されている．しかし，これまでの樹脂注入工法は，床版上面または舗装上面から削孔し，樹脂を注入させるため交通規制が必要で，交通量の多い路線では，交通渋滞が問題となっていた．その解決策として，床版下面からすべての作業を実施する樹脂注入工法確立のための施工性と効果検証の実験も行われている [12],[13]．以下に，この工法について紹介する．

一般に，新旧コンクリート界面の水平剥離部には，すり磨き現象により泥など多くの不純物が堆積しているため，樹脂注入を実施する前工程として，通水による洗浄作業を行う．従来の床版上面からの施工では，高圧ポンプによる圧水とエアの交互洗浄を実施しているが，**図 7.9**(a) に示すとおり，水みちが発生し，面的に洗浄不足となる．そのため，図 7.9(b),(c) に示すように，これに特殊な WJ 工法を採用し，ウォータージェットのノズル孔と水平剥離部の位置合わせを行った後，ノズルを回転させる洗浄法によって，強制的に周囲の不純物を除去し洗浄する工法が開発された．一方，従来の樹脂注入は床版上面から，増厚コンクリート界面の水平剥離部に対してのみの注入であった．しかし，供用により劣化した床版の断面を観察すると，既設床版内部にある上鉄筋および下鉄筋にも水平ひび割れが発生していることがあるため，図 7.10(b) に示すように，床版下面から樹脂注入を行うことにより，すべてのひび割れに良好な樹脂注入ができることが確認されている [12],[13]．なお，この技術は，小規模な損傷でも容易に補修できるので，損傷が軽微である場合の補修工法としても推奨されている．

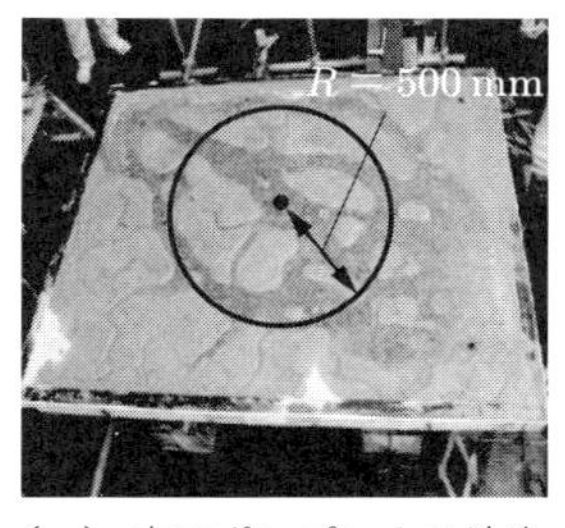

（a） 高圧ポンプによる洗浄

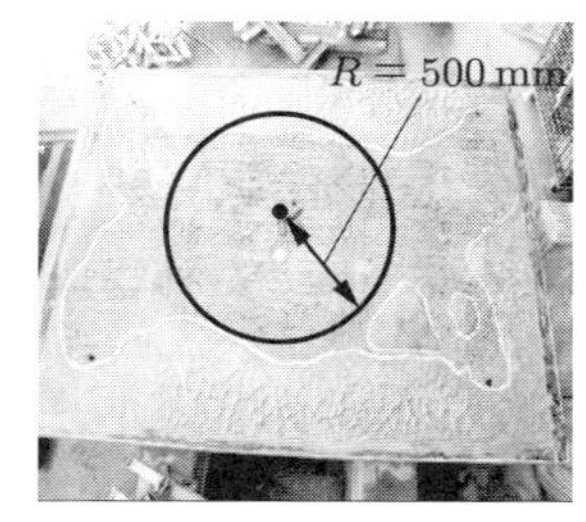

（b） WJ 工法による洗浄

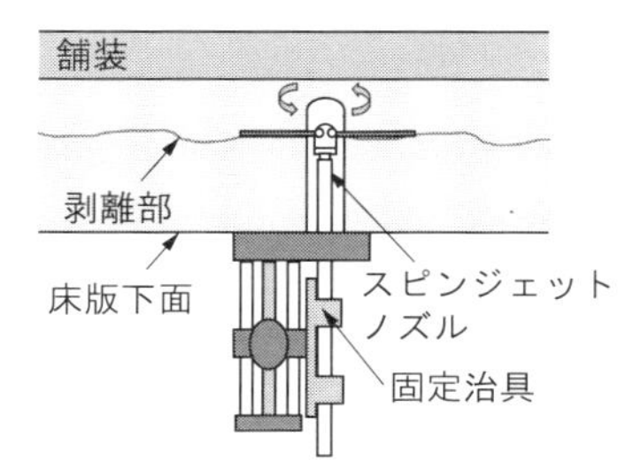

（c） WJ 工法による洗浄概要図

図 7.9 特殊ウォータージェット工法による洗浄システム [12], [13]

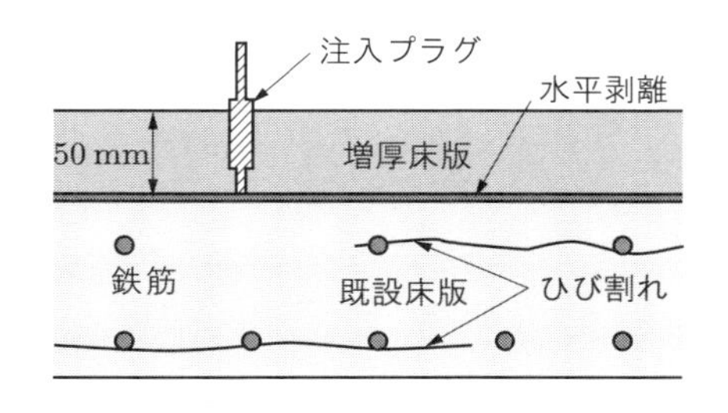

（a） 増厚床版上面から注入する方法

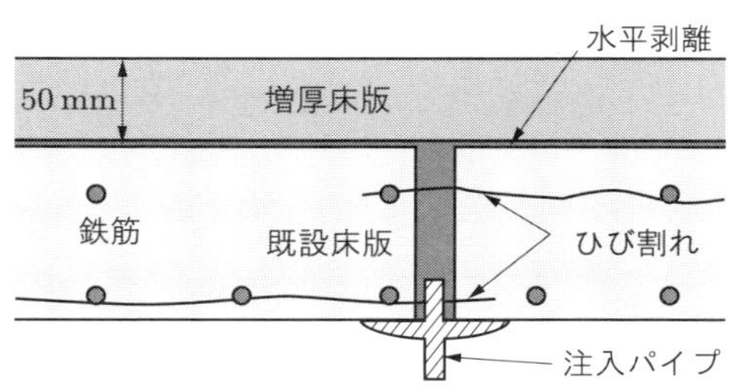

（b） 既設床版下面から注入する方法

図 7.10 注入工法模式図 [12], [13]

7.2.4 既設コンクリートとの接着面処理方法の改善

7.2.2 項で述べたように，一般的には，適切な方法で既設コンクリートの脆弱部を処理し，既設コンクリート表面の研掃と増厚コンクリートの締固めを十分に実施しておけば，剥離に対し十分な付着耐久性が確保できる．しかしながら，施工端部などでは研掃や締固めが困難なため，施工上の弱点となりやすい範囲については，付着耐久性を高めるために接着剤を塗布することが標準的に採用されている．現在，この接着剤として，土木用高耐久型エポキシ樹脂系接着剤が多く使用されている．エポキシ樹脂系接着剤の諸性能を表 7.4 に，各強度実験データを図 7.11 に示す [14]．

表7.4　エポキシ樹脂系接着剤の実験データ[14]

項目		性状と物性	備考
外観	主剤	白色ペースト状	異物混入なし
	硬化剤	青色液状	異物混入なし
混合比（主剤：硬化剤）		5：1	重量比
硬化物比重		1.40 ±0.20	JIS K 7112
圧縮強さ		50 N/mm²以上	JIS K 7181
圧縮弾性係数		1000 N/mm²以上	JIS K 7181
曲げ強さ		35 N/mm²以上	JIS K 7171
引張せん断強さ		10 N/mm²以上	JIS K 6850
コンクリート付着強さ		1.6 N/mm²以上または母材破壊	JIS A 6909(JHS 412)
標準塗布量		1.4 kg/m²（人力施工）	被着体の種類によって塗布量が異なる
種類		冬用(被着体温度：5 ～ 20℃), 春・秋用(被着体温度：15 ～ 30℃), 夏用(被着体温度：25 ～ 60℃)	

これらのデータより，上面増厚工法における接着剤による接着面処理方法は有効であると考えられる．現状では，**写真 7.15**(a) に示すように，施工上の弱点となりやすい範囲，すなわち垂直打継面および水平打継面の端部 500 mm に接着剤を額縁状に塗布している．しかし，凍結防止剤などを散布する地域では，端部および増厚コンクリートのひび割れ部からの水分や塩化物の浸透を防いで，既設床版コンクリートへの透過を抑制するために，写真 7.15(b) のように全面に接着剤を塗布する方法も考えられる．ただしこの場合，経済性について検討する必要がある．

現在使用しているエポキシ樹脂系接着剤は，粘性が高く，標準塗布量が多くなる傾向があり，既設床版コンクリートへの含浸効果はあまり期待できない．そこで，高速道路各社などで剥落対策工のコンクリート面との接着剤として使用されている含浸タイプの接着剤なども検討する価値がある．研掃工により脆弱部は取り除かれているが，マイクロクラックや骨材の浮きが残る場合があり，接着剤の既設コンクリートへの浸透によって増厚コンクリートとの付着性能が向上し，補強床版の疲労耐久性の向上につながることが期待されている．**写真 7.16** に，マイクロクラックおよび脆弱部における接着剤の含浸状況を示す．一般の断面修復工においても，はつり面のマイクロクラック，粗骨材の緩みなどの脆弱部の処理が問題となっており，最近では WJ 工法の採用によりこれらの解決をはかっている．しかし，水処理，経済性，時間など現場条件の制約を考えると，含浸タイプの接着剤は有効と考えられ[16]，この技術の早急な検証および評価が望まれている．

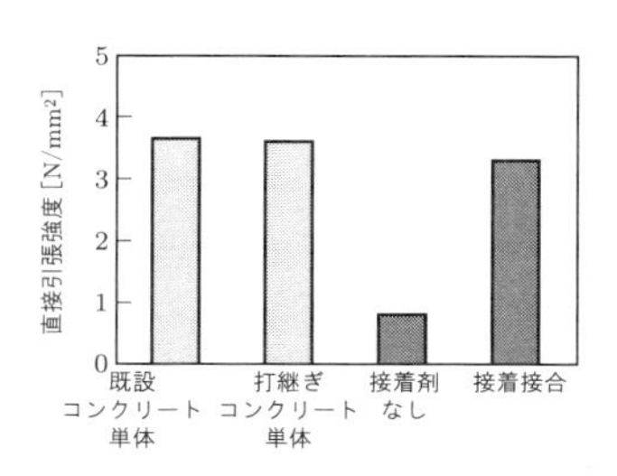

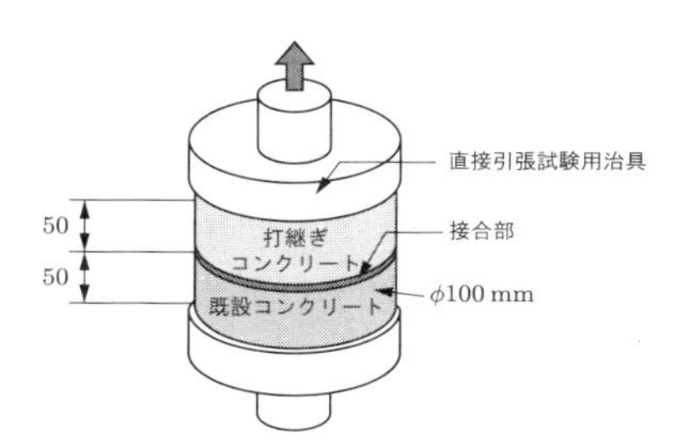

（a） 直接引張強度

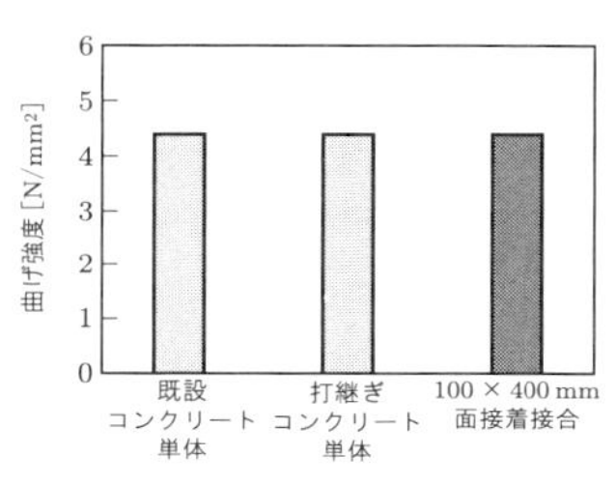

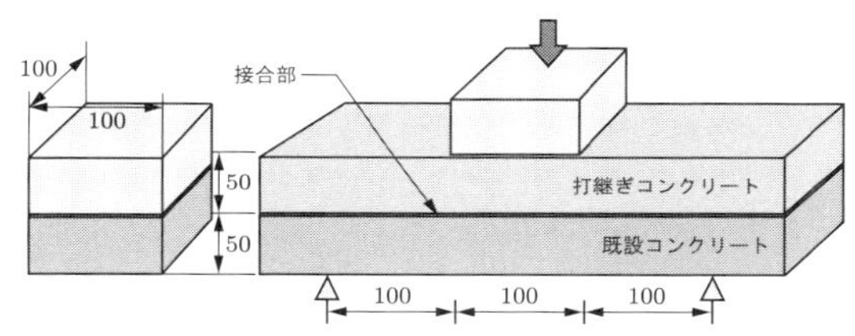

（b） 曲げ強度

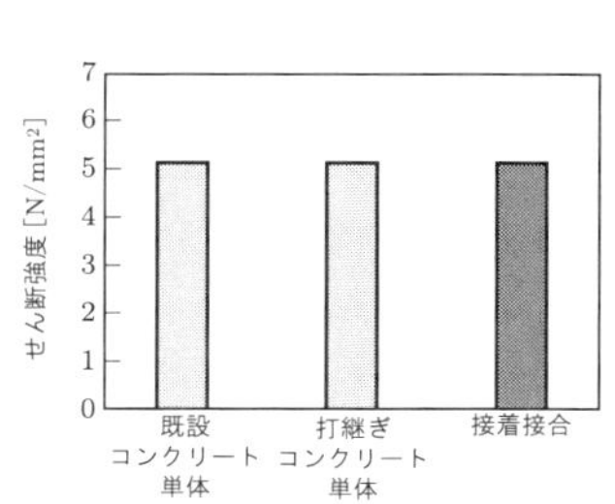

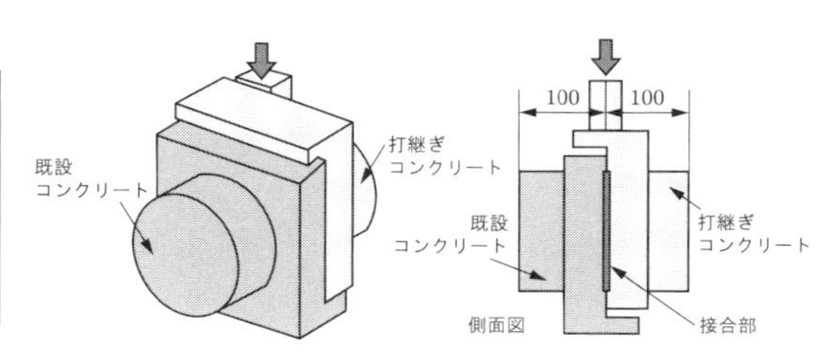

（c） せん断強度

図 7.11　エポキシ樹脂系接着剤の各種強度実験データ [14]

（a）端部塗布

（b）全面塗布

写真 7.15　接着剤の塗布状況

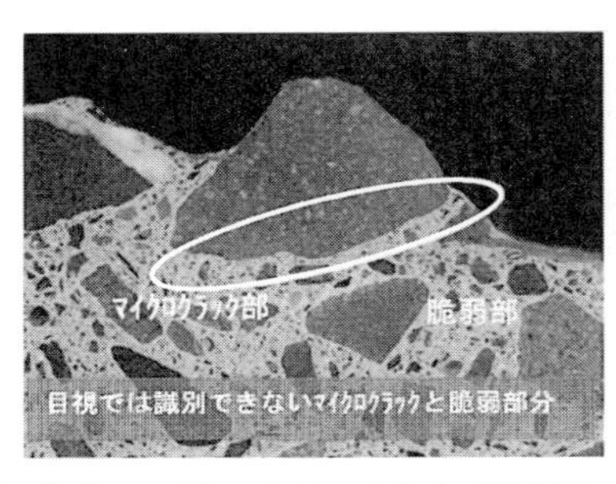

（a）マイクロクラックおよび脆弱部

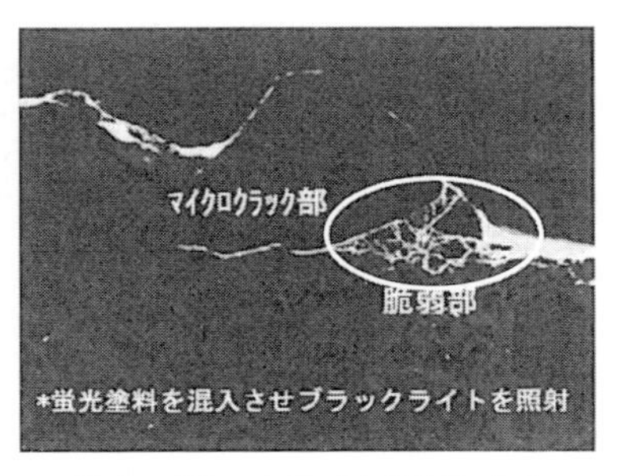

（b）ブラックライト照射による接着剤含浸状況の確認

写真 7.16　マイクロクラックおよび脆弱部における接着剤の含浸状況 [15]

床版取替工法

■8.1 プレキャスト床版による取替工法

損傷したRC床版の補強方法としては，これまで，床版下面への鋼板接着工法や炭素繊維接着工法，縦桁増設工法など多くの工法が採用されてきているが，損傷が著しい床版や補強済み床版が再損傷した場合には，床版そのものを取り替えるのが合理的である．床版取替工法には，規制期間の短縮による早期の交通解放が求められることから，プレキャスト床版による取替工法を採用するのが主流である．

本節においては，プレキャスト床版による床版取替工法における新技術と新工法について述べる．具体的には，プレキャスト床版の橋軸直角方向および橋軸方向の継手構造や鋼桁上フランジと床版を一体化した取替方法について最近の動向を示す．

そこでまず，プレキャスト床版による取替工法の基本について概説する．プレキャスト床版の種類には，プレキャストPC床版[1],[2]やプレキャスト合成床版[3]がある．プレキャストPC床版には，橋軸直角方向のみの1方向にプレストレスを導入する形式と，橋軸直角方向と橋軸方向の2方向にプレストレスを導入する形式がある．

床版の取替え手順としては，**図8.1**に示すように，上り線および下り線の一方を通行止めにして床版を取り替え，もう一方を対面通行にする全断面取替工法が比較的多く用いられている．また，供用する車線数をできるだけ確保するために，**図8.2**に示すように床版を幅員の半分ずつ取り替える半断面取替工法も採用されている．なお，図8.2は下り線のみに着目したものである．

プレキャスト床版を用いる場合，全断面取替工法では約2m間隔に橋軸直角方向の現場継手が必要になり，半断面取替工法では橋軸直角方向に加えて橋軸方向にも現場継手を設けることになる．現場継手をできるだけ小さくするために，**図8.3**に示すようなハーフプレキャスト床版を用いる場合もある．ハーフプレキャスト床版とは，工場において製作した底鋼板やプレキャストコンクリート板[4]を鋼桁上に敷設し，その上にコンクリートを打設して一体化する合成床版のことである．現場において1〜2日で強度が発現するコンクリート[5],[6]を打設することにより，プレキャスト床版と同等の施工速度を実現できる．

床版取替え用のプレキャスト床版の代表的な例として，1方向および2方向にプレストレスを導入する形式をそれぞれ**写真8.1**(a),(b)に，プレキャスト合成床版の施工

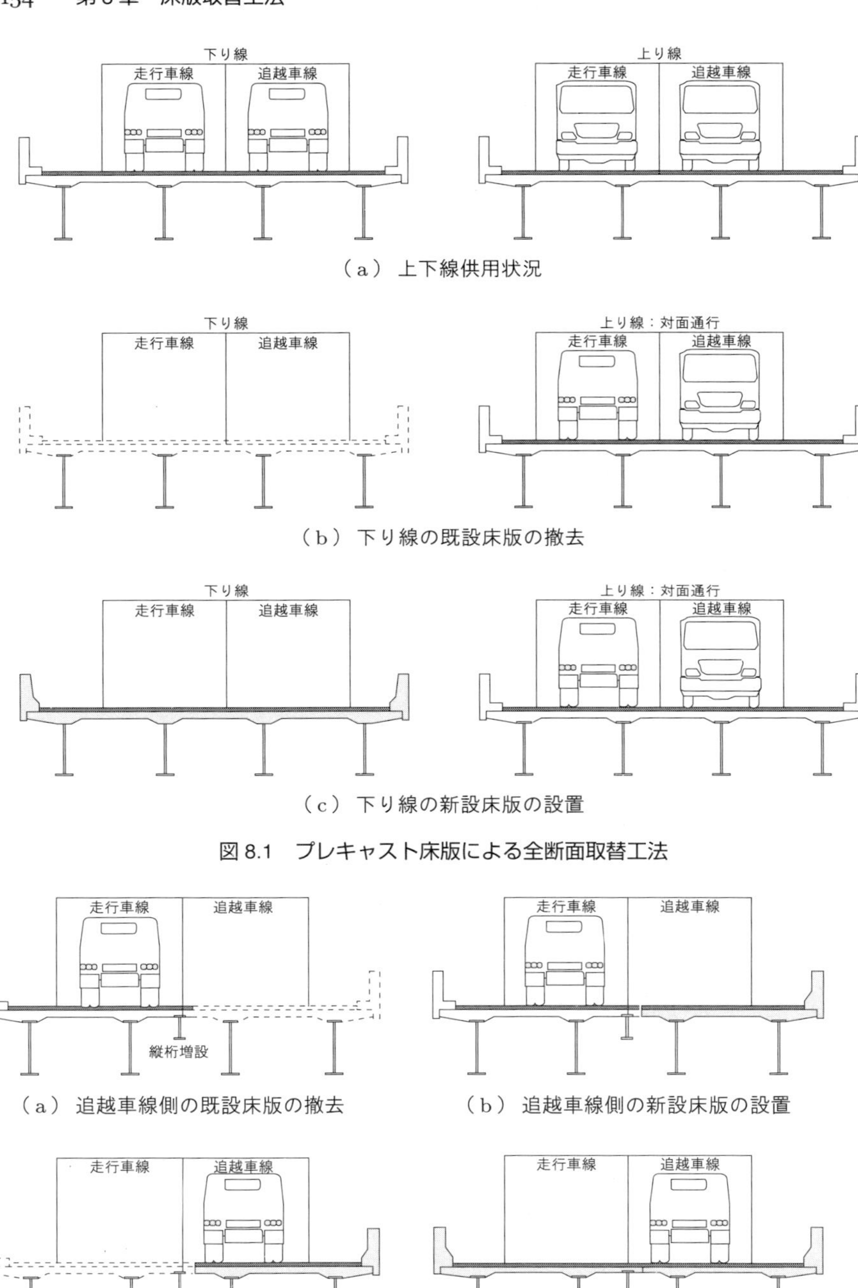

（a）上下線供用状況

（b）下り線の既設床版の撤去

（c）下り線の新設床版の設置

図 8.1　プレキャスト床版による全断面取替工法

（a）追越車線側の既設床版の撤去

（b）追越車線側の新設床版の設置

（c）走行車線側の既設床版の撤去

（d）走行車線側の新設床版の設置

図 8.2　プレキャスト床版による半断面取替工法

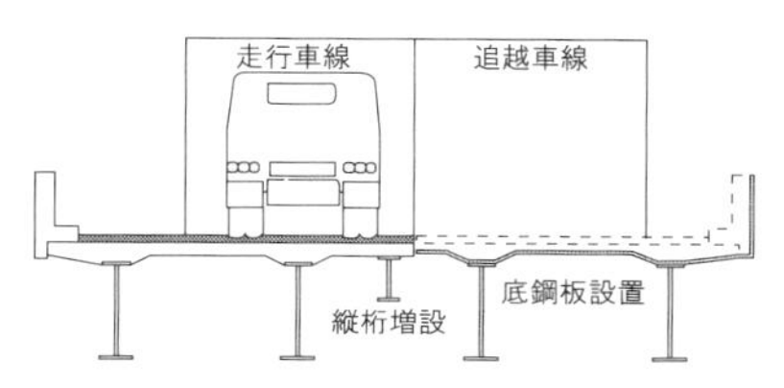

(a) 追越車線側の既設床版の撤去

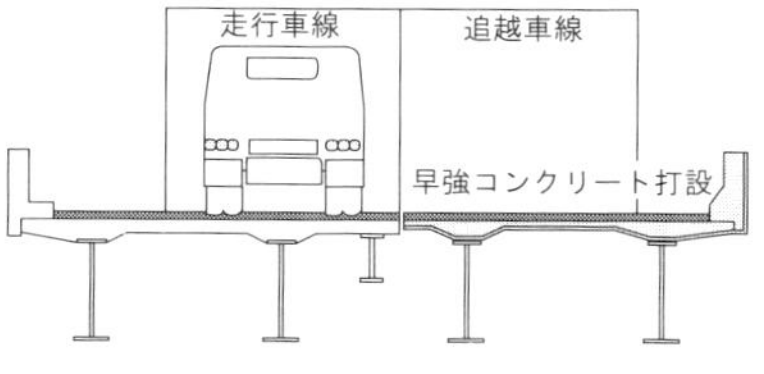

(b) 追越車線側の新設床版の打設

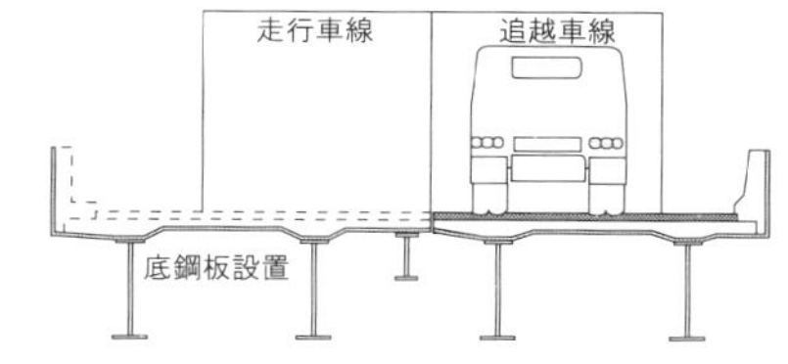

(c) 走行車線側の既設床版の撤去

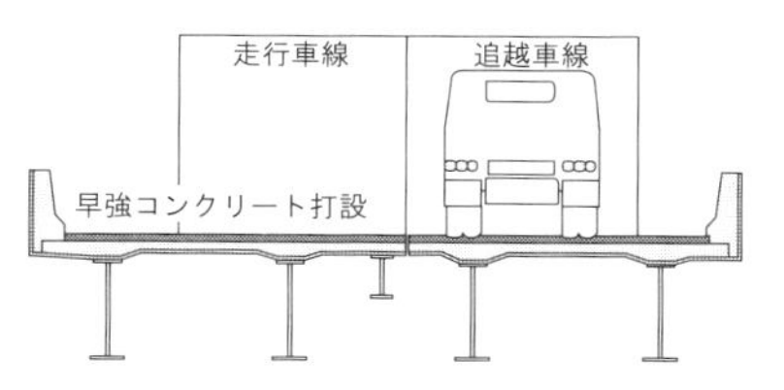

(d) 走行車線側の新設床版の打設

図 8.3 ハーフプレキャスト床版による半断面取替工法

(a) 1方向プレストレスの プレキャスト PC 床版[1]

(b) 2方向プレストレスの プレキャスト PC 床版[2]

(c) プレキャスト合成床版[3]

写真 8.1 床版取替え用のプレキャスト床版の種類

例を写真 (c) に示す．また，プレキャスト PC 床版を用いた全断面床版取替えの状況を**写真 8.2** に示す．

写真 8.2　プレキャスト PC 床版による全断面取替えの状況

8.1.1　橋軸直角方向の現場継手

床版取替え用のプレキャスト PC 床版の場合，橋軸直角方向の現場継手には，**写真 8.3**(a) に示すループ継手を用いるのが一般的である．ループ継手は，ループ鉄筋を上下鉄筋とした RC 構造として設計されており，輪荷重走行試験により十分な疲労耐久性を有することが確認されている[7]．しかしながら，鉄筋の曲げ半径の制約から床版厚が大きくなり，既設床版より床版厚が大きくなる場合は用いることができない．また，橋軸直角方向鉄筋をループ鉄筋の中に差し込む必要があり，橋梁の側面に作業スペースが必要であることから，現場における施工性に課題が残されている．

近年，床版取替えの現場施工性を重視し，ループ継手に代わる RC 構造の継手が提案されている．写真 8.3(b),(c) に示すエンドバンド継手[8]や合理化継手[3],[9]は，プレキャスト床版の端部から櫛状に突き出した鉄筋に圧着鋼管やナットを取り付け，それ

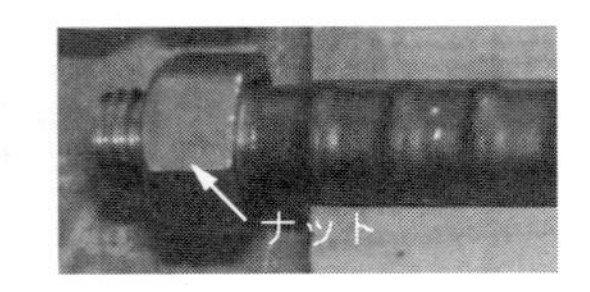

（a） ループ継手　（b） エンドバンド継手[8]　（c） 合理化継手[3],[9]

写真 8.3　RC 構造の継手形式の種類

らを交互に配置して応力を伝達させる構造である．床版厚さの制約が少なく，橋軸直角方向の鉄筋をあらかじめ橋軸方向鉄筋の内側に収納しておくことが可能で，配筋も容易である．橋軸方向鉄筋のアンカー長に関しては，静的載荷試験や輪荷重走行試験などの結果から，エンドバンド継手では鉄筋径の 15 倍，合理化継手では 12 倍と規定されている．鉄筋のアンカー長から，現場継手の幅がエンドバンド継手では 340 ～ 440 mm 程度，合理化継手では 280 mm 程度となっているため，間詰めコンクリートの体積をループ継手と同程度以下に縮減することが可能になっている．

また，橋軸直角方向にもプレストレスを導入するスリットループ継手 [10] が開発されている．この継手は，**図 8.4** に示すように，ループ継手を採用しつつも間詰め部をスリット構造とし，間詰め部に使用する超速硬無収縮モルタルの打設量を縮減している．また，プレストレスを導入することにより，ループ鉄筋内に挿入する主鉄筋を省略し，現場における施工性を改善させている．

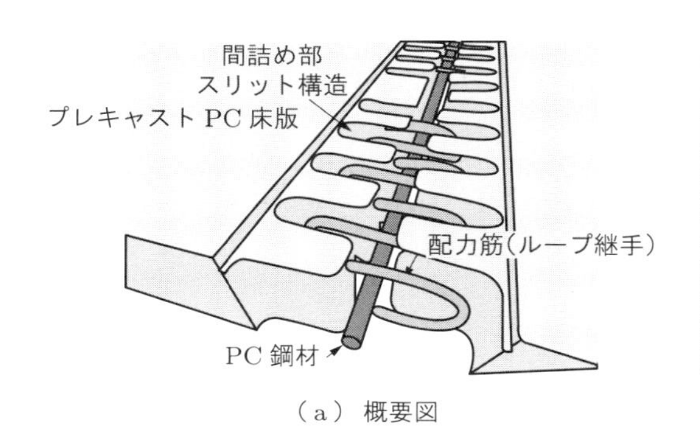

（a） 概要図

（b） 施工状況 [10]

図 8.4 スリットループ継手

8.1.2 橋軸方向の現場継手の改善

図 8.2 に示したようなプレキャスト床版による半断面取替施工を行う場合には，橋軸直角方向の現場継手に加え，橋軸方向にも現場継手を設ける必要がある．橋軸方向の継手としては，これまでに**図 8.5** に示すキャップケーブル方式 [11] の継手や**図 8.6** に示す PC 鋼棒方式 [12] の継手が用いられている．キャップケーブル方式の継手では，緊張時の鉛直反力に抵抗するために，継手位置の下面に縦桁を増設する必要があり，経済性において課題がある．一方，PC 鋼棒方式の継手では，床版上面に多数の切欠き部を設ける必要があり，狭隘な切欠き部内での緊張作業は現場施工性に問題があり，この部分の滞水対策にも十分な配慮が必要である．

これらの継手方式の改善策として，**図 8.7** に示すような継手方法が提案されている．具体的な手順は，工場においてプレテンション方式によりプレストレストを与えた床

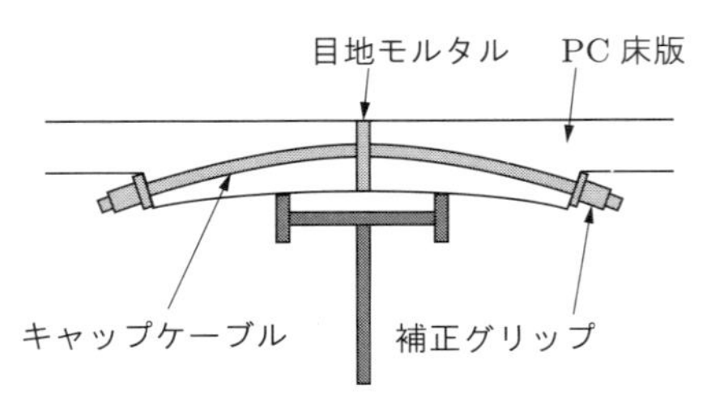

図8.5　キャップケーブル方式の概要図 [11]

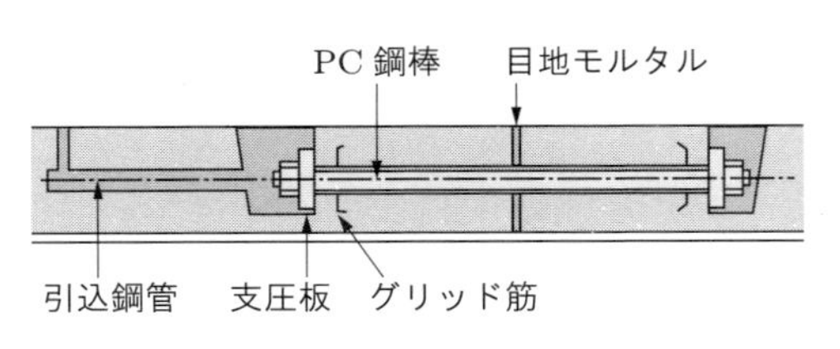

図8.6　PC鋼棒方式の概要図 [12]

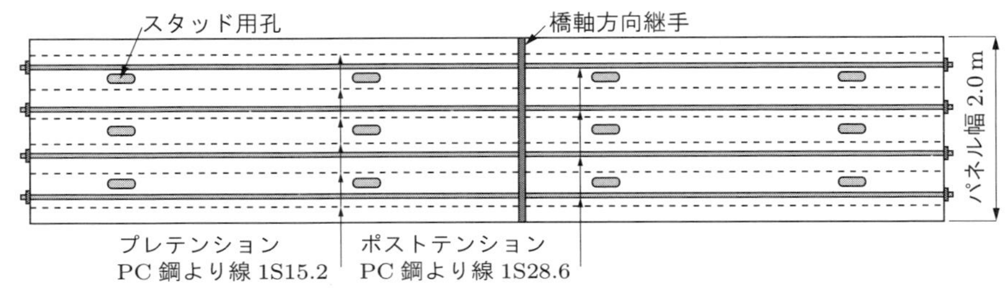

（a）平面図

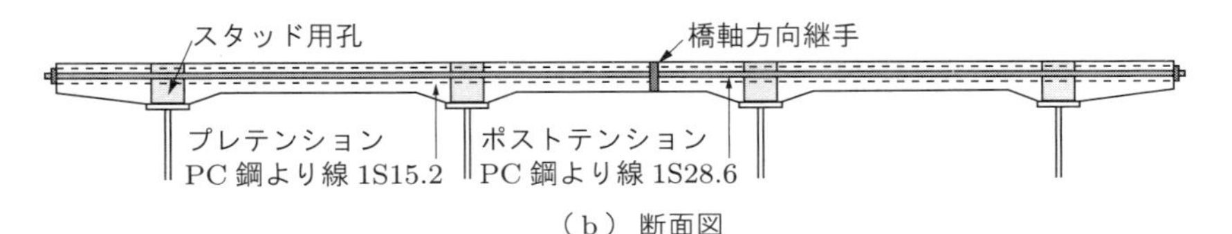

（b）断面図

図8.7　橋軸方向継手の施工方法

版パネルを製作し，現場において鋼桁上に設置した後に目地部に無収縮モルタルを充填する．モルタルが硬化した後に，ポストテンション方式により，全幅員にわたりプレストレスを導入する．継手部のみでなく，床版パネル全体にプレストレスを導入することになるが，縦桁の増設は不要であり，従来の技術による施工が可能である．また，目地部の維持管理も比較的容易である．

8.1.3　合成桁橋における既設上フランジと床版の一体化取替工法 [3]

既設床版の撤去方法としては，**写真8.4**に示すように，床版を縦横に切断した後クレーンやジャッキビームにより，鋼桁から床版を引き剥がす方法が一般的である．非合成桁橋の場合は，鋼桁の上フランジ上のスラブアンカーは1 m弱の広い間隔で配置されていることが一般的で，引き剥がしで撤去可能であるが，合成桁橋の場合には，馬蹄形ジベルやスタッドが密に配置されており，鋼桁から床版を引き剥がすことは容易ではない．このため，主桁の上フランジ縁に沿ってコンクリートカッターで切断し

写真 8.4 従来の既設床版の引き剥がしによる撤去状況

て取り出すことになるが，主桁の上フランジ上にはジベルとコンクリートが残存し，これらをブレーカーおよびガス切断により撤去しなければならず，多大な労力を費やすことになる．

そこで，**図 8.8** に示すように，鋼桁の上フランジとウェブの上部で構成されるT字部材を，床版とともに撤去する工法が試みられた．具体的には，**写真 8.5** に示すように橋面の供用を行いながら，鋼桁の上フランジ天端から 160 mm 程度下の位置で，上フランジと平行に約 1 m ごとの切断と仮接合を反復し，T 字部材を撤去するための準備を行う．

次に，**写真 8.6** に示すように，既設床版を T 字部材と一体撤去するとともに，新設の T 字部材を設置する．ここに示す事例の場合，既設橋は合成桁橋であったが，床版取替え後は非合成桁橋として設計されたことから，新設の T 字部材の上フランジの断面は既設部材より大きくなり，かつスタッドの本数は少なく設計されている．

（a） ウェブの切断

（b） ウェブの仮接合

写真 8.5 ウェブの切断および仮接合状況 [3]

（a） 既設床版とT字部材の一体撤去

（b） 新設のT字部材の設置

写真 8.6　既設床版の撤去とT字部材の設置状況 [3]

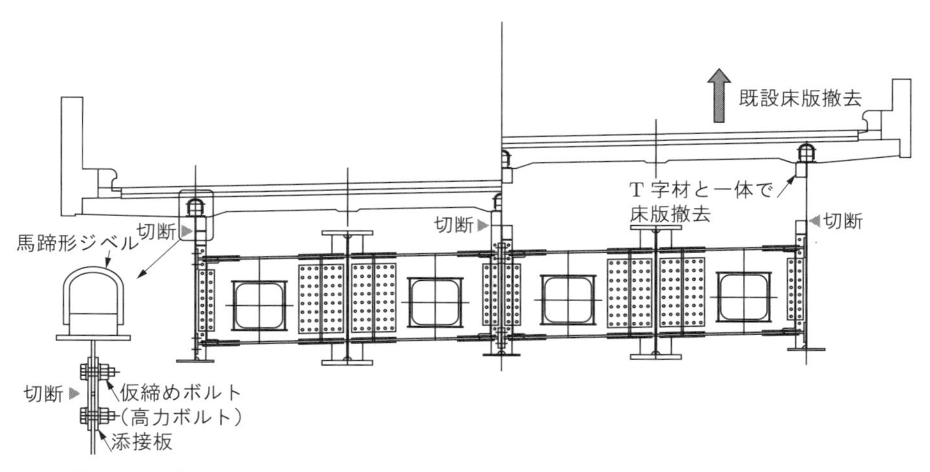

（a） ステップ1：ウェブの切断と仮接合

（b） ステップ2：既設床版とT字部材の一体撤去

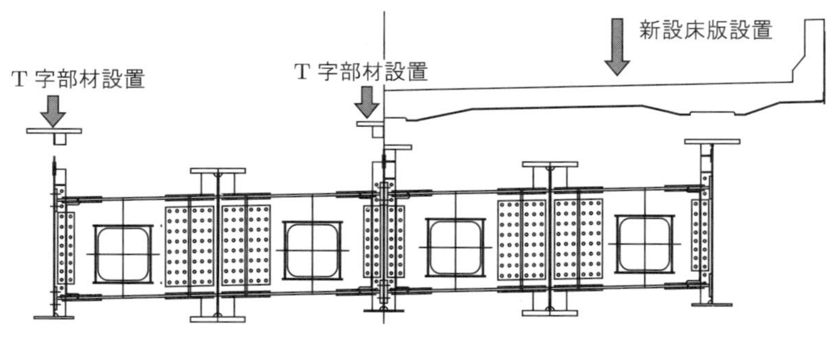

（c） ステップ3：新設のT字部材の設置

（d） ステップ4：新設床版の設置

図 8.8　改善後の施工ステップ [3]

なお，この工法を採用する場合は，床版撤去時に鋼桁に大きな変形や座屈が発生しないように，鋼桁をベントにより支持するか，鋼桁下部に支保工などを配置する必要がある．

■8.2 歩道用 FRP 拡幅床版

近年，既存の道路橋において，交通安全対策として自歩道の分離や歩道の拡幅を実施する場合，旧来の道路構造令[13]に基づく幅員設計や架設当初の交通環境からの情勢変化のため，必要幅員が確保できない場合が多い．この場合，別途側道橋を設置すると施工が大がかりとなることから，鋼製の歩道を既設橋梁の上部工に取り付ける構造が多く用いられている[14]．しかし，この拡幅部の重量増加により既設桁や下部工の補強が必要となるため，既設構造物への負荷が少ない軽量な床版構造が求められている．また，海岸部や凍結防止剤を散布する積雪寒冷地における鋼製の床版は，路面の滞水のみならず，塩化物によっても鋼材の腐食が促進されるため，耐食性に優れた床版材料の選定も必要となる．このため，近年，軽量で耐食性に優れるアルミニウム床版[15]が歩道拡幅に適用され始めているものの，この床版にも電食やアルカリ腐食などの課題がある．よって，このような歩道の拡幅には，軽量で耐食性に優れ，かつ電食やアルカリ腐食も生じない GFRP 製床版の活用が有効である．この歩道拡幅構造には，既設橋梁への取付け構造の違いから，**図 8.9** に示す床版上載タイプとブラケット支持桁タイプがあり，様々な歩道拡幅に適用可能である．

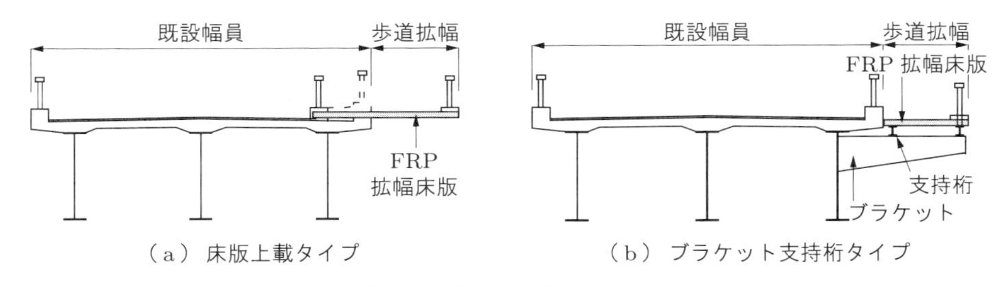

（a） 床版上載タイプ　　（b） ブラケット支持桁タイプ

図 8.9　歩道拡幅構造の種類

歩道用 FRP 拡幅床版は，**図 8.10** に断面形状の一例を示すように，フランジ付きリブを有する π 型断面の FRP 引抜成形材を用い，これを複数枚並べて連続化する．この場合の FRP 引抜成形材どうしの継手はラップ継手構造であり，ラップ面はエポキシ樹脂系接着剤を用いて接着するとともに，接着面の密着性を確保するためにステンレス製のブラインドリベットで固定する構造となっている．

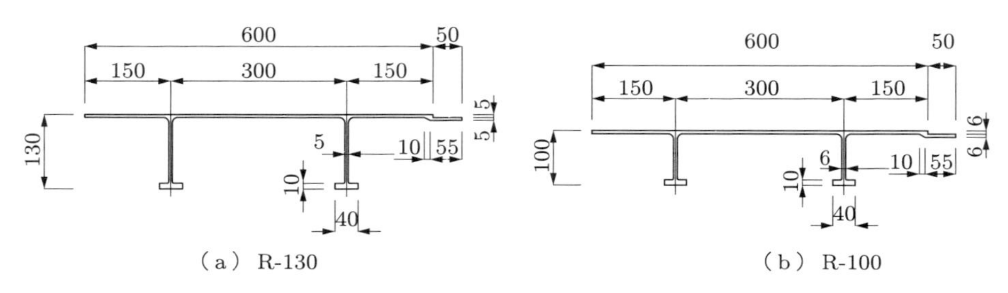

（a） R-130　　　　（b） R-100

図 8.10　FRP 拡幅床版の断面形状

8.2.1　床版上載タイプ [16]

図 8.11 に示すように，床版上載タイプは，既存の歩道マウントアップを撤去した後にFRP床版をRC床版に上載して一体化する構造である．このため，マウントアップ部の死荷重が除去され，軽量なFRP床版に置き換えられることから，拡幅後の死荷重に活荷重を加えても，既設桁の設計荷重の増加はほとんど生じない．したがって，床版拡幅後の既設桁や下部工に与える影響を最小限とすることができる．

FRP床版と既設のRC床版との接合は，既設RC床版の歩車道境界部と床版先端部にアンカーボルトを埋め込み，これらのアンカーボルトをFRP床版のリブ間にコ

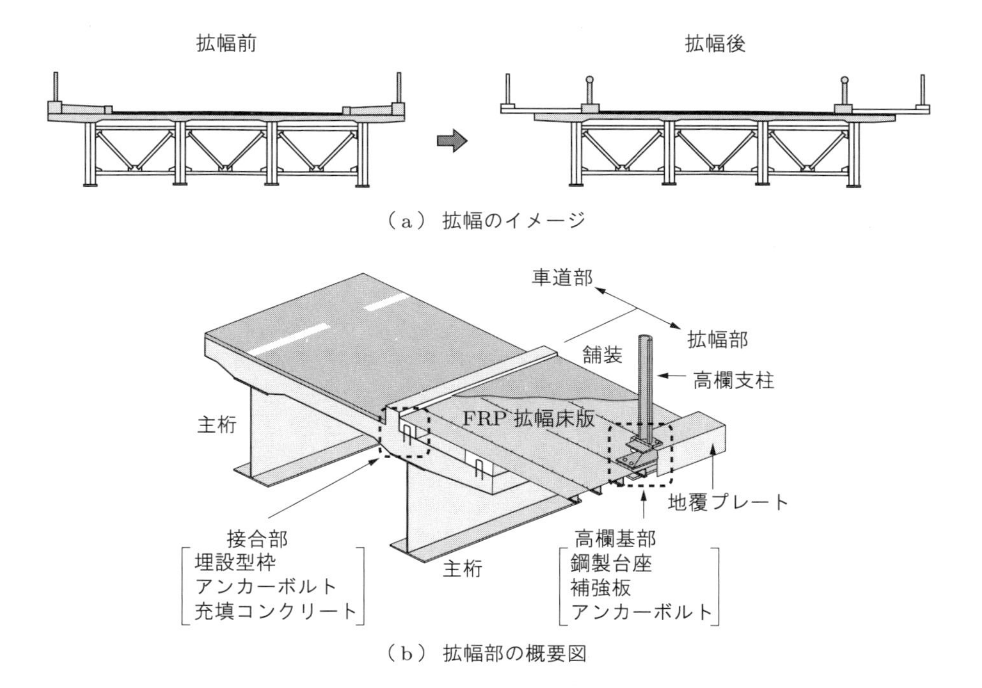

（a） 拡幅のイメージ

（b） 拡幅部の概要図

図 8.11　床版上載タイプの構造

ンクリートを充填することにより，コンクリートに定着し，一体化する構造としている．なお，FRP 床版上面には，FRP 床版のリブ間に確実にコンクリートが充填できるよう，充填孔および空気孔を設けている．

転落防止柵が取り付く地覆についても，拡幅部の軽量化および水や塩分に対する耐久性向上の観点から，FRP ハンドレイアップ成形材を用いている．この FRP ハンドレイアップ成形材による地覆プレートと FRP 床版は，エポキシ樹脂系接着剤とステンレス製ブラインドリベットの併用により接合する．なお，図 8.11 に示すように，高欄は，地覆プレート内に設置した鋼製台座に支柱を設置し，鋼製台座と FRP 床版下側に設ける補強板で FRP 床版を挟み込んでアンカーボルトで固定する構造としている．

8.2.2　ブラケット支持桁タイプ [17]

図 8.12 に示すように，ブラケット支持桁タイプは，既設橋の主桁にブラケットを取り付け，その上に支持桁を設置後，FRP 床版を上載する構造である．上載タイプと比べて橋面での作業を少なくできることから，交通規制の期間を短縮できるといった利点がある．FRP 床版と支持桁とは，**写真 8.7** に示すように，鋼製アングル材を用いて，FRP リブと支持桁の上フランジをボルトで接合する構造としている．この部分の施工状況を**写真 8.8** に示す．なお，橋梁の支間が短い場合，ブラケット支持タイプは，既設主桁ではなく橋台間にブラケットを取り付ける構造とすることができ，この場合は既設橋にまったく影響を与えず拡幅が可能となる．

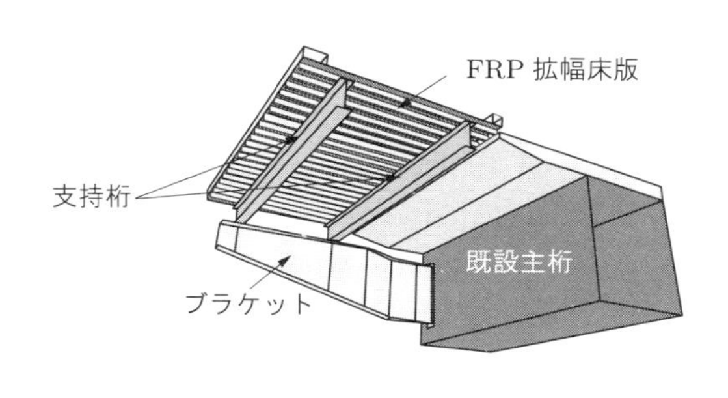

図 8.12　ブラケット支持桁タイプの概要図

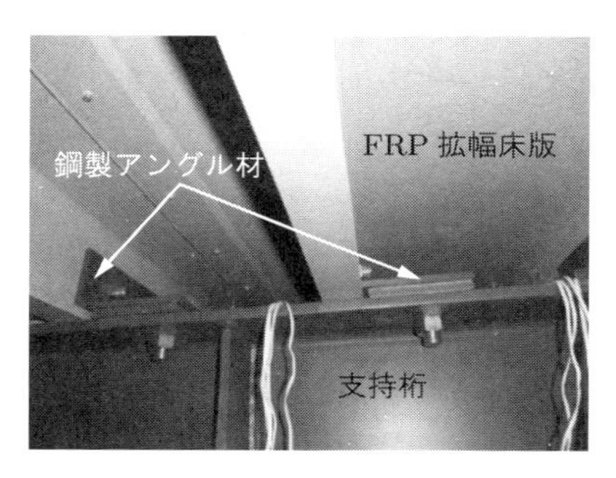

写真 8.7　支持桁への取付け構造

（a） FRP 拡幅床版の架設状況

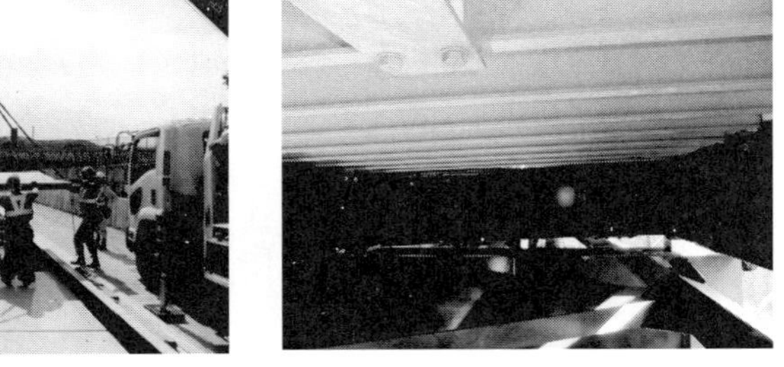

（b） 床版下面の状況

写真 8.8　ブラケット支持桁タイプの施工

8.2.3　FRP 拡幅床版上の舗装

床版上の舗装には，一般にアスファルト舗装が用いられているが，FRP 歩道用拡幅床版に用いる場合は死荷重の増加が課題となる．このため，アスファルト舗装に比べ舗装厚が薄く，死荷重の軽減がはかれる舗装の選定が必要である．**表 8.1** に，国内外で FRP 床版に施工実績がある舗装の種類，特徴を示す．これらの舗装を FRP 拡幅床版上に適用するには，FRP 床版が**図 8.13** に示すように活荷重による変形が大きいことから，舗装がこの変形に追随する必要がある．このため，FRP 板に舗装を施した供試体に対し，−30℃，−10℃，23℃，60℃の 4 段階の温度条件で曲げ試験が実施され，いずれの舗装も FRP 床版の変形に追随できることが確認されている[17]．したがって，FRP 拡幅床版には，いずれの舗装も適用可能であるが，一般には死荷重が最も軽いニート舗装を適用するのがよい．

なお，FRP 拡幅床版は軽量であることから歩行音が大きくなることが懸念されるが，スニーカーなどによる歩行音は，コンクリート床版にアスファルト舗装を施工したものとほとんど変わらないことが確認されている．また，ハイヒールなどの硬い靴底による歩行音でも，5 〜 10 dB 程度大きくなる傾向があるものの，有意な差ではなく，実用上問題とはならない．

表 8.1　FRP 拡幅床版に用いる舗装の種類

	ニート舗装	樹脂モルタル舗装
舗装仕様	エポキシ樹脂 セラミック骨材	エポキシ樹脂 骨材(ケイ砂)
FRP 床版への適用事例	FRP 床版 樹脂系滑止舗装 ベントリークリーク橋の歩道(アメリカ)	樹脂モルタル舗装 車道のため剥離 FRP 床版 ベネッツクリーク橋の車道(アメリカ)
一般的厚さ	3 mm 程度	10 ～ 20 mm
特徴	超薄層で滑り抵抗性が大きい	薄層仕上がり可能で滑り抵抗性が大きい
	ゴムチップ舗装	
舗装仕様	ウレタン樹脂 カラーゴムチップ	
FRP 床版への適用事例	ゴムチップ舗装 FRP 床版 羽咋巌門自転車道 13 号橋(石川県)	
一般的厚さ	8 ～ 20 mm	
特徴	弾性舗装で歩行感がよく透水性がある	

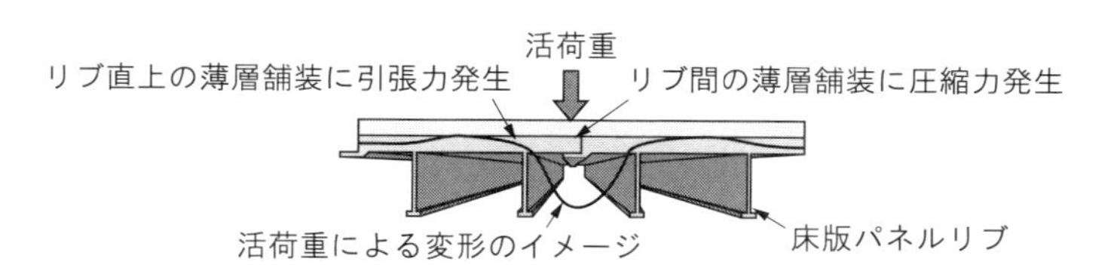

図 8.13　FRP 拡幅床版の変形イメージ

第9章 橋梁長寿命化のための桁端部の構造改良

■9.1 橋梁全体の長寿命化のために

わが国の道路橋において経年による劣化損傷が進行し，橋梁の維持管理と長寿命化対策の必要性が再認識されているが，床版の劣化損傷以外で橋梁に発生する損傷のほとんどが桁端部に集中していることは，これまでの多数の道路橋における損傷報告からも歴然とした事実である．一方，橋梁の桁端部は，橋梁主構造に作用する通行荷重を含む各種の外荷重を支承やアンカーボルトを介して下部工に伝える重要部位でもある．このため，橋梁桁端部における損傷の進行を放置すれば，それが橋梁構造全体の寿命を支配することにもなりかねない．したがって，橋梁に発生する劣化損傷を防止し，橋梁の延命化をはかるには，桁端部における損傷の防止対策を適切に行うことにかかっているといっても過言ではない．

そこで本章では，床版とは直接関係はないが，床版の端部にあり，床版と連結するがゆえに相互作用を受ける橋梁桁端部の維持管理を考えた長寿命化構造について解説する．

■9.2 維持管理を容易にする桁端構造

9.2.1 橋梁桁端部の構造的環境

橋梁桁端部は，伸縮継手による一般舗装部との剛度差だけでなく，舗装施工時に生じる段差はもとより，施工後の舗装の沈下などによっても段差が生じやすい．この段差を原因とする走行車両の衝撃力を直接受けるため，橋梁桁端部は損傷しやすい部位といえる．とくに2.1.2項に述べたように，床版の打ち下ろし範囲が短い橋梁では，その傾向が顕著である．そこで平成8年（1996年）ごろから，走行車両の橋面進入時の衝撃や走行車両による桁の振動を防ぐために床版を土工部まで延長し，そこに伸縮継手を設ける延長床版構造が採用されつつある．また，伸縮継手部には路面排水に伴う路面上のごみや土砂が溜まりやすいため，滞留したごみや土砂の影響で伸縮継手の排水機能が喪失し，橋梁桁端部への漏水を誘発する事例が多く報告されており，より高い耐久性を有する止水構造が求められている．さらに，路面が凍結する積雪寒冷地域では，車両の安全走行を阻害させないため凍結防止剤を散布するが，この凍結防止剤に含まれる塩化物イオンの影響で鋼部材やコンクリート内部の鉄筋が腐食する事例が多発している．したがって，桁端部における漏水防止対策や桁端部の防食対策も必要である．

以上に示した桁端部の構造自体に要求される事項のほか，「近接目視ができ，点検しやすい」あるいは「滞留した土砂などを排除しやすく，作業空間が確保されている」などの事項も，橋梁の維持管理上，構造詳細の改良が不可欠である．

9.2.2　桁端部における点検空間および作業空間の確保

従来，一般道における橋梁では，桁端部の構造設計において，伸縮装置や桁端周辺部材の点検や補修時の作業空間について配慮されていない場合が多い．そのため，日常的な点検や異常時の点検･補修を行う際に，損傷部を直接目視できない場合が多く，伸縮装置の機能不全や漏水の補修，部品交換時の支障となるなど大きな問題を抱えている．したがって桁端部は，将来の点検の際の作業性や補修時の作業空間を確保した構造にする必要がある．

この必要作業空間の大きさは，模型を用いた実験検討から，維持管理スペースとしては，高さ 800 mm 以上，幅 600 mm 以上の空間を確保できれば，人が容易に進入できることが確認されている（図 9.1 参照）．

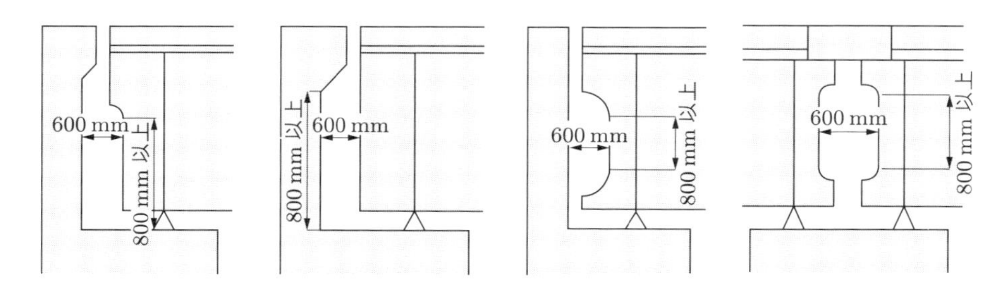

図 9.1　鋼鈑桁橋における維持管理空間確保のイメージ

従前の基準では，幅方向に 500 mm を確保する例が多かったが，冬期に防寒着などを着用した場合の点検や補修作業時の部材取り込み時の作業性を考えれば，桁端部のマンホールとして，800 mm × 600 mm を確保するのが望ましい．

9.2.3　桁遊間の確保

免震構造を採用する橋梁においては，免震支承の設計変位が上部構造に生じることを前提としているため，桁端部の遊間は，道路橋示方書（平成 24 年（2012 年））[1] に記載されている設計で想定する変位を許容できるように確保する必要がある．また，免震支承の変形を拘束することがないように配慮することも重要である．

桁遊間は，とくに免震橋において，設計で想定した免震効果が確実に得られるよう，レベル2地震動時に桁と桁，または桁と橋台が衝突しない桁遊間量を確保する必要がある．しかしながら，レベル2地震動時の支承ゴムの変形量（移動量）に対して，伸縮装置の遊間量を設定すると，伸縮装置の遊間量が非常に大きくなり不経済となることが考えられる．そこで，**図9.2**に示すように，伸縮装置を支持するために床版部またはパラペット上部を部分的に張り出す構造とし，桁端遊間（床版遊間）は，伸縮装置の設計伸縮量に応じて設定する構造が一般に採用されている[2]．すなわち，桁端遊間量は，常時および温度変化＋レベル1地震動時の変位量に応じた設計伸縮量を確保することを原則とし，レベル2地震動時の応答変位量に対しても桁と桁，桁と橋台を衝突させない桁遊間量を確保する構造とすべきである．

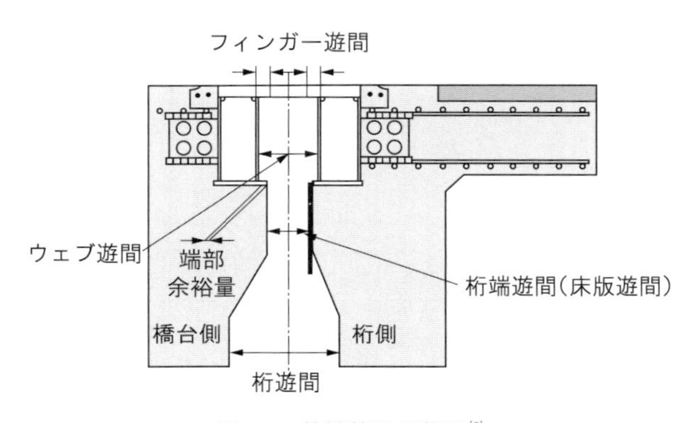

図9.2　伸縮装置の遊間[2]

9.2.4　ジャッキ設置スペースの確保

鋼橋やコンクリート橋の補修を実施する際，桁端部に十分な空間がない場合や下部構造の桁掛かり長が十分でない場合が多い．とくに積雪寒冷地においては，**写真9.1**(a)～(c)に示すような漏水による塩害や凍害により，支承の台座や下部構造が損傷を受け，ジャッキ反力を支持できない場合が多い．

このようなことから，漏水に伴う支承の腐食や地震時の支承損傷に対処するため，あらかじめジャッキアップができるように配慮して維持管理性の向上をはかるほか，沓座や桁端部の下部構造表面に用いるモルタルやコンクリート材料には，遮水性や凍結融解に対して耐久性のある材料を使用する必要がある．

さらに，将来的な支承部の補修を考慮し，ジャッキの据付け位置に仮受け作業を考慮した補剛材の設置を行うなど，緊急補修や経年劣化に対する適切な対応ができるような構造を採用すべきである．

（a） 塩害による橋台のひび割れ損傷

（b） 塩害による橋脚かぶりコンクリートの剥落

（c） 凍結融解による橋台の損傷

写真 9.1　桁端部における下部工コンクリートの損傷例

なお，ジャッキアップ位置は，**図 9.3** に示すように，支承前面の主桁ウェブ直下が望ましいが，ジャッキスペースの確保により橋長が長くなる場合には，横桁部でジャッキアップする構造についても検討する必要がある．

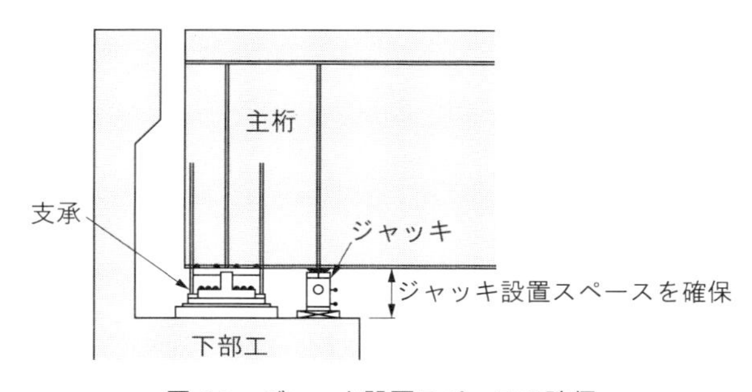

図 9.3　ジャッキ設置スペースの確保

■9.3　桁端部の損傷と防食

9.3.1　桁端部の腐食環境

桁端部周辺では，設置後の経年が短い場合でも，伸縮装置の止水構造の機能低下により，路面からの漏水などによる変状が多発している．さらに，凍結防止剤を散布する路線では，漏水に多量の塩化物が含まれるため，鋼桁端部や支承鋼部材の腐食，あるいは橋台の鉄筋腐食による塩害や ASR などの原因となる．また，桁端部および支承周辺部は，狭隘な空間で風通しが悪いため，漏水などにより常時湿潤状態が維持され，劣悪な腐食環境にある場合が多く，**写真 9.2** および**写真 9.3** に示すように鋼部材の腐食が促進される．

写真 9.2　桁端部の損傷事例 1

写真 9.3　桁端部の損傷事例 2

したがって，桁端周辺部は建設時より，耐久性・耐塩性などの向上をはかる対策を講じることが望ましい．さらに，点検用検査路の確保や橋座面に滞水せずすみやかに排水できる構造ディテールを，床版部や伸縮装置そのものに積極的に採用する必要がある．

9.3.2　桁端部の防食

これまでは鋼橋における桁端部の防錆対策として，**表 9.1** に示すように，桁端部から第一補剛材までの範囲について増し塗り塗装するのを標準[2]としている．しかし，確実な長期耐久性を確保するためには，「金属溶射」の採用などの防錆仕様を検討するのがよい．なお，金属溶射の採用に当たっては，一般の塗装仕様に比べて高価となることから，従来工法との比較検討を行ったうえで選定する必要がある．

表 9.1　桁端部の防錆仕様の参考例

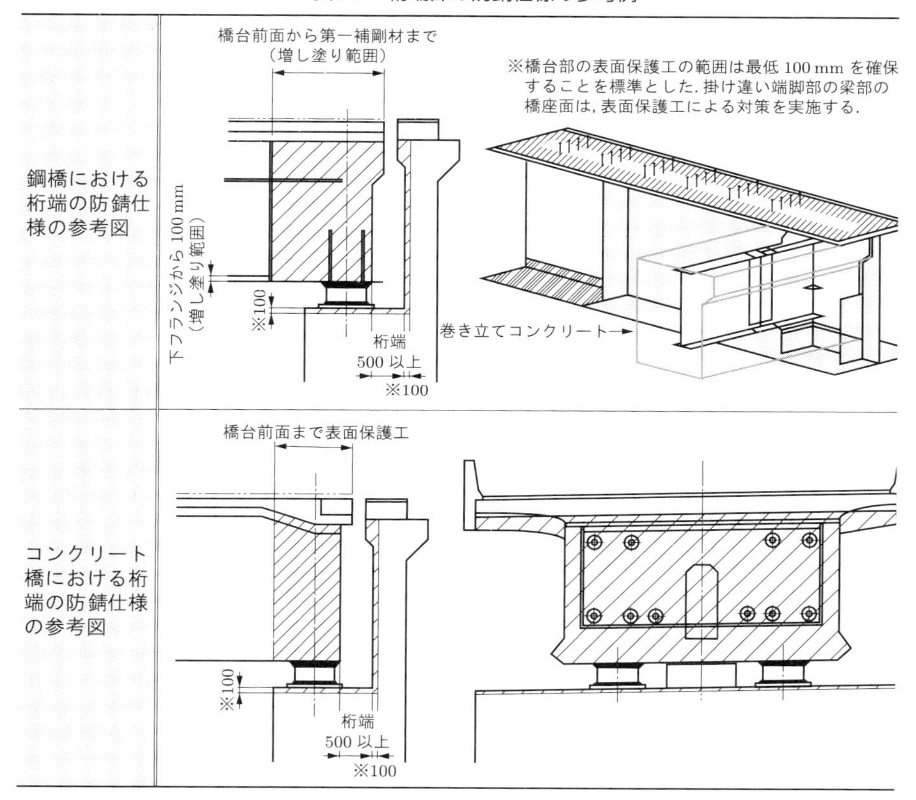

一方，コンクリート橋における桁端部の防錆は，表 9.1 の下段に示すように，パラペット前面から下部工天端の範囲に表面保護工を実施することを標準としている[3]．また，PC 橋桁端部の腐食環境は**図 9.4** に示すような問題を抱えているため，漏水対策が必要であるが，下記のような問題があり，対策が遅れているのが現状である．

①コンクリート橋は一般に遊間が狭い．

②建設時に型枠代わりに設置された発泡スチロールが残存している場合や，遊間部に土砂が詰まっていて内部の状態把握すら困難な場合がある．

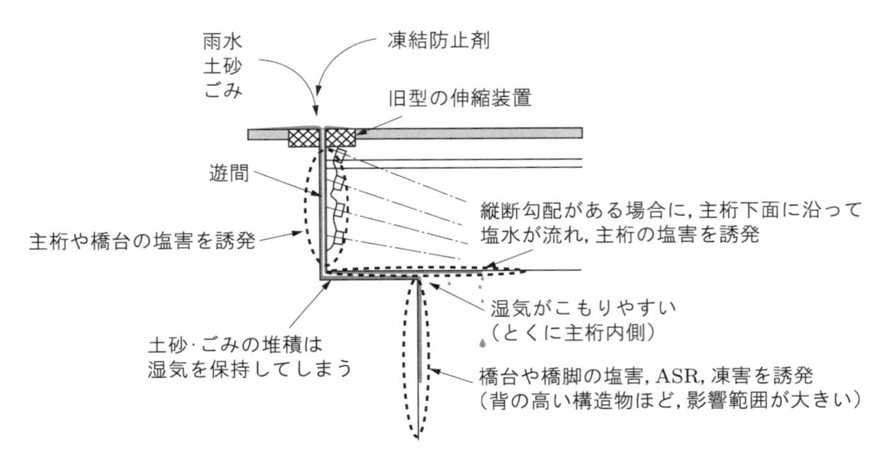

図 9.4　PC 橋桁端部の腐食環境

■9.4　延長床版構造

9.4.1　概　要

延長床版は，橋梁上部構造の床版を土工部まで延長し，伸縮装置を土工部に設置する橋梁ジョイントの改良構造である．この構造を適用することで，車両走行時の伸縮部からの騒音・振動の低減が期待できる．また，副次的な効果として，伸縮装置からの漏水による桁端部の上部構造および下部構造の劣化損傷防止効果が期待される．高速道路における既往の事例では，騒音･振動の低減を目的としたものは長さ 10 m 程度，桁端部の漏水防止を目的としたものは長さ 3 ～ 8 m 程度のものが多い．**図 9.5** に，延長床版構造を構成する部材の概要図を示す．また，**図 9.6**，**表 9.2** に，従来の橋梁桁端部に伸縮装置を設置するケースと，延長床版構造を採用したケースとの比較を示す．

延長床版構造の採用により，従来からの課題であった桁端部における橋梁の劣化損傷を抑制し，騒音・振動の低減効果が期待できる．しかしながら，延長床版構造を支

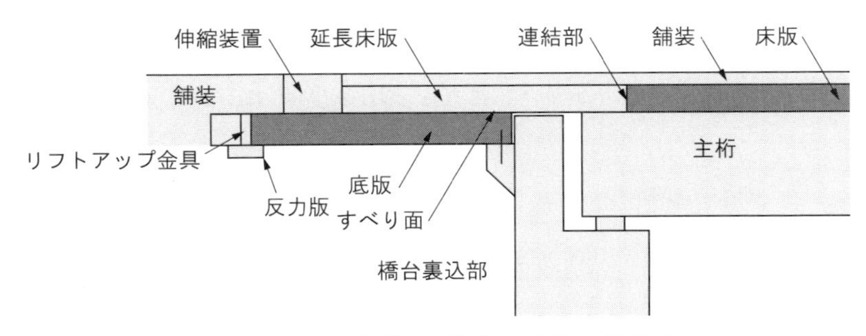

図 9.5　延長床版構造を構成する部材の概要図

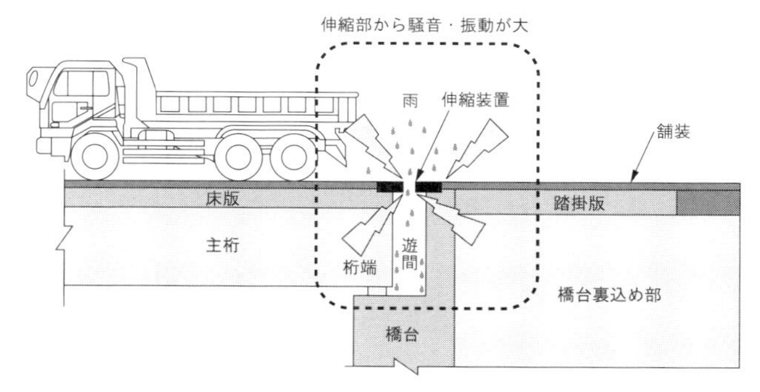

（a） 従来の桁端部

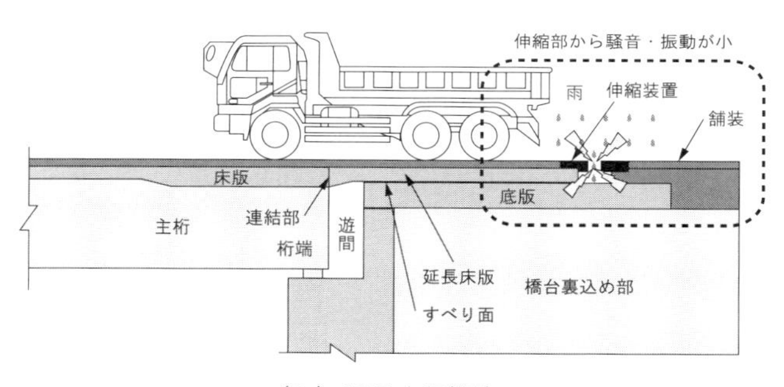

（b） 延長床版構造

図 9.6 従来の桁端部と延長床版構造の比較

表 9.2 従来の桁端部と延長床版構造の比較

従来の桁端部	・車両走行時の伸縮装置からの騒音・振動が大 ・伸縮装置の止水構造の劣化による桁端部への漏水 ⇒桁端部・橋座面の劣化進行が促進．支承部鋼部材の腐食による劣化 ・伸縮装置取替えは，橋梁上での施工となるため容易ではない
延長床版構造	・車両走行時の伸縮装置からの騒音・振動が低減できる ・桁端部への漏水の侵出抑制 ⇒桁端部や支承部の劣化防止の効果が期待される ・伸縮装置取替えは，土工部での施工となるため橋梁上より容易となる ・支承などの維持管理費の削減

持する底版の構造や形式など課題も残されており，現在は改良やさらなる検討が進められている．したがって，延長床版システムの採用に当たっては，支持構造のメカニズムや構造詳細などを十分に理解，検討したうえで採用の可否を判断することが重要である．

9.4.2　延長床版と上部工床版の連結構造

延長床版と上部工床版の連結構造は，**図 9.7** に示すように，延長床版と上部工床版を一体化する剛結構造やメナーゼを用いたヒンジ構造が考えられる．ヒンジ構造では，連結部上の舗装のひび割れや漏水の発生が懸念されるため，剛結構造が望ましいが，側径間が長い鋼桁橋では，走行車両による端支点上の桁のたわみ角（回転角）が大きくなり，剛結構造の成立が困難となる場合がある．いずれの連結方法も一長一短があるが，舗装面のひび割れからの漏水が危惧されるヒンジ構造では，結果的にその漏水によって桁端部の劣化が促進されるため，剛結構造の構造成立が困難な場合を除き，剛結構造を適用することが望ましい．

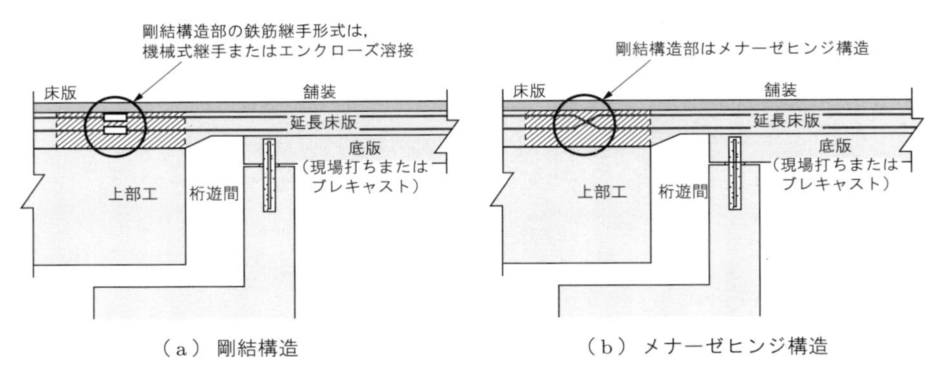

図 9.7　床版と延長床版の連結構造

なお，延長床版システムは，各現場において近年多くのアイデアが生まれ，多くの特許が認定されている．延長床版システムの構造を検討する際は，これらの特許の取得状況について注意が必要である．

9.4.3　延長床版の長さ

延長床版の長さについては，たとえばNEXCO設計要領第二集（橋梁建設編）[2] では，以下の2種の設定基準が設けられている．

①桁のたわみによる延長床版の端部が浮き上がらないような長さに設定する．
②振動・騒音対策に採用される場合は，車両振動を抑制する長さに設定する．

延長床版の長さは，**図 9.8** に示すように延長床版の端部が浮き上がらない長さ，すなわち，橋梁の活荷重たわみによる回転変位によって延長床版端部が浮き上がる量と，延長床版の死荷重によるたわみが同程度となる長さとして，図 9.8 に示す式により算定することとしている．これに加えて，延長床版の最小長さは，排水機能や土工部と

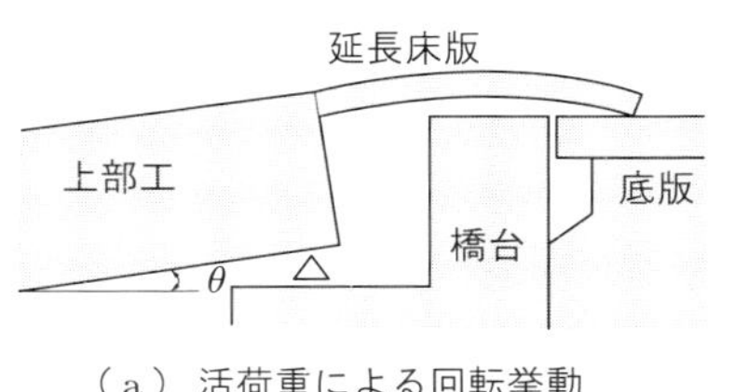

（a） 活荷重による回転挙動

$$L = \sqrt[3]{\frac{8E_C I_C}{\theta} \tan\theta}$$

L: 延長床版の長さ[mm]
E_C: コンクリートのヤング率[N/mm]
I_C: 単位幅あたりコンクリートの断面二次モーメント[mm^4/m]
g: 単位幅あたりの死荷重[(N/mm)/m]
θ: 橋梁のたわみによる回転角[rad]

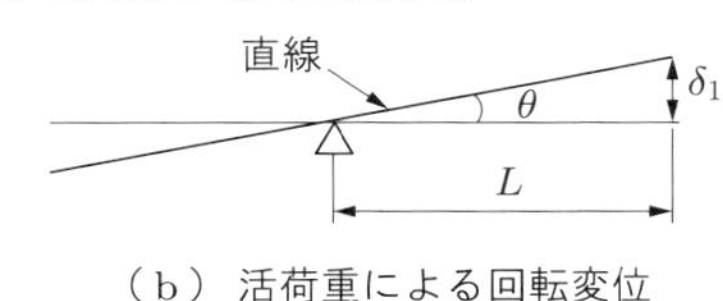

（b） 活荷重による回転変位

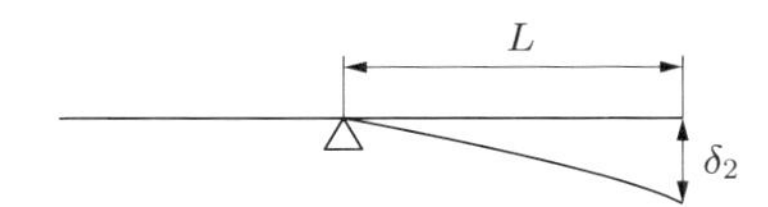

（c） 延長床版の自重による変位

図 9.8　延長床版の端部が浮き上がらないような長さの設定 [2]

の取り合いなどを考慮し，橋台パラペットから 1 m 以上としなければならない．

なお，桁の活荷重たわみによる回転角と延長床版の厚さやコンクリート設計基準強度から延長床版の長さが決定されるが，一般には 3.0 ～ 6.0 m 程度であり，車両振動を考慮する場合の延長床版の長さは 8.0 ～ 10.0 m 程度となる．

■9.5　伸縮装置の構造改良

9.5.1　伸縮装置止水構造の改良

伸縮装置の止水材や止水構造は，伸縮装置本体に比べて寿命が短いため，定期的な点検を行って防水機能の低下に応じて適切な補修や取替えを行う必要がある．しかし橋梁桁端部では，伸縮装置からの早期漏水に起因した変状が多いことから，漏水発生を想定したフェールセーフ機能をもたせることもポイントとなってくる．

止水材や止水構造に劣化損傷が生じた場合の対策として，周辺部材に影響を与えないような排水構造を検討することが望まれる．伸縮装置の排水構造の例を**図 9.9** に示す．また，伸縮継手からの漏水の橋梁本体への侵入防止対策の事例を**図 9.10** に示す．

次に，建設当初から，止水構造の変状や損傷に対し，取替えが容易な構造を採用することと，取替え計画をあらかじめ策定しておくことが望まれる．その際，止水構造の取替えが車両の供用下での施工となることを視野に入れ，止水材と構造形式の選定を行うことが重要である．一般的な伸縮装置の止水構造を**図 9.11** に示す．

図 9.11(a) の乾式止水材工法は，橋梁下面から乾式止水材を圧縮挿入し固定することで，伸縮装置の止水を行う工法である．施工条件として，桁端部の遊間に作業スペースを確保しておく必要がある．乾式止水構造の部材構成は，防塵層・止水層・支柱部からなり，支柱部がアコーディオン形状となっているため，端部の付着が確保されるなら橋梁の挙動に対する追従性が高い．しかし，高価であるため，将来の維持管理を

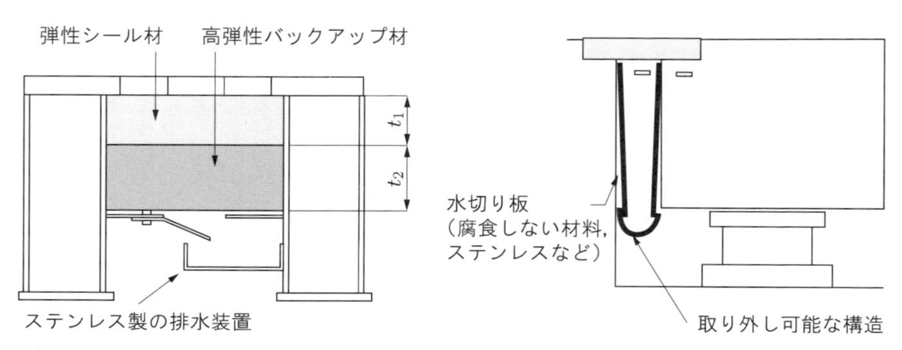

（a） 桁遊間の広い場合の排水樋構造例　（b） 桁遊間の狭い場合の排水樋構造例

図 9.9　伸縮継手部の排水構造の例 [2]

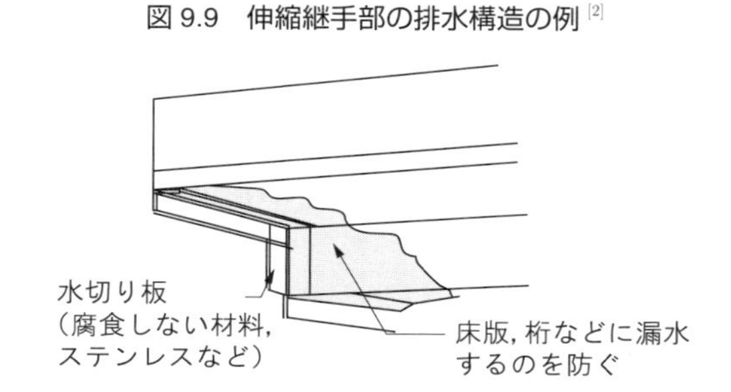

図 9.10　伸縮継手部の漏水対策としての水きりの設置例 [2]

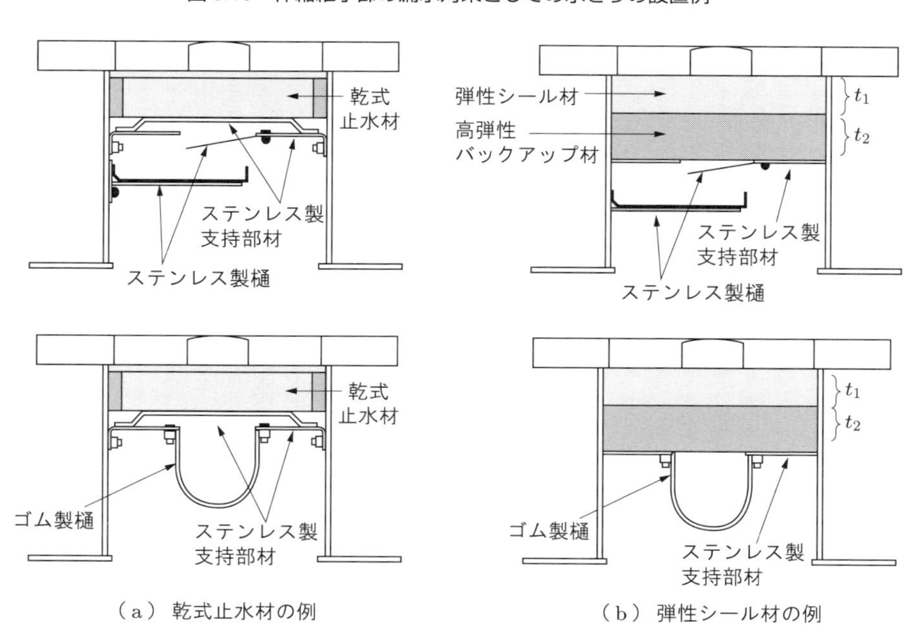

（a） 乾式止水材の例　（b） 弾性シール材の例

図 9.11　伸縮部の止水材および漏水対策の概要図 [2]

含めて総合的に判断することが必要である．これに対し，図 9.11(b) の弾性シール材工法は，上下からの施工であり路面の規制を伴う．また，既存鋼材などの清掃やケレン技術が重要であるとともに，フェイスプレートに材料が接着しないような構造対策が必要である．止水材は外枠が形成されれば，注入により簡易に施工できる．

小遊間の止水構造の取替えは，桁端部の狭小な空間内での作業となるため容易ではない．そのため，建設時から高耐久性で遮水性の高い材料を選定するのがよい．また，桁の伸縮に十分追従できる高い伸縮性を有する材料を選定することも重要である．既存コンクリート橋における桁端遊間部の止水，および排水用デバイスとして，桁端部用排水装置が開発され[4]，2 橋で試験施工が実施されている．イメージを**図 9.12** に示す．

桁端部用の排水装置として，既設橋の側面から遊間に**図 9.13** に示すような樋状のゴム製の排水装置を挿入して，既存の伸縮装置から流れ落ちる路面水を受け，橋の側面に排水する製品が開発されている．施工状況の一例を**写真 9.4** に示す．特徴と使用上の注意事項は，以下のとおりである．

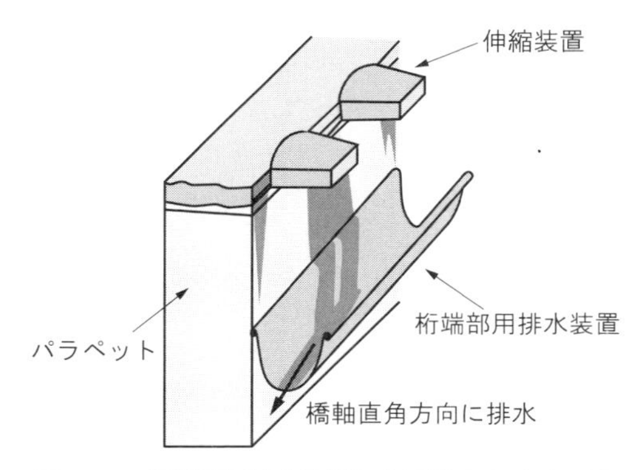

図 9.12　桁端部用排水装置による排水のイメージ

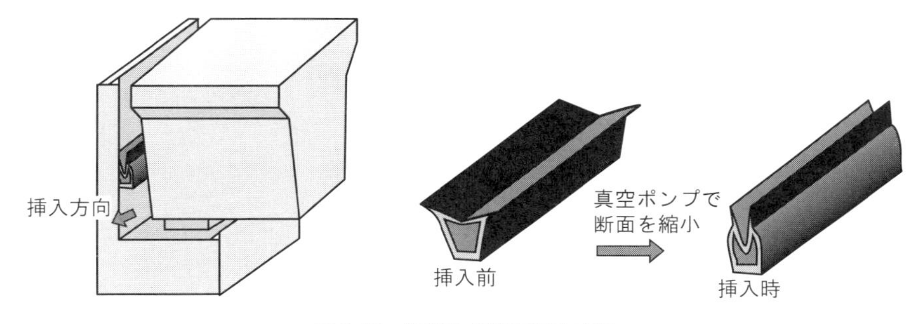

図 9.13　後付止水樋の挿入方法

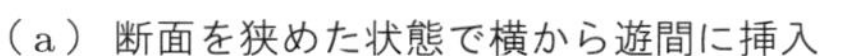
（a） 断面を狭めた状態で横から遊間に挿入

（b） 遊間を貫通させた状態

写真 9.4　後付止水の施工状況

①止水性：温度変化や活荷重たわみなどによる常時の遊間長の変化に対し，容易に漏水しない．
②排水性：土砂などが容易に堆積しないように，排水勾配を大きくする．
③耐荷性・耐変形性：排水装置が，水や土砂によって容易に沈下，変形しない．
④凍結対策：排水装置の構造によって低温時に凍結しても損傷しない．
⑤耐久性：排水装置自体の劣化や経時変化によって機能が早期に損なわれない．
⑥施工性：側面から施工できるなど，排水装置の設置が比較的容易である．

9.5.2　伸縮装置本体の防錆性能の向上および安全性の確保

鋼製伸縮装置のフェイスプレートは，輪荷重を直接担う重要な部材である．また，冬季に凍結防止剤が散布される地域に設置されたフェイスプレートは，**写真 9.5** に示すような塩害による鋼材の腐食損傷や車両走行による摩耗によって塗膜が損傷するなど，過酷な環境にさらされる．

そこで，伸縮装置のフェイスプレートには，防錆効果が高い金属溶射を施し長期耐久性を確保するとともに，車両通行時の安全性を確保するため，上面には，**写真 9.6**

写真 9.5　伸縮装置フェイスプレートの腐食

写真 9.6　滑り止め金属溶射

に示すような「滑り止め金属溶射」を施すことが望ましい．なお，滑り止め金属溶射は，従来の変性エポキシ塗装に比べて高価であり，溶射する合金の種類により数種の工法が実用化されているので，各々の特徴に留意しなければならない．

伸縮装置の劣化損傷を防止するためには，フェイスプレートの防錆性能向上だけでなく，伸縮装置内面の防錆性能も併せて向上することが重要である．通常，フェイスプレートの下方には乾式止水材または弾性シール材を設けて，漏水防止対策を行っているが，**写真 9.7** に示すように止水構造も経年劣化し，止水機能が低下するので，伸縮装置内面にも防錆性能に優れる金属溶射を施すことが有効である．**図 9.14** に，鋼製伸縮装置の防錆仕様の一例を示す．

写真 9.7　伸縮装置内面の止水構造の抜け落ち

主桁上
すべり止め金属溶射（250 μm）　すべり止め金属溶射（500 μm）
Al-Mg 金属溶射（100 μm 以上）
Al-Mg 金属溶射（100 μm 以上）
桁側　橋台側

図 9.14　伸縮装置の滑り止め防錆仕様の一例

9.5.3　支間長に合わせた伸縮継手の選択

(1) 小遊間対応の伸縮装置

小遊間対応の伸縮装置には，本体がアルミ合金鋳鉄製のジョイントをはじめ，新型の鋼製フィンガージョイントなど多種多様な製品ジョイントが開発されている．その中でも，**写真 9.8** に示すアルミ製品ジョイント [5] は，溶接などの接合部がないため，

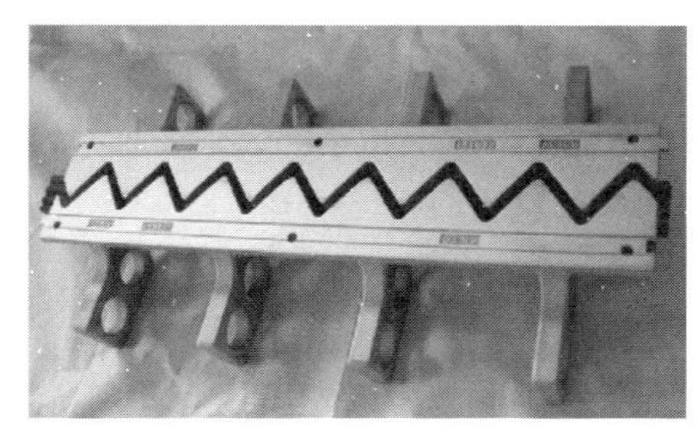

（a） フェースプレート

（b） ハニカム構造

写真 9.8　アルミ製品ジョイント [5]

疲労耐久性に優れるとともに耐塩性にも優れており，塩害などにより腐食しやすい環境において優れた耐久性を発揮する．また，多層多室セル構造の止水構造により，騒音・振動の低減や止水性の向上が期待される．

(2) 大遊間対応の伸縮装置

大遊間対応の伸縮装置は，**写真 9.9** に示すように，一般にビーム型ジョイントタイプ[6],[7]での対応となる．その構造の特徴は，**図 9.15** に示すように，ミドルビームとサポートビームから構成され，ミドルビームを支持するサポートビームに回転式ベアリングを配置し，全方向の移動に追随可能としている．

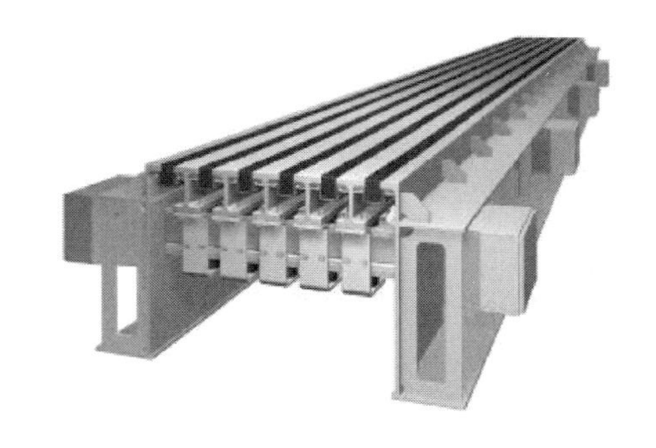

写真 9.9　ビーム型ジョイント[6]

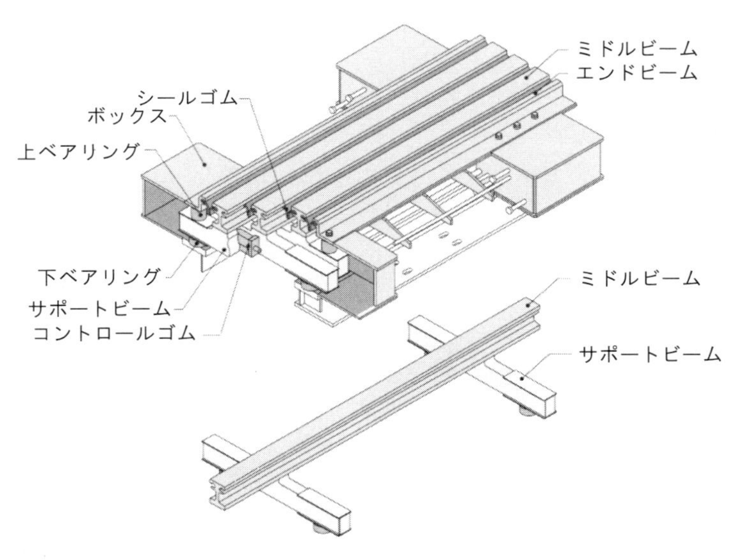

図 9.15　ビーム型ジョイントの構造例[7]

伸縮装置本体が個々の部材・部品から構成されているのが特徴で，これらの長所としては，部分的な損傷や破損に対して，損傷部位のみの取替えが容易な構造を採用し，取替え工事の省力化と工期短縮を可能にしている点である．一方，使用に際しては，以下の点に留意する必要がある．

①各部品から構成されるため車両通過時の騒音が大きく，通過音による環境問題が懸念される場合には，伸縮装置内面に防音ゴムなどの設置対策を行う必要がある．
②伸縮量および遊間が小さい場合には，従来の鋼製伸縮装置に比べて高価となる．
③各部品で構成されているため点検箇所が多いことや，点検時に点検部位・構造的なメカニズムを理解してから行う必要がある．

■9.6 支承部の構造改良

9.6.1 橋台・橋脚における橋座面の滞水対策

一般に橋台・橋脚の橋座面は，狭小な空間で飛来物が堆積しやすい環境であるため，橋座面に滞水しないように，**図 9.16** に示すように排水勾配を設けるとともに，流末に排水溝を設置するか，あらかじめ排水位置のコンクリート面をシラン系撥水剤などで表面防護するなどの処理を行うのがよい．また，これらと併せて，**図 9.17** に示すように，橋台の胸壁や橋座面，あるいは橋脚の梁天端に表面保護工を施すなどの対策を行うことによって，下部工の長寿命化をはかることが推奨されている．

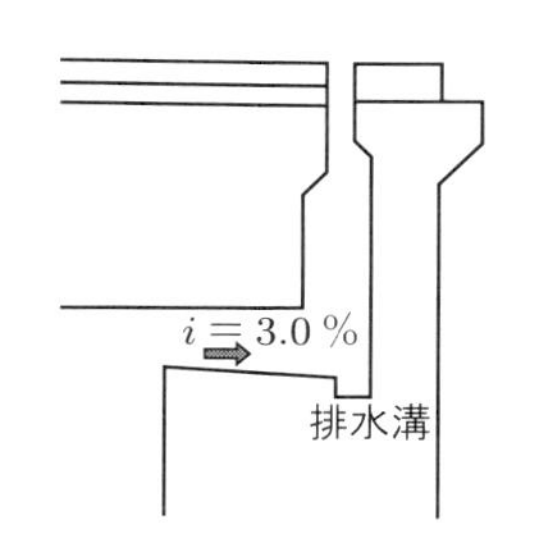

図 9.16　橋座面の排水勾配の対策例

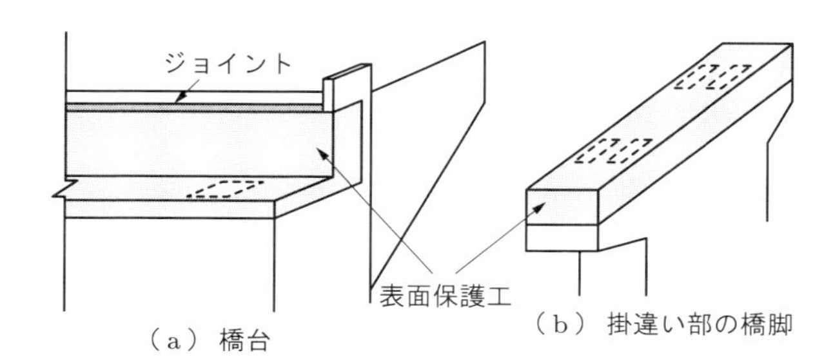

図 9.17　下部構造の表面保護工の対策例 [2]

9.6.2 支承本体の防錆性能の向上

支承構造も水（寒冷地では凍結防止剤散布の塩水）の影響を大きく受ける．とくに**写真 9.10** に示すように，連続桁の中間支点部の支承に比べ，桁端部に位置する支承は腐食環境が厳しく防食対策が必要である．

支承構造の防錆性能向上対策として，**写真 9.11** に示すような桁端部からの漏水に対しては橋座面に排水勾配が設けられているが，その機能が有効にはたらかない場合

（a） 中間支点部

（b） 桁端部

写真 9.10　鋼連続橋のベアリングプレート支承

写真 9.11　伸縮装置からの漏水

写真 9.12　掛け違い部橋脚の支承部の腐食

がある．それは，橋座面に風雨などの環境作用により塵，落葉，土砂などが堆積し，排水機能を阻害する場合である．このため，橋座面における滞水の影響を直接に受ける支承鋼部材の防錆性能の向上対策は必要不可欠である．さらに，冬季には凍結防止剤の塩分を含んだ水が滞留するため，支承鋼部材の防錆機能の低下は著しい．また，**写真 9.12** に示すように掛け違い部の橋脚では，支承鋼部材に雨や潮風が直接降り掛かるため，鋼部材の腐食が増長される．そこで支承鋼部材には，耐塩性に優れる亜鉛アルミ合金めっき，もしくは耐塩性に加え高い防錆，防食機能を有する金属溶射を施すことで防錆性能向上をはかり，維持管理軽減のための対策を行うのがよい．

なお，支承部に台座コンクリートを設けることで，橋座面に滞水する水の影響を避ける構造も支承鋼部材の防錆性能向上に有効である．さらに，延長床版のように，土工部に伸縮装置を設置する橋梁ジョイント構造では，桁端部からの漏水がないため，従来の溶融亜鉛めっき仕様での対策で十分である．ただし，塩害の影響を受ける地域での適用は避けるべきであろう．

9.6.3 支承本体および支承周辺部の構造改良

支承には，荷重伝達機能，変位追随機能（水平変位，回転変位）などの複数の機能をもたせる必要があるが，複数の機能を一つの支承に集約させた構造と，機能を分離させた機能分離型構造に分類される．機能を集約した支承構造では，支承規模は大きくなるが，支承周辺部の構造は煩雑とはならないため，維持管理の際の点検が容易である．これに対し機能分離型の支承構造では，各機能に合わせた構造とすることで規模を小さくでき，局部的な損傷に対し支承部の機能が損なわれないが，支承周辺部は煩雑となり，維持管理の際の点検が困難になる場合がある．

以上のように支承部の構造は，橋の構造や規模に加え，支承部周辺の維持管理の確実性，および簡易性などを考慮したうえで適切に選定することが望ましい．

(1) 桁端の支承周辺部における損傷の現状と対策

9.2.1 項で述べたように，橋梁桁端部の橋座面は，雨水や風などにより土砂や塵が堆積して湿潤状態となり，支承鋼部材の腐食環境を形成する場合が多い．さらに，冬季に凍結防止剤を散布する地域では，塩化物を含んだ水が滞留するため，支承鋼部材の腐食が進行する．

また，橋座面のコンクリート部や沓座モルタルについても，滞水による湿潤環境や凍結融解作用によって内部鉄筋の腐食が進行すると，かぶりコンクリートやモルタルの剥離が誘発され，鉛直および水平方向の耐荷力低下や機能不良が引き起こされる．

図 9.18 に，桁端部の漏水に起因する支承周辺部材の損傷の発生形態と発生部位についての概要図を示す．また，**写真 9.13** は，凍結融解による橋座面コンクリートの損傷例である．**写真 9.14** は，凍結融解による沓座コンクリートの損傷例である．また，

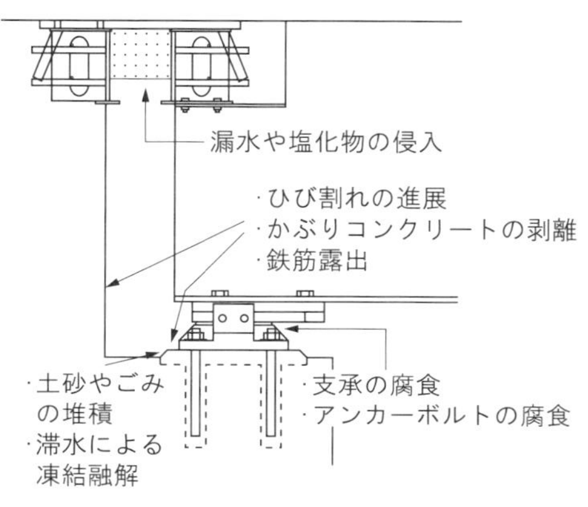

図 9.18　桁端支承周辺部における損傷とその要因

写真 9.13　橋座面コンクリートの凍結融解による損傷例

写真 9.14　沓座コンクリートの凍結融解による損傷例

写真 9.15　橋台天端付近のコンクリートの剥離

写真 9.15 は，桁端部からの漏水に含まれる塩化物によってコンクリート内部の鉄筋が腐食膨張し，天端コンクリートに剥離が生じた事例である．

破損している橋座面の状態がこのような場合には，橋座面の排水機能を改善したうえで橋座面を補修することになるが，一般的なコンクリートや無収縮モルタルを使用する場合には，水や塩分を遮断するために表面の防水処理が必要となる．根本的解決方法としては，水の浸入や塩化物イオンを遮断できるコンクリート系材料を使用することで解決する方法がある．

(2) 塩害を起こさない沓座部の対策事例

桁端部の滞水を完全に防止できない場合の対策として，水や塩化物イオンの浸入を遮断する材料を無収縮モルタルに変えて施工した事例を紹介する [8]．対象橋梁は寒冷地に架設した国道橋であり，支承はゴム系の超小型固定可動支承である．

片車線側の支承据え付けには通常の無収縮モルタルを，もう一方の沓座には，比較のために，水や塩化物イオンの浸入を遮断する超緻密高強度繊維補強コンクリート（表 4.1 参照）を用いて施工を行った．対象橋梁における沓座モルタルの施工状況および完成写真を**写真 9.16** に示す．

(3) コンクリート橋における支承取替えの構造例

(a) 超緻密高強度繊維補強コンクリートを使用した支承取替え

超緻密高強度繊維補強コンクリートは，緻密かつ強度が非常に高く（1 日で 100 N/mm^2 以上）発熱が小さいため，場所打ちが可能な超高強度コンクリートといえる材料である．また，流動性が高いために，小さな空間に充填できるという特徴をもっている．そこで，PC 桁の鉄筋や PC 鋼棒を傷付けないで鉄筋のかぶり内で水平力の

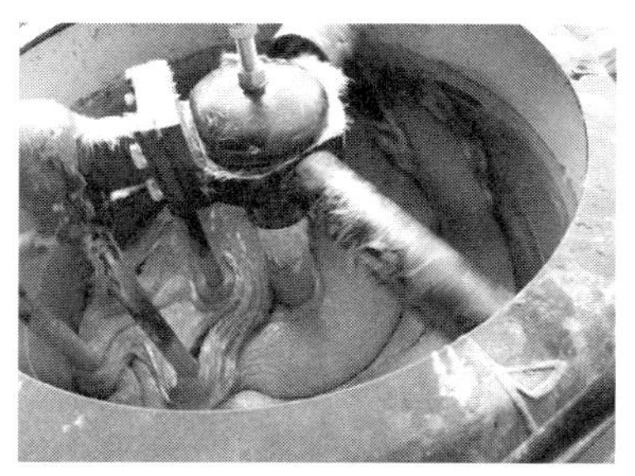

（a） 練り状況

（b） 充填状況

（c） 完成状態

写真 9.16 超緻密高強度繊維補強コンクリートの施行状況 [8]

伝達ができるように，**図 9.19** に示すような超緻密高強度繊維補強コンクリートを充填材に用いた取替え支承構造が提案され，**図 9.20** に示すような水平載荷実験が実施されている [9].

実験では，比較のため，超緻密高強度繊維補強コンクリートと通常の無収縮モルタルで取付け部材の充填を行った 2 種類の試験体が用いられ，支承部構造ならびに充填部構造の強度および耐荷性状の確認が行われている.

無収縮モルタルを充填材に使用した試験体では，設計荷重 312 kN で取付け部材と無収縮モルタルの付着が剥離し，設計荷重を少し超えた 320 kN で充填したモルタルが破壊し，取付け部材が回転して終局状態に至った．無収縮モルタルを充填材に使用した試験体について，取付け部材を桁から取り外したときの破壊状況を**写真 9.17**(a) に示すが，無収縮モルタルで充填したものは実験時の水平力により充填材が粉々に破壊しており，取付け金具にほとんど付着していない．一方，超緻密高強度繊維補強コンクリートを充填材に使用した試験体は，最大荷重 ±312 kN で 5 回の繰返し載荷では異状を発生せず，600 kN の負方向の載荷時に主桁コンクリートの破壊とともに取付け部材が回転し，耐荷力が減少した.

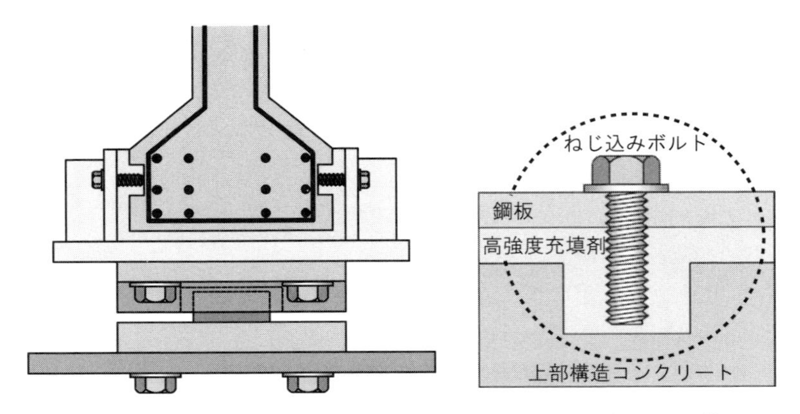

図 9.19　超緻密高強度繊維補強コンクリート充填用支承部の構造 [8]

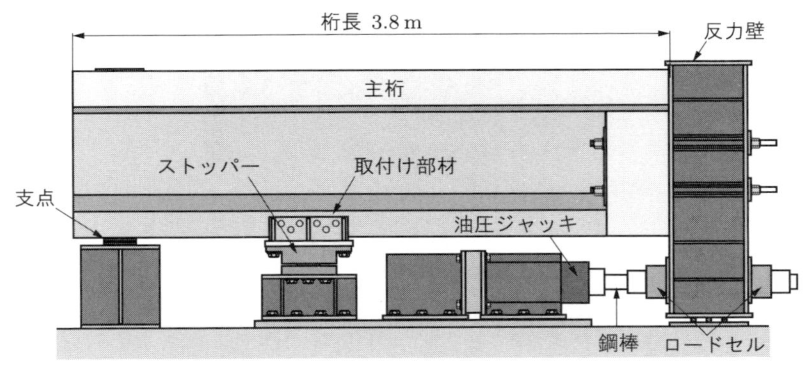

（a） 試験装置の概要

（b） 実験状況

図 9.20　水平載荷実験 [9]

（a） 無収縮モルタル

（b） 超緻密高強度繊維補強コンクリート

写真 9.17 水平載荷実験結果

実験後，付着状況を観察するため，取付け部材の取り外しを試みたが，非常に労力を要した．そして，写真 9.17(b) に示すように，取り外し後にも取付け金具に補修材料が付着しており，主桁コンクリートとの付着が十分大きいことが確認された．また，対象材料は水を通さないため，滞水や凍結融解に対しても安全性が高く，漏水を遮断できない桁端部や凍結融解を生じる環境における支承部の充填材料として，今後有効活用が期待される．

(b) PC 中空床版橋の支承取替え

過去の基準で建設された中空床版橋の支承や PC 連続桁橋のパッド型ゴム支承を現行の基準を満たす支承に取り替える工事は，**図 9.21**(a) に示すようにアンカーボルトの後付が必要であり，はつり作業など工事規模が膨らむ傾向にある．そこで，既設橋のダメージを少なくし，現場施工性の向上に着目した支承取替え技術が開発された．この工法は，支承のアンカーボルトに代えて頭付きスタッドを用いることにより，図 9.21(b) に示すように，既設橋台のはつり量を少なくし，狭小空間でも支承の設置が容易な構造となっている．はつり後の断面修復材として，コンクリートに代わってセメ

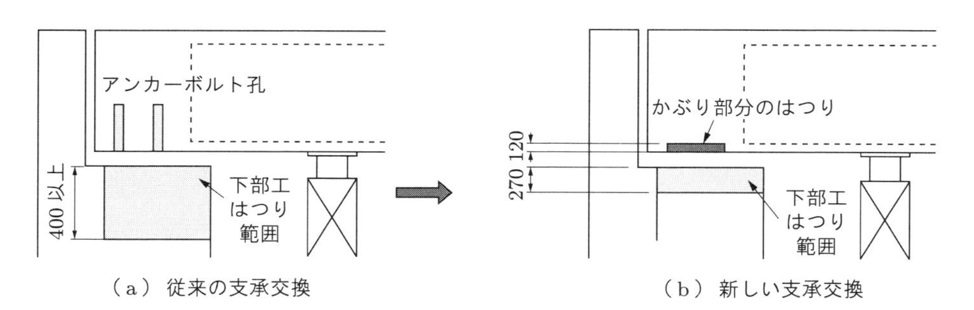

（a） 従来の支承交換　（b） 新しい支承交換

図 9.21 PC 中空床版橋の支承交換の概要図

ントモルタルを用いるため，モルタルに定着される頭付きスタッドの性能評価と，実物大模型での実証試験が行われ，その結果に基づいて設計方法が提案されている[10].

床版橋などでは，パッド型ゴム支承から水平伝達機能を有するゴム支承へ支承構造を変更する場合，支承高が大きく既設の桁下空間では設置できない．このため，超小型ゴム支承装置に改良を加え，既設の桁下空間内に収まるようにした水平力伝達機能型支承が開発された[11]．これを使用したスタッドアンカー工法による取替え支承部の構造図を**図 9.22** に示す．

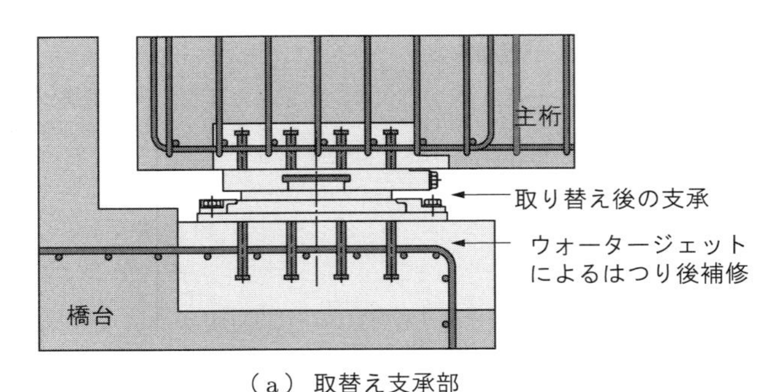

（a） 取替え支承部

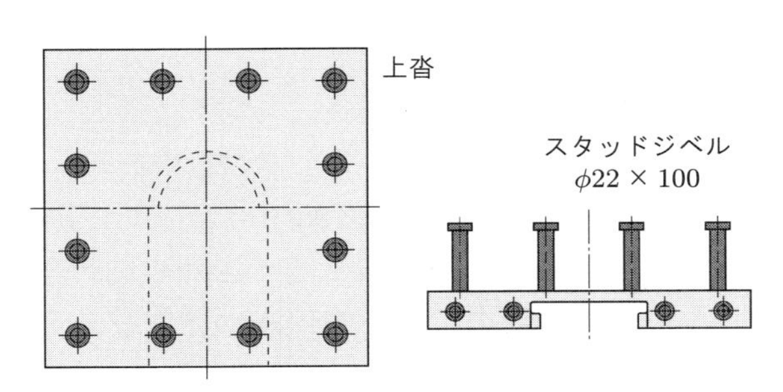

（b） 上沓

図 9.22　スタッドアンカー工法

この構造では，はつりを行った空間内に，頭付きスタッドを設置した上沓をはめ込み，断面修復用セメントモルタルを充填して定着させている．しかし，従来の頭付きスタッドの設計用値は，コンクリートに定着した場合のものであるため，断面修復用セメントモルタルを用いる場合には設計用値の変更が必要である．そこで，セメントモルタルに定着したスタッドの設計値を確認して，モルタル充填が確実に実施できる手法を確立するため，次のような試験が行われた[10].

まず，**図 9.23**(a) にモルタル充填の概要図を示す．モルタルを2層に分けて充填することで，1層目に充填したモルタルが型枠の代わりとなり，2層目のモルタルを充

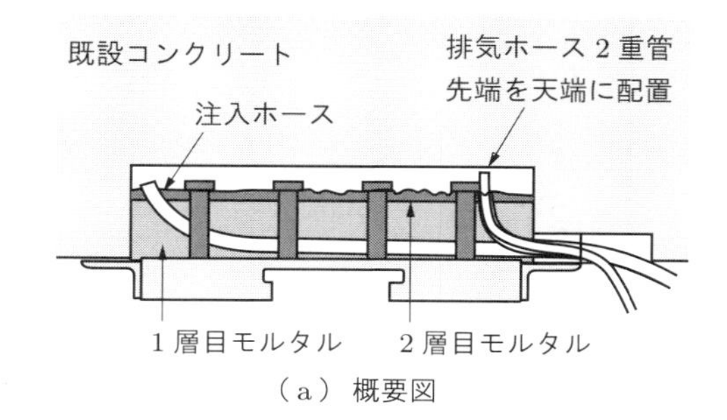

（a）概要図

（b）実施状況

図 9.23　モルタル充填

填する際，注入圧を上げてもモルタル漏れを抑制できる利点がある．また，真空ポンプを用いた充填作業を実施することで，残留空気を減らすことが可能となる．さらに，排気ホースを２重管とすることで，内側のホースをスライドすることが可能となり，充填部天端にホースの先端を配置することができ，空気をほとんど残さない充填（空隙率 1.5 ～ 1.2% 程度の範囲）が可能となる．図 9.23(b) にモルタル充填の実施状況を示す．また，モルタル充填後の供試体を切断し充填状況を確認した写真を**写真 9.18** に示す．この写真より，この充填方法によれば，上向き施工でありながら，ほぼ確実にモルタル充填が実施できていることが確認できる．

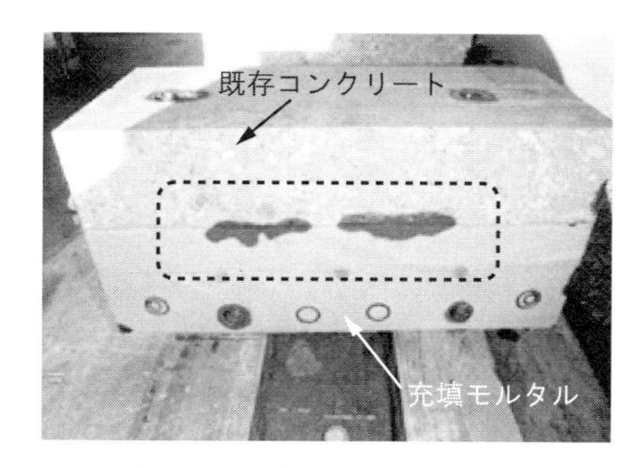

写真 9.18　充填率の確認（切断確認）

写真 9.19　せん断試験状況

次に，土木学会複合構造標準示方書 [12] で示される頭付きスタッドの設計せん断耐力式を，断面修復用セメントモルタルを用いた場合に適用できるのかを確認するために，頭付きスタッドの押抜き試験方法（案）[13] を参考にせん断試験が実施され，適用性が検討された．せん断試験の実施状況を**写真 9.19** に示す．さらに，**図 9.24** に示すような装置により，スタッド１本の引張試験，および群配置されたスタッドの引張試験が実施され，支承の頭付きスタッドが断面修復用セメントモルタルに定着される

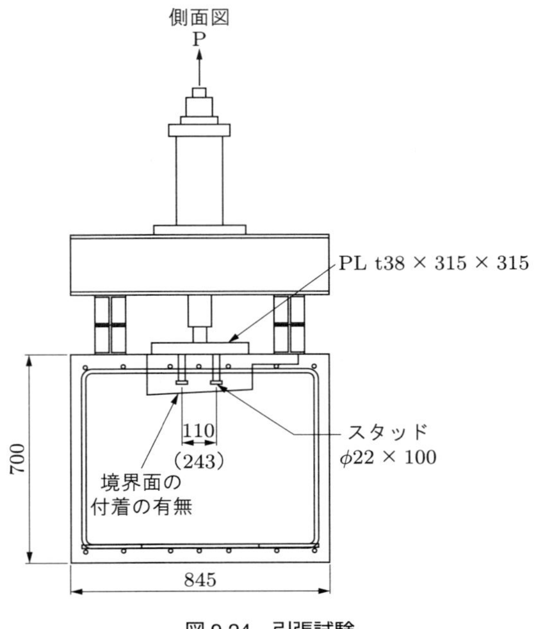

図 9.24　引張試験

場合のせん断耐力と引張耐力が確認され，レベル2地震動に対する設計方法が提案されている．

一般に，既設のコンクリート橋の橋座部の桁下空間は，狭隘で，かつその部位にある支承や上下部工のコンクリートが塩害などで劣化損傷を受けている場合が非常に多い．このような損傷部位の補修工法および支承の取替工法として，上に示した工法の採用が推奨されている．

▶ 桁端構造のイノベーションに向けて

橋梁の桁端部には，伸縮装置，排水設備，支承はもとより，落橋防止構造や制震部材など，各種の部材が複雑に入り組んで配置されている．また，それだけではなく，走行車両の衝撃荷重の影響による床版のひび割れ劣化や伸縮装置の損傷による漏水も生じやすく，この部位は常時湿潤状態になりやすい．そのため，冬季に使用される凍結防止剤に含まれる塩化物の影響も相まって，桁端部に配置される部材の腐食進行が加速され，橋梁における重大な損傷の多くは，この桁端部に集中して発生しているのが現状である．また，橋梁桁端部に設置される各種部材は，各々別々に設計製造され，それらの相互作用についてあまり留意されていないのが損傷進行の原因ともなっている．

これらのことから，橋梁桁端部には，設置される各種部材の将来の補修・補強を前提とした構造空間を確保することが重要であるのはもちろんのこと，桁端に設置する各部材の構造を各々単独に考えるのではなく，それらの相互関係を整理し直したうえで，桁端構造全体を簡素化する工夫が必要である．すなわち，桁端部の構造や規模に加え，支承をはじめとする桁端に設置される各部材の維持管理の確実性および容易性などを考慮したうえでの桁端部構造のイノベーションが望まれる．

一方，桁端部における部材の損傷要因は，そのほとんどが水の浸入によるものであることから，浸入水の制御技術や遮水技術，水の確実で効果的な誘導技術などに配慮した桁端構造の改良はもとより，新材料の積極的な採用など，使用材料にも工夫が必要である．また，損傷を受けやすい部材を容易に取替え可能な構造に変更するなど，発想の転換も必要であろう．

参考文献

第1章

[1] 土木学会 鋼構造委員会 道路橋床版の維持管理評価に関する検討小委員会編：「道路橋床版の維持管理マニュアル」，2012.

[2] 松井繁之：移動荷重を受ける道路橋 RC 床版の疲労強度と水の影響について，コンクリート工学年次論文報告集，Vol.9，No.2，p.627-632，1987.

[3] 阪神高速道路公団 阪神高速道路管理技術センター：道路橋 RC 床版のひび割れ損傷と耐久性，1991.

第2章

[1] 阪神高速道路公団 阪神高速道路管理技術センター：道路橋 RC 床版のひび割れ損傷と耐久性，1991.

[2] 松井繁之，石崎茂：2 方向支持された長支間道路橋 RC 床版の設計曲げモーメント式について，土木学会，構造工学論文集，Vol.42A，p.1031-1038，1996.

[3] 石崎茂，松井繁之：2 方向支持された道路橋 RC 床版の劣化機構と耐久性評価法に関する研究，土木学会論文集，No.738/I-64，p.257-270，2003.

[4] 小川篤生：高速道路橋コンクリート上部構造の損傷分析と耐久性向上に関する研究，九州大学学位論文，2013.

[5] 市川友範，後藤昭彦，石田信寿，松浦紀行，佐藤貢一：内部に水平ひび割れを有する道路橋床版の補修･補強とその効果，土木学会　第 7 回道路橋床版シンポジウム論文報告集，p.111-117，2012.

[6] 内田慎哉，鎌田敏郎，三山敬，肥田研一，六郷恵哲：インパクトエコー法に基づく RC 床版内部の水平ひび割れの検出，土木学会第 62 回年次学術講演会講演概要集，2007.

[7] 小松代亮磨，大西弘志，岩崎正二，出戸秀明：RC 床版内部水平ひび割れの発生メカニズムに関する一検討，土木学会第 8 回道路橋床版シンポジウム論文報告集，p.9-12，2014.

[8] 日本道路協会：道路橋示方書・同解説，Ⅰ共通編，Ⅱ鋼橋編，2012.

[9] 日本道路協会：道路橋示方書・同解説，Ⅰ共通編，Ⅲコンクリート橋編，2012.

[10] 松井繁之：プレストレッシングによる道路橋床版の耐久性向上について，第 6 回プレストレストコンクリートの発展に関するシンポジウム論文集，p.163-168，1996.

[11] 土木学会関西支部昭和 62 年度講習会テキスト：プレキャスト床版合成桁橋の設計･施工，p.5，1987.

[12] 東山浩士，松井繁之：走行荷重による橋軸方向プレストレスしたコンクリート床版の疲労耐久性に関する研究，土木学会論文集，No.605/I-45，p.79-90，1998.

[13] 松井繁之（編著）：道路橋床版 －設計・施工と維持管理－，森北出版，2007.

[14] 街道浩：スタッドを用いた鋼板・コンクリート合成床版の疲労耐久性の評価と性能照査型設計法の提案，大阪工業大学学位論文，2009.

[15] 松井繁之：橋梁の寿命予測－道路橋 RC 床版の疲労寿命予測－，安全工学，Vol.30，No.6，p.432-440，1991.

[16] 前田幸雄，松井繁之：鉄筋コンクリート床版の押抜きせん断耐荷力の評価式，土木学会論文集，第 348 号，V-1，p.133-141，1984.

[17] 松井繁之：移動荷重を受ける道路橋 RC 床版の疲労強度と水の影響，第 9 回コンクリート工学年次論文報告集，p.627-632，1987.

[18] 街道浩，松井繁之：鋼・コンクリート合成床版の支間部および張出し部のせん断疲労強度評価，土木学会論文集 A，Vol.64，No.1，p.60-70，2008.

[19] 二井谷教治，渡瀬博：床版の特殊なせん断補強方法に関する実験的研究，土木学会第 52 回年次学術講演会，V-482，p.962-963，1997.

[20] 土木学会：コンクリート標準示方書設計編 2011 年制定，2013.

[21] 日本カイザー㈱：KIAISER TRUSS カタログ.

[22] 松井繁之, 川本安彦, 梨和甫:トラス形鉄筋によりセン断補強した RC 床版の疲労耐久性，土木学会第 49 回年次学術講演会，I-342，p.682-683，1994.

[23] 松井繁之，辻誠治，文兌景，梨和甫：トラス型せん断補強筋を用いた RC 床版の耐久性に関する研究，土木学会第 50 回年次学術講演会，I-159，p.318-319，1995.

[24] 表真也，岡田慎哉，林川俊郎，松井繁之：ラチス鉄筋を用いた道路用 RC 床版のせん断補強に関する実験，コンクリート工学年次論文集，Vol.36，No.2，p.331-336，2014.

[25] PC 合成床版工法協会：PC 合成床版工法カタログ，2000.

[26] 河西龍彦，村田茂，中島義信，竹田憲史：トラス鉄筋 PCF 版合成床版（ハーフプレハブ合成床版）の開発，第 2 回道路橋床版シンポジウム講演論文集，p.13-18，2000.

[27] 古市亨，松井繁之，佐光浩継：疲労寿命推定理論を用いた床版の対策優先順位決定に関する一手法，コンクリート工学年次論文集，Vol.30，No3，p.1699-1704，2008.

[28] 古市亨，松井繁之，佐光浩継：床版の疲労耐久性に対する車両走行位置の影響について，第 6 回道路橋床版シンポジウム論文集，p.63-68，2008.

[29] 佐光浩継，古市亨，東山浩士，松井繁之：車両走行位置から検討した道路橋 RC 床版の疲労耐久性，土木学会構造工学論文集 Vol.62A，p.1149-1159，2016.

第 3 章

[1] 土木学会　鋼構造委員会　道路橋床版の維持管理評価に関する小委員会：道路橋床版防水システムガイドライン（案），2012.

[2] 北海道土木技術会 鋼道路橋研究委員会：北海道における鋼道路橋の設計および施工指針，[第 1 編] 設計・施工編，[第 2 編] 維持管理編，2012.

[3] 東・中・西日本高速道路㈱：設計要領第二集（橋梁建設編，橋梁保全編）2014.

[4] 高速道路総合技術研究所，日本建設機械化協会 施工技術総合研究所，災害科学研究所 社会基盤維持管理研究会：欧州床版防水システム調査報告書，2009.
[5] 緒方紀夫，谷倉泉，上坂康雄，松井繁之：ドイツのコンクリート床版防水システム：土木学会第 6 回道路橋床版シンポジウム論文報告集，p.187-192，2008.
[6] 日本道路協会：道路橋床版防水便覧，2007.
[7] 吉田英二，佐藤京，三田村浩，松井繁之：橋梁維持管理システムに用いる RC 床版劣化予測に関する一検討，第 6 回道路橋床版シンポジウム論文集，2008.
[8] 松井繁之（編著）：道路橋床版－設計・施工と維持管理－，森北出版，2007.
[9] 災害科学研究所　道路橋床版高機能防水システム研究委員会：道路橋床版高機能防水システムの耐久性評価に関する研究，2005.
[10] 日本道路協会：道路橋鉄筋コンクリート床版 防水層設計・施工資料，1987.
[11] 日本道路協会：道路橋示方書・同解説，Ⅰ共通編，Ⅱ鋼橋編，2002.
[12] 青木康素，足立幸郎，谷倉泉，三浦康治，榎園正義，松井繁之：床版防水層のせん断試験における速度依存性の評価手法に関する研究，土木学会第 68 回年次学術講演会，Ⅰ-434，2013.
[13] 東・中・西日本高速道路㈱：構造物施工管理要領，2013.
[14] 青木康素，大西弘志，松井繁之，田口仁：床版防水システムのせん断付着疲労耐久性評価に関する研究，土木学会第 5 回道路橋床版シンポジウム講演論文集，p.143-148，2006.
[15] 澤松俊寿，岡田慎哉，角間恒，西弘明，松井繁之：舗装，床版防水層およびコンクリートからなる構造体の疲労耐久性評価に関する実験的検討，土木学会第 8 回道路橋床版シンポジウム論文報告集，p.149-154，2014.
[16] 榎園正義，谷倉泉，青木康素，足立幸郎，松井繁之：ひび割れ開閉負荷試験における新しい簡易漏水検知手法に関する研究，土木学会第 68 回年次学術講演会，Ⅰ-437，p.873-874，2013.
[17] 松井繁之：移動荷重を受ける道路橋 RC 床版の疲労強度と水の影響について，コンクリート工学年次論文報告集，Vol.9，No.2，p.627-632，1987.
[18] たとえば，紫桃孝一：床版防水の性能規定型基準と模擬床版による初期性能評価，土木学会 第 3 回道路橋床版シンポジウム講演論文集，p.9-15，2003.
[19] 阪神高速道路公団 阪神高速道路管理技術センター：道路橋 RC 床版のひび割れ損傷と耐久性，1991.
[20] 上坂康雄，緒方紀夫，谷倉泉，松井繁之：イギリスのコンクリート床版防水システム：橋梁と基礎，p.34-39，2009.
[21] 登芳久：アスファルト舗装史，技報堂出版，1994.
[22] 日本道路協会：日本道路史年表，1981.
[23] 内務省土木試験所：本邦道路橋輯覧，1925.
[24] 内務省土木試験所：本邦道路橋輯覧第二輯，1928.

[25] 日本道路協会：アスファルト舗装要綱，1967.
[26] 日本道路協会：アスファルト舗装要綱，1975.
[27] 日本道路協会：アスファルト舗装要綱，1978.
[28] 日本道路協会：アスファルト舗装要綱，1992.
[29] 森永教夫，川野敏行：舗装技術の質疑応答，第7巻(上)，1997.
[30] 酒井新吾，山田優：アスファルト混合物の水浸ホイールトラッキング試験方法に関する研究，土木学会第45回年次講演概要集，V-020，p.66-67，1990.
[31] 西田麻美，丸山陽，内海正徳：橋面舗装の長寿命化を目指した特殊ポリマー改質アスファルトの開発，日本道路会議 第31回一般論文集，3106，2015.
[32] 阿部忠行，峰岸順一：耐剥離性を向上したアスファルトの橋面舗装への適用，道路建設，p.57-61，1990.
[33] 建設省中部地方建設局（監修）（財）道路保全技術センター：道路設計要領－建設編－，2000.
[34] 田中大介，岡田昌澄，永田佳文：高機能舗装の基層に使用するポリマー改質アスファルトの耐久性評価，土木学会第65回年次講演概要集，V-069，p.137-138，2010.
[35] 首都高速道路㈱：舗装設計施工要領（平成27年度版），2015.
[36] 加藤亮，佐藤正和，神谷恵三：高性能床板防水工に適合した橋梁レベリング層用混合物に関する研究，土木学会舗装工学論文集，第18巻，p.87-94，2013.
[37] 加藤亮，佐藤正和，神谷恵三：新たな橋梁レベリング層用混合物の開発，土木学会舗装工学論文集，第19巻，p.189-196，2014.
[38] 細木渉，丸山陽，宮城裕一：ポーラスアスファルト舗装を長寿命化する新しいバインダの開発，日本道路会議 第31回一般論文集，3107，2015.
[39] 日本アスファルト乳剤協会：アスファルト乳剤，改訂第3版，p.100-101，2012.
[40] 飯高裕之，澤智之，小滝康陽：分解促進型タックコート工法の開発，日本道路会議 第31回一般論文集，3073，2015.
[41] 田口克也，綿谷茂，高橋茂樹：橋面舗装端部からの雨水浸透対策の提案，日本道路会議 第30回一般論文集，3048，2013.
[42] ショーボンド建設㈱：道路構造物の排水装置，特許3915986号，2007.
[43] 川田工業㈱：道路橋の排水装置，実用新案登録3168841号，2011.
[44] 川田工業㈱：合成床版のモニタリング用孔の止水栓，特許3971354号，2007.
[45] 雪寒地床版用防水工研究会：積雪寒冷地用の床版防水工設計施工マニュアル，2007.
[46] 保土谷バンデックス建材㈱：コンクリート構造物加圧注入止水システム（バンデフレキシン）　保土谷バンデックス建材㈱ カタログ，2006.
[47] 松井繁之，㈱東京測器研究所：M式３方向クラックゲージ　GETシリーズ，東京測器研究所カタログ，2004.

第4章

[1] 羽田再拡張D滑走路建設工事共同企業体の説明パンフレット2冊 第2版，2007.

[2] 阪神高速道路㈱，鹿島建設㈱，報道配布資料［2013.8.30］：超高強度繊維補強コンクリート（UFC）を用いた軽量・高耐久な道路橋床版を開発，2013.

[3] 一宮利通，齋藤公生，小坂崇，金治英貞：鋼床版と同等の軽量かつ耐久性の高いUFC道路橋床版の輪荷重走行試験，第22回プレストコンクリートの発展に関するシンポジウム論文集，プレストレストコンクリート工学会，2013.

[4] ㈱エスイー：超高強度合成繊維補強コンクリート ESCON Ⅱ，株式会社エスイーカタログ，2014.

[5] 濱口祥輝，前田宏樹，東山浩士，松井繁之：PVA繊維を用いた超高強度繊維補強コンクリートの強度特性」，コンクリート工学年次論文集，Vol.37，No.1，p.295-300，2015.

[6] 岡村宏一，吉田公憲，島田功，進藤泰男：道構造物の1つの弾性立体解析法とその系統的応用，土木学会論文報告集NO.190，1972.

[7] 足立義男，岡村宏一，島田功：道路橋床版の低周波域における振動性状について，土木学会論文報告集NO.330，1983.

[8] 古市亨，佐光浩継他：道路橋を対象とした低周波空気振動解析手法の提案，土木学会第59回年次学術講演会1-339，2004.

[9] 土木学会：エポキシ樹脂塗装鉄筋を用いる鉄筋コンクリートの設計施工指針［改訂版］，2003.

[10] 土木学会：ステンレス鉄筋を用いるコンクリート構造物の設計施工指針（案），2008.

[11] 梅本博文：国内初，橋桁にステンレス鉄筋を使用 能生大橋架替工事，JSSC，No11，p.23-26，2012.

[12] 魚本健人：FRPロッドのコンクリート構造物への適用，東京大学生産研究，第44巻1号，p.2-8，1992.

[13] 山下武秋，木内武夫，犬飼晴雄，岩崎達彦：新素材によるPC橋－新宮橋の建設－，プレストレストコンクリート，プレストレストコンクリート技術協会，Vol.31，No2，p.71-78，1989.

[14] FiRep Rebar Japan㈱カタログ：Company Profile, p.4-5.

[15] FiRep Rebar Japan㈱カタログ：FiRep 製品案内，p.26.

[16] 日本溶融亜鉛鍍金協会：溶融亜鉛めっき鉄筋～その性能と今後の方向性～.

[17] 日本建設機械化協会 施工技術総合研究所：2006米国土木構造物補修・補強調査報告書，2007.

第5章

[1] 松井繁之（編著）：道路橋床版－設計・施工と維持管理－，森北出版，2007.

[2] プレストレストコンクリート技術協会：PC 技術基準シリーズ複合橋設計施工基準，技報堂出版，2005.

[3] 小林和夫（編著）：プレストレストコンクリート技術とその応用，森北出版，2006.

[4] 昭和コンクリート工業株式会社ホームページ：
http://www.showa-con.co.jp/cms/site/technology/c_number01.html

[5] ㈱大林組ホームページ：
http://www.obayashi.co.jp/service_and_technology/related/tech_d042

[6] 藤原浩幸，椛木洋子，正司明夫，野呂直似：志津見大橋の設計・施工，コンクリート工学，Vol.43，No.8，p.47-52，2005.

[7] 古市耕輔，日紫喜剛啓，吉田健太郎，本田智昭，山村正人，南浩郎：鋼・コンクリート複合トラス橋の新しい格点構造の開発と設計法の提案，土木学会論文集 F，Vol.62，No.2 p.349-366，2006.

[8] 児玉友和，江良嘉宏，石田篤徳，三本竜彦：宍原第二高架橋（下り線）の拡幅設計と施工，第 17 回プレストレストコンクリートの発展に関するシンポジウム論文集，p.229-232，2008.

[9] 妹川寿秀、大川了，原田拓也，吉田晋司：入野高架橋（下り線）床版拡幅工事におけるひび割れ対策，第 20 回プレストレストコンクリートの発展に関するシンポジウム論文集，p.397-400，2011.

[10] プレストレスト・コンクリート建設業協会：PC 床版設計・施工マニュアル（案），1999.

[11] 石井豪，大城元秀，渡邊健治，大園孝幸：仲泊大橋（上り）プレキャスト PC 床版の製造報告，第 19 回プレストレストコンクリートの発展に関するシンポジウム論文集，p.33-36，2010.

[12] 本荘清司，田中寛規，岩井利裕：高耐久化を目指した床版取替え（中国自動車道　蓼野第五橋），第 23 回プレストレストコンクリートの発展に関するシンポジウム論文集，p.661-664，2014.

[13] 三加崇，大城壮司，松井隆行，永元直樹：高強度繊維補強コンクリートと AFRP 緊張材の PC 床版の疲労特性に関する研究，第 22 回プレストレストコンクリートの発展に関するシンポジウム論文集，p.395-400，2013.

[14] 郷保英之，山村繁雄，廣井幸夫，吉房俊裕：高強度軽量プレキャスト PC 床版を用いた床版取替工事－播但道市川大橋－，第 22 回プレストレストコンクリートの発展に関するシンポジウム論文集，p.421-424，2013.

[15] 武者浩透，大竹明朗，大熊光，野口孝俊：高耐荷 UFC 床版と量産化システムの開発，第 19 回プレストレストコンクリートの発展に関するシンポジウム論文集，p.193-196，2010.

[16] 武者浩透，大竹明朗，大熊光，野口孝俊：UFC 床版の量産化と更なる合理化の検討，第 20 回プレストレストコンクリートの発展に関するシンポジウム論文集，p.183-186，2011.

[17] 小坂崇，金治英貞，一宮利通，齋藤公生：鋼床版と同等の軽量かつ耐久性の高い UFC 道路橋床版の開発，第 22 回プレストレストコンクリートの発展に関するシンポジウム論文集，p.401-404，2013.

[18] 一宮利通，齋藤公生，金治英貞，小坂崇：鋼床版と同等の軽量かつ耐久性の高い UFC 道路橋床版の輪荷重走行試験，第 22 回プレストレストコンクリートの発展に関するシンポジウム論文集，p.405-408，2013.

[19] 一宮利通，金治英貞，小坂崇，樽谷早智子：薄肉 UFC プレテンション部材の構造特性に関する検討，第 23 回プレストレストコンクリートの発展に関するシンポジウム論文集，p.599-604，2014.

第 6 章

[1] 前田幸雄，松井繁之：鉄筋コンクリート床版の押抜きせん断耐荷力の評価式，土木学会論文集，第 348 号 /V-1，p.133-141，1984.

[2] 街道浩，松井繁之：鋼・コンクリート合成床版の支間部および張出し部のせん断疲労強度評価，土木学会論文集 A，Vol.64，No.1，p.60-70，2008.

[3] 吉田賢二，稲本晃士，松井繁之，東山浩士，街道浩：鋼・コンクリート合成床版に適用する高耐久性スタッドの開発，構造工学論文集，Vol.58A，p.908-916，2012.

[4] 猪瀬幸太郎：実構造物製作における溶接変形低減のための検討と実施例，溶接学会誌，Vol.80，No.2，p.166-170，2011.

[5] ㈱ IHI インフラシステム：IW ナット カタログ.

[6] 青木大輔，坂本誠，光田浩：PS リングを用いたパワースラブの施工方法－パワースラブ Type-H の底鋼板連結部の現場施工を省力化－，YBHD グループ技報，No.43，p.96-99，2014.

[7] 災害科学研究所 片面施工用高力ボルトの施工性向上に関する研究会：片面施工高力ボルトの継手性能と施工性向上方策，2010.

[8] 水野浩，和泉遊以，阪上隆英，松井繁之，杉山俊幸：赤外線サーモグラフィを用いた鋼・コンクリート合成床版の非破壊検査手法に関する研究，構造工学論文集，Vol.59A，p.1161-1169，2013.

[9] 橋本光行，上野浩二，田中祐人，岩廣真悟：D 滑走路連絡誘導路部の設計 ～世界初の連絡誘導路橋の設計～，東京国際空港 D 滑走路建設工事 技術報告会（第一回），国土交通省関東地方整備局 東京空港整備事務所，2006.

[10] 住吉英勝，青木敬幸，米沢実，中村康彦：首都高速中央環状品川線 シールドトンネル セグメント・床版の設計施工，コンクリート工学，Vol.49，No.12，p.40-46，2011.

[11] 松井繁之（編著）：道路橋床版 －設計・施工と維持管理－，森北出版，p.153-159，

2007.

[12] 望月秀次，花田克彦，石崎茂，久保圭吾，松井繁之：FRP 合成床版の実橋への適用例と疲労耐久性評価，第 1 回 FRP 橋梁に関するシンポジウム，p.65-72，土木学会，2001.

[13] FRP 合成床版研究会：FRP 合成床版設計・施工マニュアル（案），2009.

[14] 工藤文弘，広谷亮，守分敦郎，安田正樹：補修された桟橋の耐久性について，コンクリート工学年次論文報告集，Vol.13，No.2，p.899-904，1991.

[15] 久保圭吾，西田正人，河西龍彦，筒井秀樹，松井繁之：桟橋構造に適用した FRP 合成床版の設計と施工，第 5 回道路橋床版シンポジウム講演論文集，p.315-320，土木学会，2006.

[16] 久保圭吾，儀保陽子，木村光宏：関門トンネルにおける FRP 合成床版による床版打替え，宮地技報，No.26，p.34-42，2012.

[17] 土木学会：PC 合成床版工法設計施工指針（案），コンクリートライブラリー第 62 号，1987.

[18] プレストレストコンクリート建設業協会：コスト縮減をめざす PC 橋従来橋に加え，さらに広がる選択肢，カタログ，1998.

[19] 河野信介，大國喜郎，玉置一清，室田敬：U 桁リフティング架設工法を採用した大規模 PC 高架橋の設計・施工－第二京阪道路茄子作地区 PC 上部工工事－，第 17 回プレストレストコンクリートの発展に関するシンポジウム論文集，p.233-236，2008.

[20] 冨田雅也，畠山則一，諸橋明，水野克彦：後方組立方式スパンバイスパン工法を採用した大規模 PC 高架橋の設計・施工－第二京阪（大阪北道路）青山地区高架橋工事－，第 18 回プレストレストコンクリートの発展に関するシンポジウム論文集，p.99-102，2009.

第 7 章

[1] 松井繁之（編著）：道路橋床版－設計・施工と維持管理－，森北出版，2007.

[2] ㈱ジェイアール総研エンジニアリング：塩分吸着剤による塩害対策工法施工要領・技術資料，2012.

[3] 住友大阪セメント㈱：高靱性吹付ポリマーセメントカタログ.

[4] 三田村浩，今井隆，松井繁之：道路橋 RC 床版上面補修に適する繊維補強流動性高強度材料の開発，土木学会 北海道支部 平成 26 年度年次技術研究発表会，2015.

[5] Yasuo Kosaka, Takashi Imai, Minoru Kunieda, Hiroshi Mitamura, Shigeyuki Matsui: Development of High Performance Fiber Reinforced Concrete for Rehabilitation of Bridge Deck Slab, International Conference on the Regeneration and Conservation of Concrete Structures, Nagasaki, Japan, 2015.

[6] 災害科学研究所：床版上面に THIFCOM を用いた大型床版輪荷重試験報告書，2014.

[7] Eugen Brühwiler : Bridge “Examineering” or how monitoring and UHPFRC improve the performance of structures. 7th International Conference on Bridge Maintenance, Safety

and Management, China, Shanghai, 7-11 July 2014.
[8] 遮蔽型マクロセル腐食対策工法研究会：設計・施工マニュアル（案）.
[9] 高速道路調査会：上面増厚工法設計施工マニュアル，1995.
[10] ㈱高速道路総合技術研究所：床版上面増厚の設計・施工に関する技術資料，2010.
[11] RC 構造物のポリマーセメントモルタル吹付け補修・補強工法協会：ポリマーセメントモルタル吹付け工法によるコンクリート構造物の補修･補強　設計･施工マニュアル（案）（増厚補強編），2011.
[12] 樅山好幸，鈴木真，國川正勝：上面増厚工法を施した RC 床版の補修工法に関する研究と開発，土木学会 第 67 回年次学術講演会，V-283，2012.
[13] 國川正勝，松井隆之，神田利之，鈴木真：実構造物を想定した RC 床版の再補修工法に関する実験的研究，土木学会第 67 回年次学術講演会，V-284，2012.
[14] 鹿島道路㈱：土木用高耐久型エポキシ樹脂施工マニュアル，2009.
[15] 道路構造物ジャーナルネット：https：//www.kozobutu-hozen-journal.net/news/detail.php?id=8&page=0, 鹿島道路 KS プライマー .
[16] 鹿島道路㈱：浸透性接着剤工法用プライマーカタログ.

第 8 章

[1] 本荘清司，中野将宏，田中寛規，桐川潔：鋼橋 RC 床版の全面補修 －中国自動車道 青津橋－，プレストレストコンクリート，Vol.53，No.3，p.17-24，2011.
[2] プレハブ床版協会ホームページ：HSL スラブ http：//www.apsbr.com/hsl/hsl.html
[3] 光田剛史，木原通太郎，山田秀美，龍頭実，水野浩，原考志：西名阪自動車道 御幸大橋（下り線）床版取替え II 期工事 ～床版と主桁の一部を同時に撤去する床版取替え工事～，橋梁と基礎，Vol.45，No.9，p.15-20，2011.
[4] 左東有次，日野伸一，松井繁之，平岩昌久，児玉崇：トラス鉄筋ハーフプレハブ合成床版の構造特性に関する実験的研究 ～架設系における静的曲げ性状～，第 2 回道路橋床版シンポジウム講演論文集，p.31-36，2000.
[5] 北野勇一，大友直之，橘吉宏，田口克也：急速施工を伴う鋼橋取替え床版への高強度膨張コンクリートの適用性に関する研究，コンクリート工学年次論文集，Vol.32，No.1，p.1265-1270，2010.
[6] 古賀太郎，山下恭敬，飯田浩貴，岸上弘宣，石﨑茂：供用後 40 年経過した関門橋アンカレイジ上床版の部分打替えによる急速施工，第八回道路橋床版シンポジウム論文報告集，p.289-294，2014.
[7] 森山陽一，松井繁之，梶川靖治，橘吉宏，牛島祥貴，大澤浩二：ループ状継手を有するプレキャスト床版接合部の疲労耐久試験，土木学会第 50 回年次学術講演会概要集，I-152，p.304-305，1995.
[8] 阿部浩幸，原健梧，澤田浩昭，中村雅之：プレキャスト PC 床版の新しい RC 接合構造に関する研究，コンクリート工学年次論文集，Vol.29，No.3，p.493-498，2007.

[9] 吉松秀和，松井繁之，大澤浩二，中山良直，水野浩，表真也：床版取替え用プレキャスト PC 床版の合理化継手の開発，構造工学論文集，Vol.60A，p.1159-1168，土木学会，2014.
[10] 光田剛史，木原通太郎，久米将紀，向台茂，山浦明洋，白水晃生：西名阪自動車道 御幸大橋（上り線）床版取替え III 期工事，橋梁と基礎，Vol.46，No.2，p.53-64，2012.
[11] 小田裕英：ＹＭスラブの開発，横河ブリッジ技報，No.25，p.104-112，1996.
[12] 山下正行，村田坦，高橋靖彦，田中宣幸:万丈橋プレキャスト床版による床版取替え工事，プレストレストコンクリート，Vol.40，No.2，p.51-57，1998.
[13] 日本道路協会：道路構造令の解説と運用，2004.
[14] 鋼橋技術研究会：鋼橋維持管理技術者のトレーニングマニュアル IV 鋼橋の構造機能の変更と改良編，No.26 維持管理部会報告書，p.2-19，1996.
[15] 山田雅義，武本頼和：アルミ床版による新加古川大橋拡幅について，第 1 回アルミニウム合金構造物実現のためのシンポジウム，p.26-27，2004.
[16] 角間恒，岡田慎哉，久保圭吾，松井繁之：FRP を用いた道路橋歩道拡幅構造の耐荷性能に関する研究，構造工学論文集，Vol.60A，p.1150-1158，2014.
[17] 田村修一，久保圭吾，角間恒，岡田慎哉，松井繁之：FRP を用いた歩道床版拡幅工法の耐荷性能に関する実験的研究，構造工学論文集，Vol.61A，p.1073-1084，2015.

第 9 章

[1] 日本道路協会：道路橋示方書・同解説，Ｉ共通編，Ｖ耐震設計編，2012.3.
[2] 東・中・西日本高速道路㈱：設計要領第二集（橋梁建設編，橋梁保全編），2014.
[3] 北海道開発局：道路設計要領，2014.
[4] 村越潤，田中良樹，藤田育夫，坂根泰，田中健司，植田健介：既設コンクリート道路橋の腐食環境改善への取り組み，土木技術資料，第 55 巻，第 11 号，p.29-34，2013.
[5] 株式会社橋梁メンテナンスホームページ：http://www.hashi-mente.co.jp/expansion/pdf/kma01.pdf，KMA ジョイントカタログ .
[6] ㈱川金コアテック カタログ：橋梁用製品，伸縮装置　mageba KM joint.
[7] 日本鋳造㈱ カタログ：道路橋用伸縮装置 マウラー・ジョイント マウラースイベル・ジョイント.
[8] J-THIFCOM 技術研究会：超緻密コンクリートを用いた沓座コンクリートの施工事例 J-THIFCOM 技術研究会カタログ，2015.
[9] 災害科学研究所：PCT 桁水平力分担構造取り付け装置（ボルトタイプ BB アタッチメント）交番正負載荷実験報告書，2015.
[10] 大林敦裕，松井繁之，今井隆，小泉貴宏：支承取換えの技術の開発，コンクリート工学年次論文集，Vol.37，No.2，p.1285-1290，2015.
[11] 土木技術センター:建設技術審査証明報告書(建技審査第 0523 号)，超小型ゴム支承装置 .
[12] 土木学会：複合構造標準示方書，2009 年制定.

[13] 日本鋼構造協会：頭付きスタッドの押抜き試験方法（案）およびスタッドに関する研究の現状，JSSC テクニカルレポート 35，1996.

索　引

英数字

2 方向版　12
3 方向クラックゲージ　81
39 床版　4
ASR　1, 3, 8, 10
cavity　66
FRP 拡幅床版　161
FRP 合成床版　122
FRP ハンドレイアップ成形材　163
FRP 引抜成形材　161
FRP ロッド　97
HPPC 合成床版　30
PC 鋼棒方式　157
PC 床版　19
SMA　66
S-N 曲線　21
UFC　90, 109
UHPFRC　140
U 型リフティング架設工法　129

あ　行

亜鉛めっき鉄筋　98
アーチ型 PCF 版　31
アラミド繊維補強緊張材　108
アルカリシリカゲル　8
アルカリシリカ反応　1
アルミ製品ジョイント　179
異方性板　4
ウォータージェット　135
ウォータージェット工法　79
浮き　7
打ち下ろし範囲　15
エッジビーム　106
エフロレッセンス　74, 79, 83
エポキシ樹脂系接着剤　149
エポキシ樹脂塗装鉄筋　95
塩害　1, 5, 10
延長床版構造　166, 172
エンドバンド継手　156
塩分吸着剤混入型超速硬コンクリート　135
塩分吸着型モルタル　143
押抜きせん断強度　113
押抜きせん断耐荷力　3
押抜きせん断破壊　4

か　行

改質アスファルト　65
回転せん断力　116
角落ち　19
換算走行回数　113
乾式止水材　175
含浸材　143
カンタブロ試験　68
貫通ひび割れ　3
陥没　19
亀甲状ひび割れ　18
キャップケーブル方式　157
金属溶射　170
グースアスファルト　41, 54
桁端構造　166
桁遊間　167
鋼少数主桁橋　101
高靭性型モルタル　136
鋼製ボックス構造　104
高耐久性スタッド　116
鋼板・コンクリート合成床版　20, 111
高欄誘発目地　83
合理化継手　156
高流動コンクリート　125
高炉スラグ微粉末混入コンクリート　108
こすり合わせ現象　19
骨材飛散抵抗性　68
コールドジョイント　78
コンクリートモービル車　134

さ　行

砕石マスチックアスファルト混合物　66
作業空間　167
桟橋構造　124
締固め度　63
車両走行位置　32
収縮補償コンクリート　130
樹脂注入　149
床版支持桁配置　36
床版増厚工法　145
床版取替工法　10, 153
床版防水システム　37
人工軽量骨材　108
水浸ホイールトラッキング試験　63, 65
水平ひび割れ　15, 149
スケーリング　6, 42
スタッド　111
ステンレス鉄筋　96
ストラット付き床版　101, 105
ストレートアスファルト　65
スパンバイスパン工法　130
滑り止め金属溶射　179
スリットループ継手　157
すり磨き現象　148
赤外線サーモグラフィ法　119
積雪寒冷地用の排水桝　76
せん断疲労試験　44, 45, 47
せん断疲労設計　17, 21, 25, 112
せん断補強方法　28
塑性変形抵抗性　68

た　行

タイヤ付着率試験方法　69
ダウエル力　16
タックコート　60
タックコート乳剤　69
弾性シール材　177
タンデム MAG 溶接　116
中性化　1, 3, 7, 10
超高強度繊維補強コンクリート　90, 91, 108, 109
超速硬コンクリート　134
超緻密高強度繊維補強コンクリート　86, 136, 140, 184
直交異方性板　18
底鋼板　116
低周波空気振動　93
電気防食工法　143
点検空間　167
凍害　1, 3, 6, 10
等価繰返し回数　22
凍結融解作用　3
等方性板　4, 18
土砂化　6, 8, 10, 42
トラス形鉄筋　28
トラスジベル　31

な　行

波形鋼板ウェブ橋　101
二重管格点構造　104
二面ガセット格点構造　104
ねじり骨材飛散試験　68

は　行

排水桝　72
鋼・コンクリート複合橋　101
剥落　7
剥離抵抗性　63, 68
場所打ち PC 床版　101
白華　2
パッシブ法　120
バッチャープラント車　135
パッド型ゴム支承　187
パーフォボンドリブ　103
ハーフプレキャスト PC 合成床版　129
ハーフプレキャスト床版　153
反応性シリカ鉱物　8
引抜き成形法　123
ひび割れ開閉負荷試験　44, 45, 49
ビーム型ジョイント　180
表面保護工　171
疲労　1
疲労寿命　24, 113
疲労耐久性　17
フェルール　116
複合トラス橋　101, 104

付着改善型改質アスファルト　65
不動態被膜　2, 3
ブリージング　15
ブリスタリング　55
プレキャストPC床版　107
プレキャスト床版　153
ホイールトラッキング試験　44
ポットホール　1, 37
ポップアウト　6
ポーラスアスファルト　68
ポンピング現象　2

ま　行

マイクロクラック　80, 150
マイナー則　21
マクロセル腐食　142
増し塗り塗装　170
水抜き孔　38, 40, 74
モニタリング用止水栓　75

ら　行

ランダムトラバースホイールトラッキング試験　45
梁状化　4, 13, 19
輪荷重による疲労　3
リングシア・キー構造　104
ループ継手　156
レイタンス　55
レーザホットワイヤ溶接　117
ロビンソン床版　111
ロビンソンタイプ　20

わ　行

わだち掘れ　64
ワンサイド工法　117

編著者略歴

松井　繁之（まつい・しげゆき）

1966年　大阪大学工学部構築工学科卒業
1968年　大阪大学大学院工学研究科構築工学専攻修了
1971年　大阪大学大学院工学研究科構築工学専攻・単位取得退学
1971年　大阪大学工学部土木工学科助手
1977年　大阪大学工学部土木工学科講師
1985年　工学博士（大阪大学）
1985年　大阪大学工学部土木工学科助教授
1991年　大阪大学工学部土木工学科教授
1998年　大阪大学大学院工学研究科土木工学専攻教授
2006年　大阪大学定年退職
2006年　大阪大学名誉教授
2006年　大阪工業大学・八幡工学実験場構造実験センター特任教授
2013年　大阪工業大学・八幡工学実験場構造実験センター客員教授
現在に至る

受　賞

1986年度 土木学会田中賞（論文部門）
2008年度 日本鋼構造協会論文賞
2010年度 土木学会田中賞（研究業績部門）

専　門

橋梁工学，コンクリート工学，維持管理工学

所属学会

土木学会名誉会員，日本コンクリート工学会

委員会活動

一般財団法人災害科学研究所理事・研究員，国土交通省近畿地方整備局・道路防災ドクター，橋梁ドクター，土木学会鋼構造委員会鋼橋床版の維持管理評価に関する検討小委員会顧問，国土交通省近畿地方整備局・工事成績評定審査委員会委員長，阪神高速道路株式会社技術審議会顧問，建設コンサルタンツ協会近畿支部顧問，一般社団法人近畿建設協会技術アドバイザー

著　書

外ケーブルによる鋼橋の補強，森北出版，2005年
道路橋床版，森北出版，2007年

編集担当　福島崇史（森北出版）
編集責任　藤原祐介・富井晃（森北出版）
組　　版　ディグ
印　　刷　　同
製　　本　ブックアート

道路橋床版の長寿命化技術

2016 年 9 月 16 日　第 1 版第 1 刷発行
2016 年 12 月 28 日　第 1 版第 2 刷発行

編 著 者　松井繁之
発 行 者　森北博巳
発 行 所　**森北出版株式会社**
東京都千代田区富士見 1-4-11（〒 102-0071）
電話 03-3265-8341 ／ FAX 03-3264-8709
http://www.morikita.co.jp/
日本書籍出版協会・自然科学書協会　会員
JCOPY 〈(社) 出版者著作権管理機構 委託出版物〉

落丁・乱丁本はお取替えいたします.

Printed in Japan ／ ISBN978-4-627-45301-2